Fukuoka

2 COURSE BOOK | 코스북

전상현 · 두경아 지음

길벗

무작정 따라하기 후쿠오카

The Cakewalk Series-FUKUOKA

초판 발행 · 2017년 8월 2일
초판 5쇄 발행 · 2018년 3월 9일
개정판 발행 · 2018년 8월 22일
개정판 4쇄 발행 · 2019년 2월 22일
개정 2판 발행 · 2019년 5월 16일
개정 2판 2쇄 발행 · 2019년 7월 1일
개정 3판 발행 · 2023년 5월 31일
개정 3판 2쇄 발행 · 2023년 8월 15일

지은이 · 전상현 · 두경아
발행인 · 이종원
발행처 · (주)도서출판 길벗
출판사 등록일 · 1990년 12월 24일
주소 · 서울시 마포구 월드컵로 10길 56(서교동)
대표전화 · 02)332-0931 | **팩스** · 02)323-0586
홈페이지 · www.gilbut.co.kr | **이메일** · gilbut@gilbut.co.kr

편집 팀장 · 민보람 | **기획 및 책임편집** · 방혜수(hyesu@gilbut.co.kr) | **표지 디자인** · 강은경 | **제작** · 이준호, 김우식
영업마케팅 · 한준희 | **웹마케팅** · 류효정, 김선영 | **영업관리** · 김명자 | **독자지원** · 윤정아, 최희창

진행 · 김소영 | **본문 디자인** · 도마뱀퍼블리싱 | **지도** · 팀맵핑 | **교정교열** · 최현미, 조진숙
CTP 출력 · **인쇄** · **제본** · 상지사

ISBN 979-11-407-0460-6(13980)
(길벗 도서번호 020235)

정가 19,800원

“

독자의 1초를 아껴주는 정성!

세상이 아무리 바쁘게 돌아가더라도

책까지 아무렇게나 빨리 만들 수는 없습니다.

인스턴트식품 같은 책보다는

오래 익힌 술이나 장맛이 밴 책을 만들고 싶습니다.

땀 흘리며 일하는 당신을 위해

한 권 한 권 마음을 다해 만들겠습니다.

마지막 페이지에서 만날 새로운 당신을 위해

더 나은 길을 준비하겠습니다.

독자의 1초를 아껴주는 정성을 만나보십시오.

”

INSTRUCTIONS

무작정 따라하기 일러두기

이 책은 전문 여행작가 두 명이 북큐슈 지역을 누비며 찾아낸 관광 명소와 함께, 독자 여러분의 소중한 여행이 완성될 수 있도록 테마별, 지역별 정보와 다양한 여행 코스를 소개합니다. 이 책에 수록된 관광지, 맛집, 숙소, 교통 등의 여행 정보는 2023년 8월 기준이며 최대한 정확한 정보를 싣고자 노력했습니다. 하지만 출판 후 또는 독자의 여행 시점과 동선에 따라 변동될 수 있으므로 주의하실 필요가 있습니다.

1권 테마북

1권은 후쿠오카의 다양한 여행 주제를 소개합니다. 자신의 취향에 맞는 테마를 찾은 후 2권 페이지 연동 표시를 참고, 2권의 지역과 지도에 체크하며 여행 계획을 세우세요.

1권은 후쿠오카의 다양한 여행 주제를 볼거리, 체험, 음식, 쇼핑, 리조트 순서로 소개합니다.

볼거리

음식

쇼핑

체험

이 책의 지명과 관광 명소 등은 국립국어원 외래어 표기법에 따라 표기했습니다. 한글 표기와 함께 현지에서 도움이 될 수 있도록 일본어를 병기했습니다.

찾아가기
지하철 역, 버스터미널이나 대표 랜드마크 기준으로 가장 효율적인 동선을 이용해 찾아갈 수 있는 방법을 설명합니다.

전화
대표 번호 또는 각 지점의 번호를 안내합니다.

시간
해당 장소가 운영하는 시간을 알려줍니다.

휴무
특정한 쉬는 날이 없는 현지 음식점이나 기타 장소들은 부정기로 표기했습니다.

가격
입장료, 체험료, 메뉴 가격 등을 소개합니다.

2권 코스북

2권은 후쿠오카의 주요 도시를 세부적으로 나눠 지도와 여행 코스를 함께 소개합니다.
지역별, 일정별, 테마별 등 다양한 구성으로 제시합니다. 1권의 어떤 테마에 소개된 곳인지 페이지 연동 표시가 되어 있으니, 참고해 알찬 여행 계획을 세우세요.

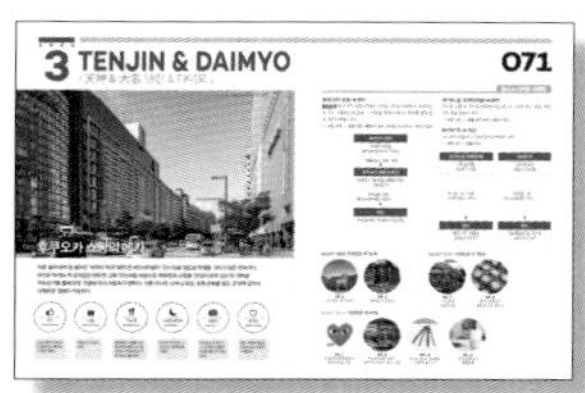

지역 페이지
지역마다 인기도, 관광, 식도락, 쇼핑, 혼잡도, 나이트라이프의 테마별로 별점을 매겨 지역의 특징을 한눈에 보여줍니다.

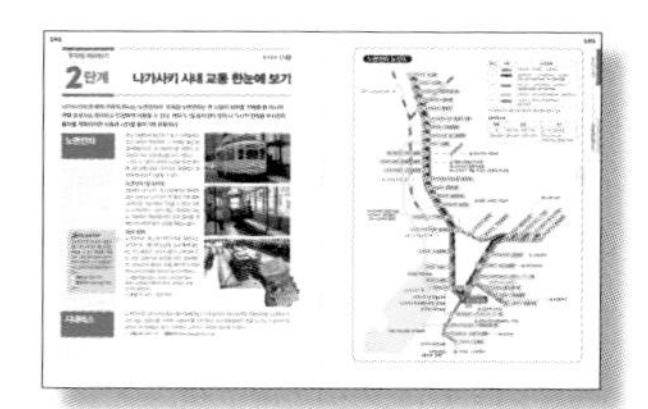

교통 한눈에 보기
지역별로 이동하는 교통편을 이용법, 동선 표시, 소요 시간, 비용과 함께 자세하게 소개합니다. 그 외 해당 지역 안에서 어떤 교통편이 가장 편리한지, 어떻게 이용해야 저렴한지 등등 생생한 팁을 제공합니다.

친절한 실측 여행 지도
세부 지역별로 소개하는 볼거리, 음식점, 쇼핑숍, 체험 장소, 숙소 위치를 실측 지도로 자세하게 소개합니다. 지도에는 한글 표기와 일본어, 소개된 본문 페이지 표시가 함께 구성되어 길 찾기가 편리합니다.

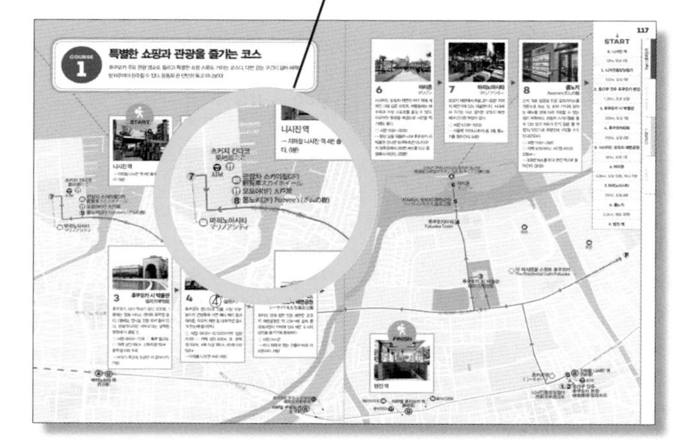

코스 무작정 따라하기
그 지역을 완벽하게 돌아볼 수 있는 다양한 시간별, 테마별 코스를 지도와 함께 소개합니다.

① 주요 스폿별로 여행 포인트, 그다음 장소를 찾아가는 방법, 운영 시간, 가격 등을 소개합니다.
② 주요 스폿을 기본적으로 영업 시간과 간단한 소개글로 설명합니다.

홈페이지
해당 지역이나 장소의 공식 홈페이지를 기준으로 합니다.

MAP
해당 스폿이 소개된 지역의 지도 페이지를 안내합니다.

INFO
1권일 경우 2권의 해당되는 지역에서 소개되는 페이지를 명시, 여행 동선을 짤 때 참고하세요!
2권일 경우 1권의 관련 페이지를 표기했습니다.

트래블 인포 & 줌인 세부 구역
그 지역 볼거리, 음식점, 쇼핑점, 체험 장소를 소개합니다. 밀집 구역은 줌인 지도와 함께 한 번 더 소개해 더욱 완벽하게 즐길 수 있도록 도와줍니다.

CONTENTS

2권 코스북

INTRO

OUTRO

PART 1. 후쿠오카 福岡 P.024

PART 2. 유후인 湯布院 P.132

PART 3.
벳푸 別府 P.150

PART 4.
나가사키 長崎 P.188

PART 5.
기타큐슈 北九州 P.216

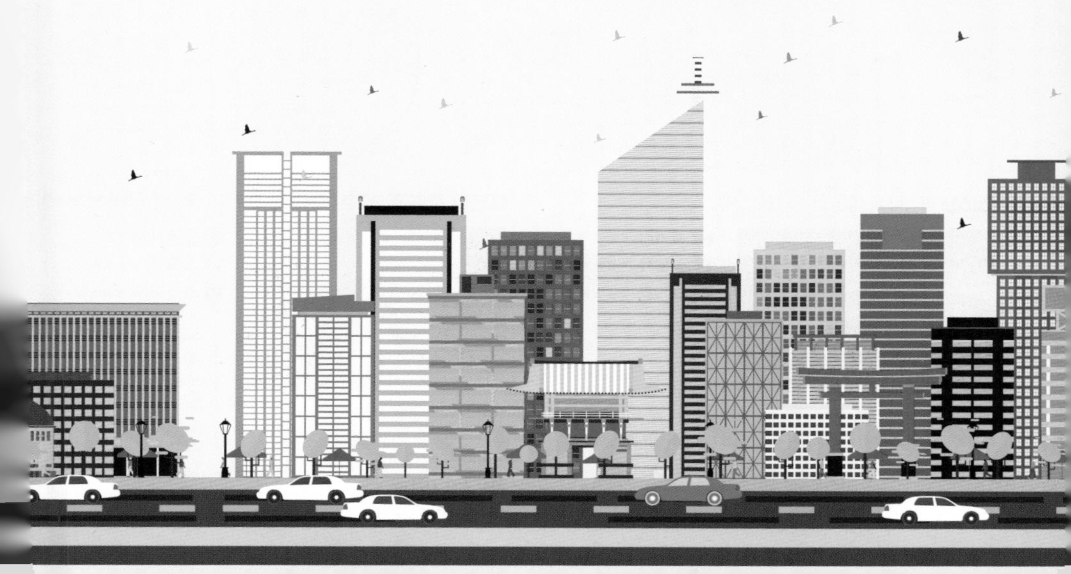

INTRO

후쿠오카 & 북큐슈 지역 한눈에 보기

PART 1
후쿠오카
福岡

한국에서 소요 시간 약 1시간
대표 공항 후쿠오카 국제공항(Fukuoka International Airport)
베스트 스폿 후쿠오카타워, 페이 페이 돔, 오호리 공원
식도락 리스트 멘타이코(明太子), 우동, 라멘
추천 여행 스타일 나홀로 떠나는 미식 여행
휴가를 길게 내기 어려운 직장인들의 도깨비여행
짧고 굵은 쇼핑 여행

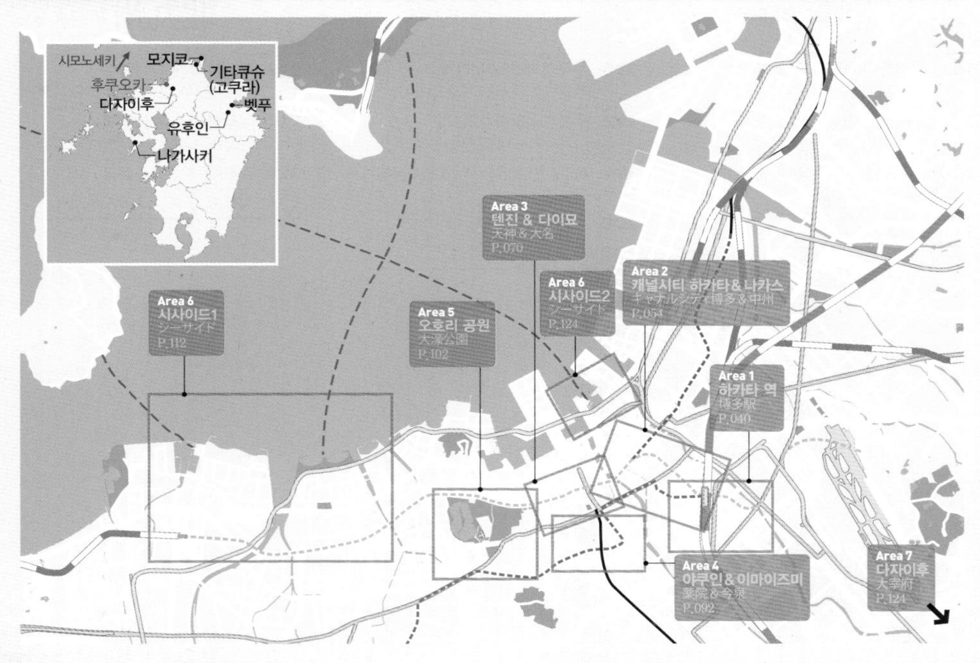

AREA 1 하카타 역 博多駅 ⓑ 2권 P.040

볼거리 ★☆☆☆☆
식도락 ★★★★★
쇼 핑 ★★★★★

테마 식도락, 쇼핑
특징 후쿠오카와 큐슈 교통의 중심지. 대형 백화점이 밀집해 있다.
예상 소요 시간 2h

AREA 2 캐널시티 하카타 & 나카스 キャナルシティ博多＆中州 ⓑ 2권 P

볼거리 ★★★★☆
식도락 ★★★★☆
쇼 핑 ★★★★☆

테마 식도락, 관광, 역사, 유흥
특징 번화한 도심과 오래된 신사들이 묘하게 어우러진다. 구석구석 자리잡은 맛집을 찾는 일도 재미있다.
예상 소요 시간 6h

AREA 3 **텐진 & 다이묘 天神&大名** 2권 P.070

볼거리 ★★★☆☆
식도락 ★★★★★
쇼 핑 ★★★★★

테마 식도락, 쇼핑, 유흥
특징 유명 백화점과 쇼핑센터, 각종 숍이 빽빽이 들어선 쇼핑 특구이자 후쿠오카 중심가
예상 소요 시간 7~8h

AREA 4 **야쿠인 & 이마이즈미 薬院&今泉** 2권 P.092

볼거리 ★☆☆☆☆
식도락 ★★★★☆
쇼 핑 ★☆☆☆☆

테마 식도락
특징 진짜 맛집은 여기 다 모여 있다.
예상 소요 시간 2~3h

AREA 5 **오호리 공원 大濠公園** 2권 P.102

테마 관광, 역사
특징 후쿠오카의 센트럴파크. 산책하거나 자전거 타기 좋다.
예상 소요 시간 4h

볼거리 ★★★★☆
식도락 ★★★☆☆
쇼 핑 ★★☆☆☆

AREA 6 **시사이드 シーサイド** 2권 P.112

테마 관광, 체험
특징 관광 명소이기도 하지만 알고 보면 현지인도 즐겨 찾는 동네
예상 소요 시간 3~4h

볼거리 ★★★★★
식도락 ★★☆☆☆
쇼 핑 ★★★☆☆

AREA 7 **다자이후 太宰府** 2권 P.124

테마 관광, 역사
특징 후쿠오카에서 가장 만만하게 다녀올 수 있는 근교 여행지
예상 소요 시간 6h

볼거리 ★★★★★
식도락 ★★★★☆
쇼 핑 ★★★★☆

PART 2 유후인 由布院

2권 P.132

베스트 스폿	긴린코(金鱗湖), 유노츠보 거리(湯の坪街道)	예상 소요 시간	1~2day
식도락 리스트	푸딩, 롤케이크	추천 여행 스타일	여자끼리 떠나는 온천 여행 기차 타고 떠나는 낭만 여행 휴식과 명상이 필요한 쉼 여행
테마	휴양, 관광, 쇼핑		
특징	온천 초보자에게 딱!		

볼거리 ★★★★☆
식도락 ★★★★★
쇼 핑 ★★★★☆

PART 3 벳푸 別府

베스트 스폿 지옥 온천, 우미타마고(うみたまご), 다카사키야마(高崎山) 자연동물원, 벳푸 로프웨이(別府ロープウェイ)
식도락 리스트 지고쿠무시 푸딩, 벳푸 냉면, 도리텐
추천 여행 스타일 부모님, 아이와 함께 3대가 떠나는 가족 온천 여행
일본 여행이 처음인 초보 여행자
휴식이 간절한 2030 직장인

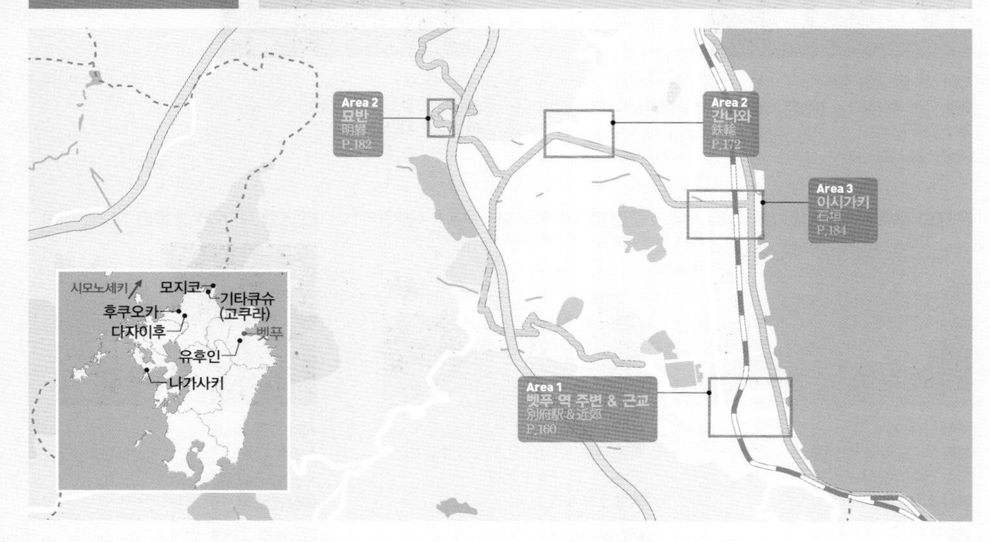

AREA 1 벳푸 역 주변 & 근교 別府駅&近郊 2권 P.160

볼거리 ★★★☆☆
식도락 ★★★★★
쇼 핑 ★★★☆☆

테마 식도락, 관광, 휴양
특징 벳푸 여행의 출발지. 수수한 먹거리와 소박한 도심 풍경이 만난 곳
예상 소요 시간 4~6h

AREA 2 간나와 鉄輪 2권 P.172

볼거리 ★★★★☆
식도락 ★☆☆☆☆
쇼 핑 ★★★☆☆

테마 관광, 휴양
특징 각기 다른 지옥 온천들을 만날 수 있는 곳. 온천으로 시작해 온천으로 끝맺는다.
예상 소요 시간 12h~1day

AREA 3 이시가키 石垣 2권 P.184

볼거리 ★☆☆☆☆
식도락 ★★★☆☆
쇼 핑 ★☆☆☆☆

테마 식도락
특징 차를 렌트하지 않으면 찾아가기 힘든 곳. 하지만 벳푸의 대표 맛집이 여기 다 있으니 안 갈 수도 없다.
예상 소요 시간 1h

AREA 2 묘반 明礬 2권 P.182

볼거리 ★☆☆☆☆
식도락 ★★☆☆☆
쇼 핑 ★★★★☆

테마 관광, 휴양
특징 벳푸의 가장 높은 곳에서 온천욕을 즐길 수 있다. 유노하나(湯の花) 견학도 놓치지 말 것.
예상 소요 시간 2~3h

PART 4 나가사키 長崎

한국에서 소요 시간
약 1시간 20분
대표 공항
나가사키 국제공항 (Nagasaki International Airport)
베스트 스폿
구라바엔(グラバー園), 차이나타운(長崎新地中華街), 메가네바시(眼鏡橋)
식도락 리스트
나가사키 짬뽕, 카스텔라, 도루코 라이스(トルコライス)
추천 여행 스타일
JR 큐슈 레일 패스권으로 떠나는 기차 여행 / 후쿠오카만 둘러보기 아쉬운 단기 여행 / 소도시의 낭만을 원하는 낭만파 여행자

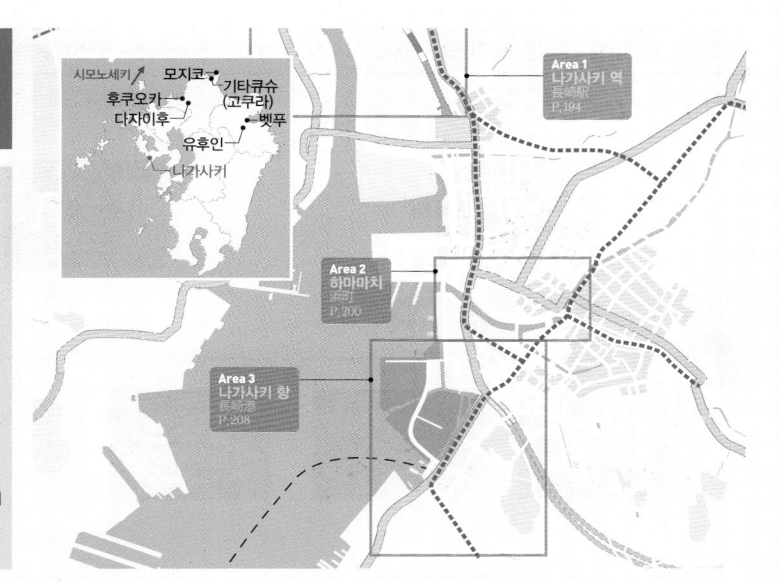

AREA 1 나가사키 역 長崎駅 ⓑ 2권 P.194

볼거리 ★★★☆☆
식도락 ★★★☆☆
쇼 핑 ★★★☆☆
테마 관광, 식도락, 역사, 쇼핑
특징 나가사키 여행의 시작. 오래된 노면전차가 레트로 분위기를 한껏 돋운다.
예상 소요 시간 2h

AREA 2·3 하마마치 & 나가사키 항 浜町 & 長崎港 ⓑ 2권 P.200 · P.208

볼거리 ★★★★★
식도락 ★★★★★
쇼 핑 ★★★★☆
테마 관광, 역사
특징 개항지의 문화를 만나볼 수 있는 곳. 시선 높이로 펼쳐지는 나가사키 항만 풍경은 덤
예상 소요 시간 1day

PART 5 기타큐슈 北九州

한국에서 소요 시간 약 1시간
대표 공항 기타큐슈 국제공항(Kitakyushu International Airport)
베스트 스폿 고쿠라 성, 리버워크 기타큐슈, 사라쿠라야마 전망대
식도락 리스트 우동, 길거리 음식
추천 여행 스타일 초단기 여행, 쇼핑 & 미식 여행, 첫 해외여행

AREA 1 고쿠라 小倉 ⓑ 2권 P.220

테마 식도락, 관광, 역사 **특징** 큐슈의 관문. 굴곡진 역사의 흔적을 볼 수 있다.
예상 소요 시간 1day
볼거리 ★★☆☆☆
식도락 ★★★★☆
쇼 핑 ★★★☆☆

AREA 2 모지코 門司港 ⓑ 2권 P.234

테마 관광, 역사 **특징** 유럽식 고건축물, 바다, 음식이 한데 어우러진 여행지
예상 소요 시간 3h
볼거리 ★★★★☆
식도락 ★★★☆☆
쇼 핑 ★☆☆☆☆

AREA 3 시모노세키 下関 ⓑ 2권 P.234

테마 식도락, 역사 **특징** 조선, 일본의 근현대적 역사를 돌이켜 볼 수 있는 지역
예상 소요 시간 3h
볼거리 ★★★☆☆
식도락 ★★★★☆
쇼 핑 ★☆☆☆☆

일정별 & 테마별 추천 코스

❶ 생애 첫 후쿠오카 여행 – 후쿠오카+다자이후 2박 3일

테마 식도락, 쇼핑, 관광 **추천 대상** 후쿠오카 여행이 처음인 초행자 **교통수단 및 추천 패스** 후쿠오카 투어리스트 시티패스 다자이후(2일 차/ P.30) + 나머지 일정은 버스를 주로 이용

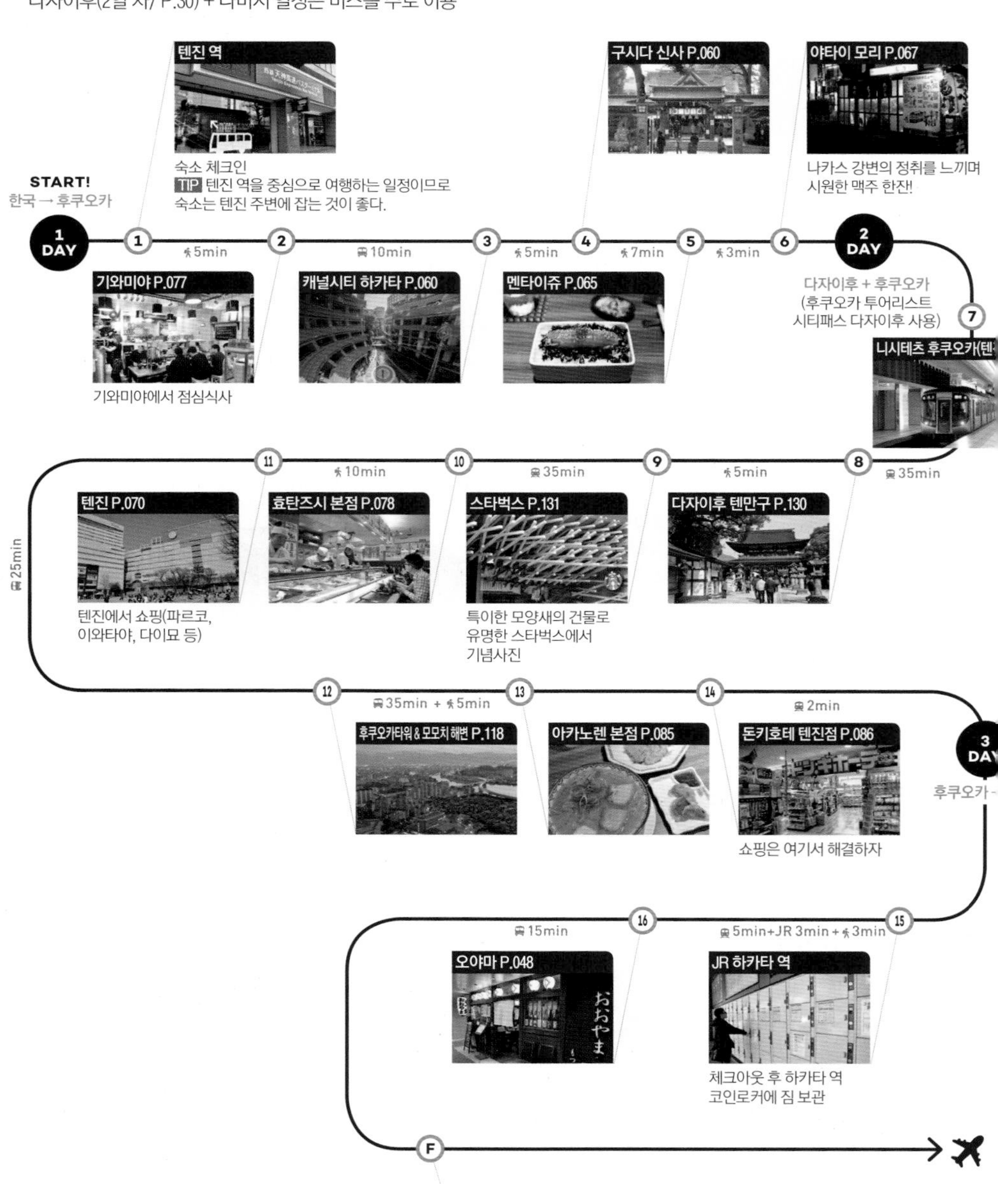

일정별 & 테마별 추천 코스

❷ 온천과 휴식을 찾아 떠나는 후쿠오카+유후인 3박 4일

테마 온천, 식도락 **추천 대상** 커플, 휴식과 온천욕이 목적인 여행자 **교통수단 및 추천 패스** JR 열차(유후인노모리 열차)

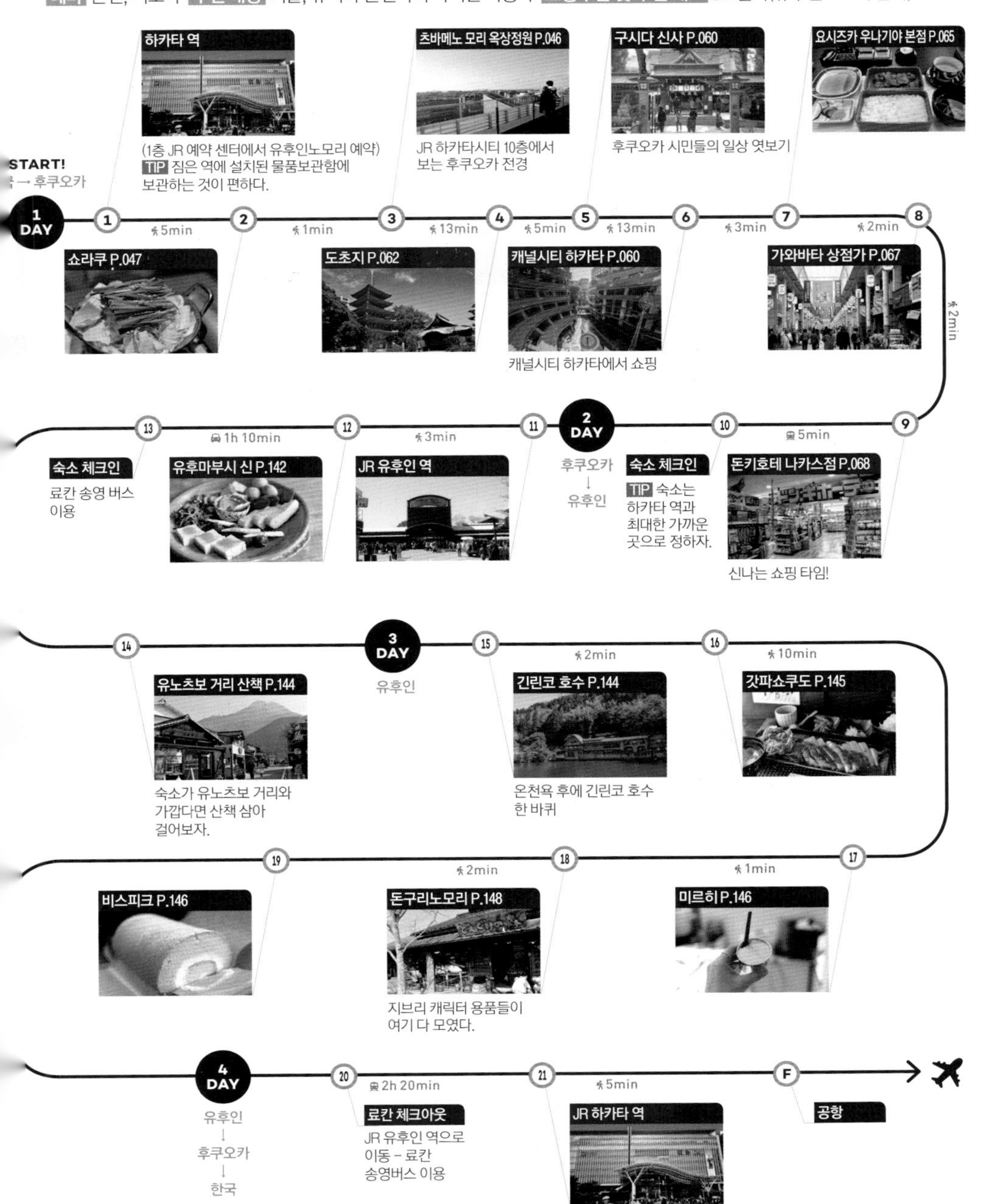

일정별 & 테마별 추천 코스

❸ 산큐패스로 돌아보는 후쿠오카+벳푸+유후인 3박 4일

테마 관광, 온천, 식도락 **추천 대상** 커플, 휴식과 온천에 중점을 두되 교통 및 숙박비 부담은 덜고 싶은 여행자
교통수단 및 추천 패스 버스/ 산큐패스 북큐슈 3일권(P.031)

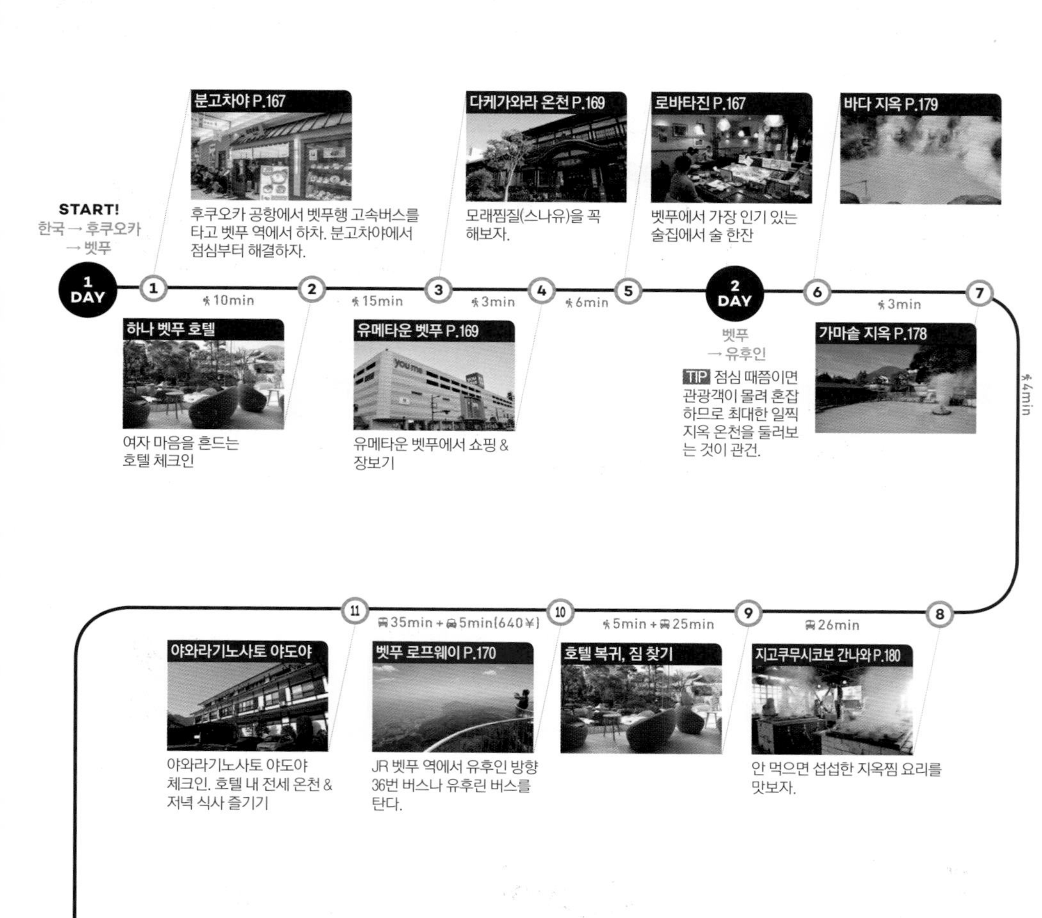

START!
한국 → 후쿠오카 → 벳푸
1 DAY
1
분고차야 P.167
후쿠오카 공항에서 벳푸행 고속버스를 타고 벳푸 역에서 하차. 분고차야에서 점심부터 해결하자.
10min
2
하나 벳푸 호텔
여자 마음을 흔드는 호텔 체크인
15min
3
다케가와라 온천 P.169
모래찜질(스나유)을 꼭 해보자.
3min
4
유메타운 벳푸 P.169
유메타운 벳푸에서 쇼핑 & 장보기
6min
5
로바타진 P.167
벳푸에서 가장 인기 있는 술집에서 술 한잔
2 DAY
벳푸 → 유후인
TIP 점심 때쯤이면 관광객이 몰려 혼잡하므로 최대한 일찍 지옥 온천을 둘러보는 것이 관건.
6
바다 지옥 P.179
3min
7
가마솥 지옥 P.178
4min
8
26min
9
지고쿠무시코보 간나와 P.180
안 먹으면 섭섭한 지옥찜 요리를 맛보자.
5min + 25min
10
호텔 복귀, 짐 찾기
35min + 5min(640¥)
11
벳푸 로프웨이 P.170
JR 벳푸 역에서 유후인 방향 36번 버스나 유후린 버스를 탄다.
야와라기노사토 야도야
야와라기노사토 야도야 체크인. 호텔 내 전세 온천 & 저녁 식사 즐기기

3 DAY

유후인 → 후쿠오카

5min

12

5min

긴린코 호수 P.144

아침 일찍 긴린코 호수 주변 산책하기

13

3min

유노츠보 상점가

유노츠보 상점가 구경

14

3min

이나카안 P.145

이나카안에서 점심 식사로 고보텐 우동

PLUS TIP
산큐패스는 한국 여행사에서 미리 구입하면 2000¥이 저렴하다. 택배 배송을 원하는 경우 최소 여행 일주일 전에는 구입해야 한다.
후쿠오카-벳푸 고속버스 편은 인터넷으로 예매해야 좌석을 확보할 수 있다.

F 공항

35min

25 **텐진 고속버스 터미널**

텐진에서 공항까지 생각보다 오래 걸리므로 여유 시간을 넉넉히 두어야 한다.

5min

24 **텐푸라도코로 히라오** P.083

4 DAY
후쿠오카 → 한국

21 **야타이 모리** P.067

5min

후쿠오카 야타이(포장마차) 문화를 경험한다는 마음으로 둘러보자.

22 **돈키호테 텐진점** P.068

5min

없는게 없는 면세 잡화점. 선물이나 생활용품은 이곳에서 모두 구입하자.

23 **텐진/ 다이묘**

10min

쇼핑(파르코 · 이와타야 · 미츠코시 백화점 · 로프트 등)

TIP 생각보다 걷는데 시간이 오래 걸리는 지역이다. 이동 동선이 꼬이지 않도록 일정을 정해야 시간 낭비를 최소화할 수 있다. 쇼핑을 많이 할 예정이라면 작은 백팩이나 미니 캐리어를 지참하면 훨씬 수월하다.

PLUS TIP
❶ 면세 환급(텍스 리펀드)을 받으려면 본인 명의의 여권이 반드시 있어야 한다. 24시간 운영하지만 아침과 저녁에 손님이 몰리기 때문에 최대한 일찍 가는 것이 포인트!
❷ 귀국 전 마지막 쇼핑을 몰아서 하는 날이기 때문에 숙소 체크아웃을 최대한 늦게 하자. 숙소를 여러 번 들락날락하기 번거롭다면 역 주변 코인 로커를 이용하는 것도 좋다.

5min

20 **키하루** P.090

후쿠오카 최고의 맛을 경험하자.

35min

19 **후쿠오카 타워 & 모모치 해변** P.118

노을지는 시사이드 모모치 해변공원을 둘러본 뒤, 후쿠오카타워에서 후쿠오카의 야경을 감상하는 순서로 일정을 정하자.

25min

18 **니시테츠 그랜드 호텔**

체크인

15 **미르히** P.146

5min

미르히에서 치즈 케이크

16 **비스피크** P.146

1min

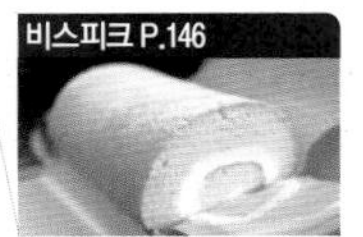

17 **유후인 버스터미널**

2h+6min

후쿠오카행 고속버스를 타고 텐진에서 내린다.

일정별 & 테마별 추천 코스

❹ 렌터카 타고 알차게 둘러보자! 후쿠오카+다자이후+벳푸+유후인 3박 4일

테마 관광, 온천, 휴양 **추천 대상** 일행이 3명 이상이거나 아이나 노인을 동반한 가족 단위 여행객 **교통수단** 렌터카

START!
후쿠오카 →
다자이후 → 벳푸

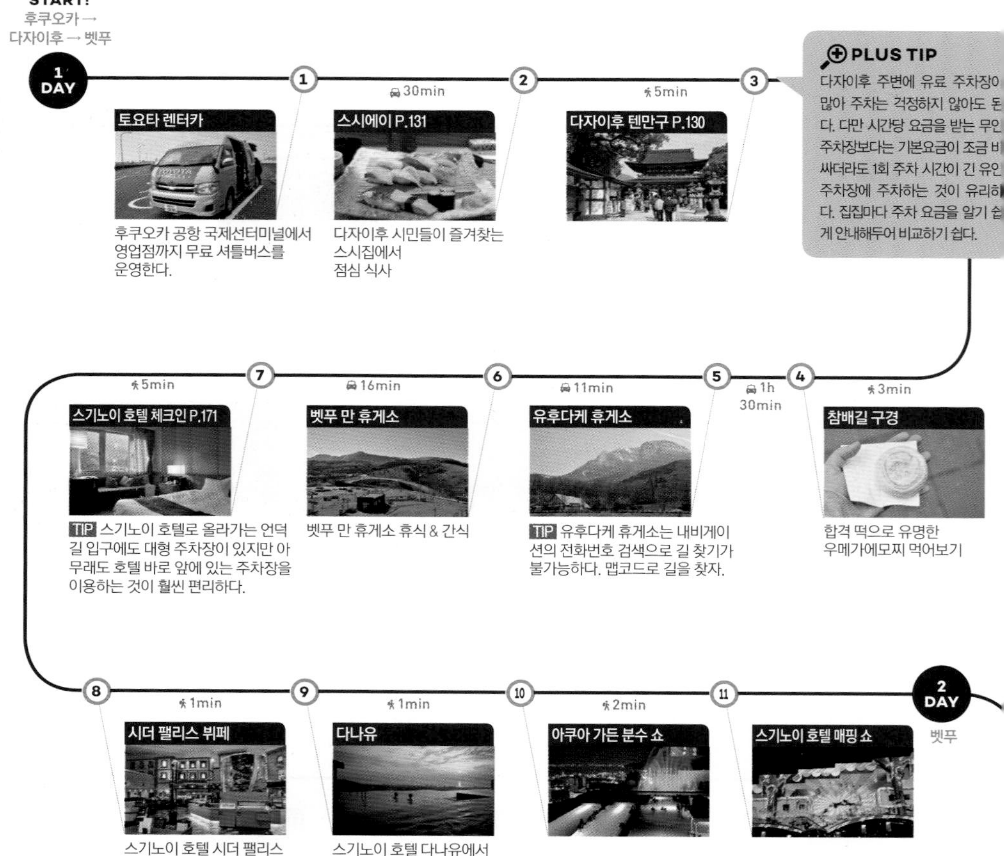

1 DAY
1 토요타 렌터카
후쿠오카 공항 국제선터미널에서 영업점까지 무료 셔틀버스를 운영한다.
30min
2 스시에이 P.131
다자이후 시민들이 즐겨찾는 스시집에서 점심 식사
5min
3 다자이후 텐만구 P.130
PLUS TIP
다자이후 주변에 유료 주차장이 많아 주차는 걱정하지 않아도 된다. 다만 시간당 요금을 받는 무인 주차장보다는 기본요금이 조금 비싸더라도 1회 주차 시간이 긴 유인 주차장에 주차하는 것이 유리하다. 집집마다 주차 요금을 알기 쉽게 안내해두어 비교하기 쉽다.
3min
4 참배길 구경
합격 떡으로 유명한 우메가에모찌 먹어보기
1h 30min
5 유후다케 휴게소
TIP 유후다케 휴게소는 내비게이션의 전화번호 검색으로 길 찾기가 불가능하다. 맵코드로 길을 찾자.
11min
6 벳푸 만 휴게소
벳푸 만 휴게소 휴식 & 간식
16min
7 스기노이 호텔 체크인 P.171
TIP 스기노이 호텔로 올라가는 언덕길 입구에도 대형 주차장이 있지만 아무래도 호텔 바로 앞에 있는 주차장을 이용하는 것이 훨씬 편리하다.
5min
8 시더 팰리스 뷔페
스기노이 호텔 시더 팰리스 뷔페에서 저녁 식사
1min
9 다나유
스기노이 호텔 다나유에서 별 보며 온천욕
1min
10 아쿠아 가든 분수 쇼
2min
11 스기노이 호텔 매핑 쇼
2 DAY
벳푸

1min
12 다나유
다나유에서 온천욕 하며 일출 보기
13min
13 시더 팰리스
스기노이 호텔 시더 팰리스에서 아침 식사
7min
14 토모나가 팡야 P.168
5min
15 우미타마고 P.170
수족관 관람 후 주차장 건물에서 식사

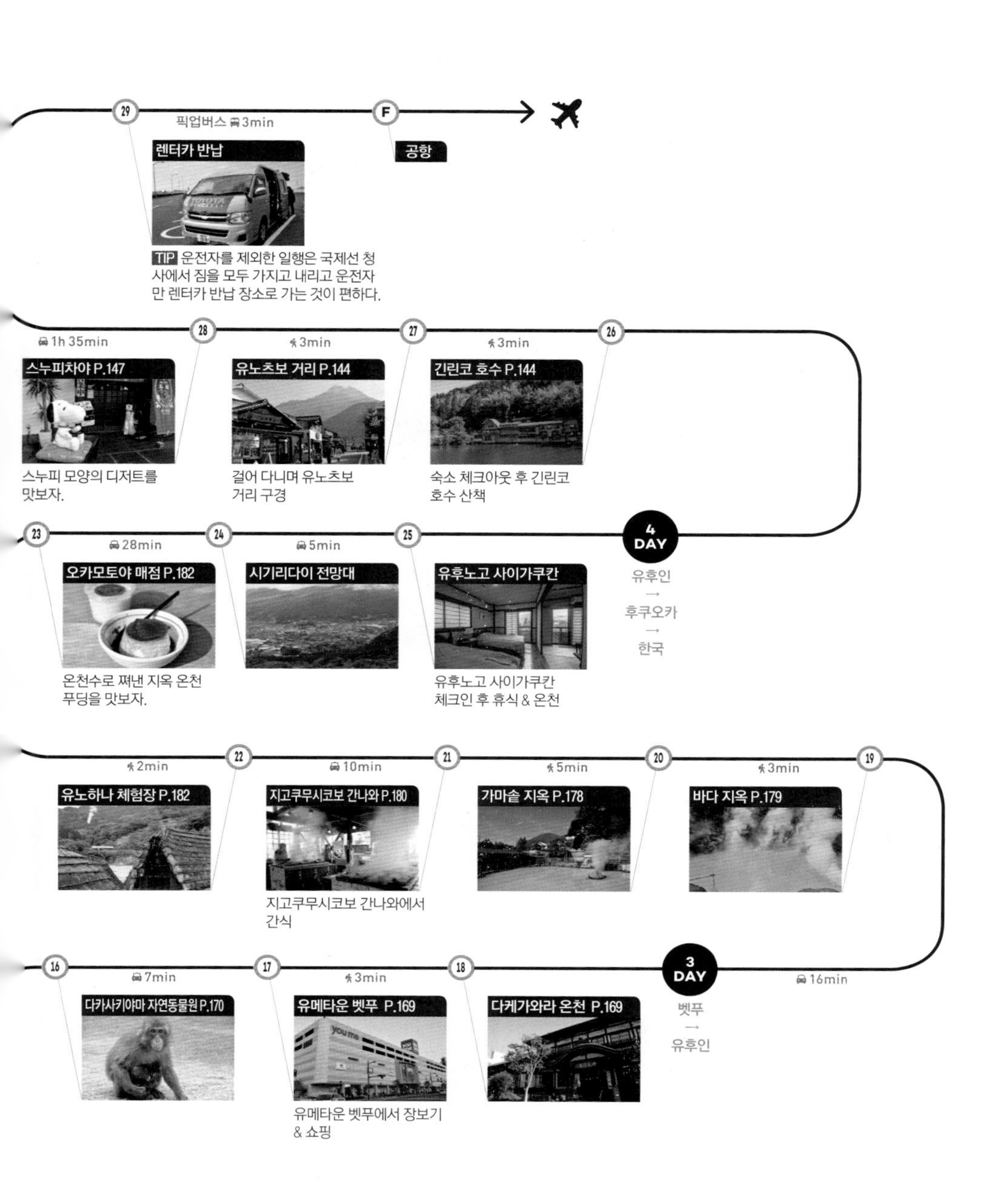
29
픽업버스 3min
F
렌터카 반납
공항
TIP 운전자를 제외한 일행은 국제선 청사에서 짐을 모두 가지고 내리고 운전자만 렌터카 반납 장소로 가는 것이 편하다.
1h 35min
28
3min
27
3min
26
스누피차야 P.147
스누피 모양의 디저트를 맛보자.
유노츠보 거리 P.144
걸어 다니며 유노츠보 거리 구경
긴린코 호수 P.144
숙소 체크아웃 후 긴린코 호수 산책
23
28min
24
5min
25
4 DAY
오카모토야 매점 P.182
온천수로 쪄낸 지옥 온천 푸딩을 맛보자.
시기리다이 전망대
유후노고 사이가쿠칸
유후노고 사이가쿠칸 체크인 후 휴식 & 온천
유후인 → 후쿠오카 → 한국
2min
22
10min
21
5min
20
3min
19
유노하나 체험장 P.182
지고쿠무시코보 간나와 P.180
지고쿠무시코보 간나와에서 간식
가마솥 지옥 P.178
바다 지옥 P.179
16
7min
17
3min
18
3 DAY
16min
다카사키야마 자연동물원 P.170
유메타운 벳푸 P.169
유메타운 벳푸에서 장보기 & 쇼핑
다케가와라 온천 P.169
벳푸 → 유후인

일정별 & 테마별 추천 코스

❺ 금 · 토 · 일 · 월 3박 4일 후쿠오카+고쿠라+모지코+시모노세키 식신 원정대

테마 식도락, 관광 추천 대상 나 홀로 여행자, 친구와 함께 교통수단 및 추천 패스 후쿠오카 시내에선 버스를 주로 이용

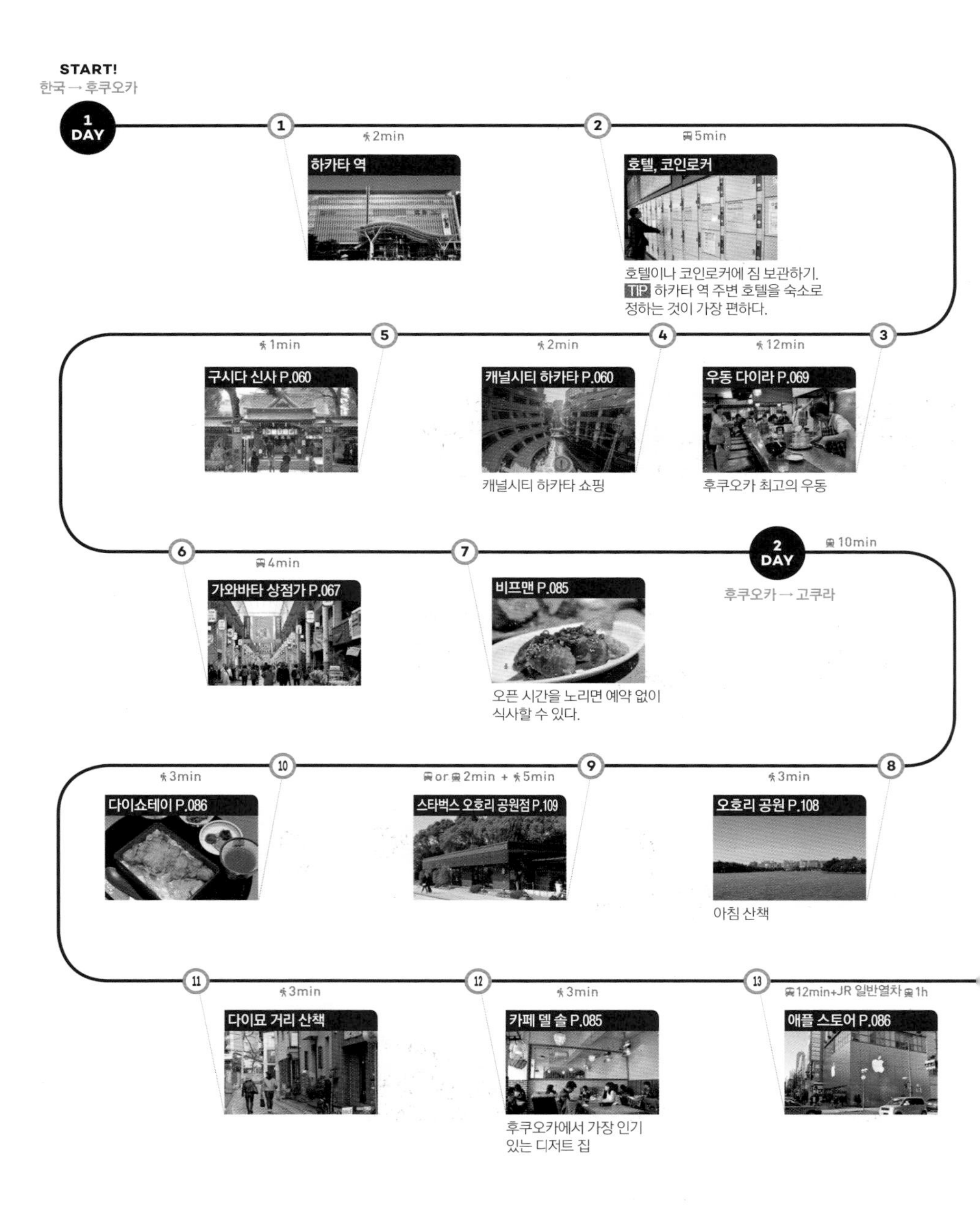

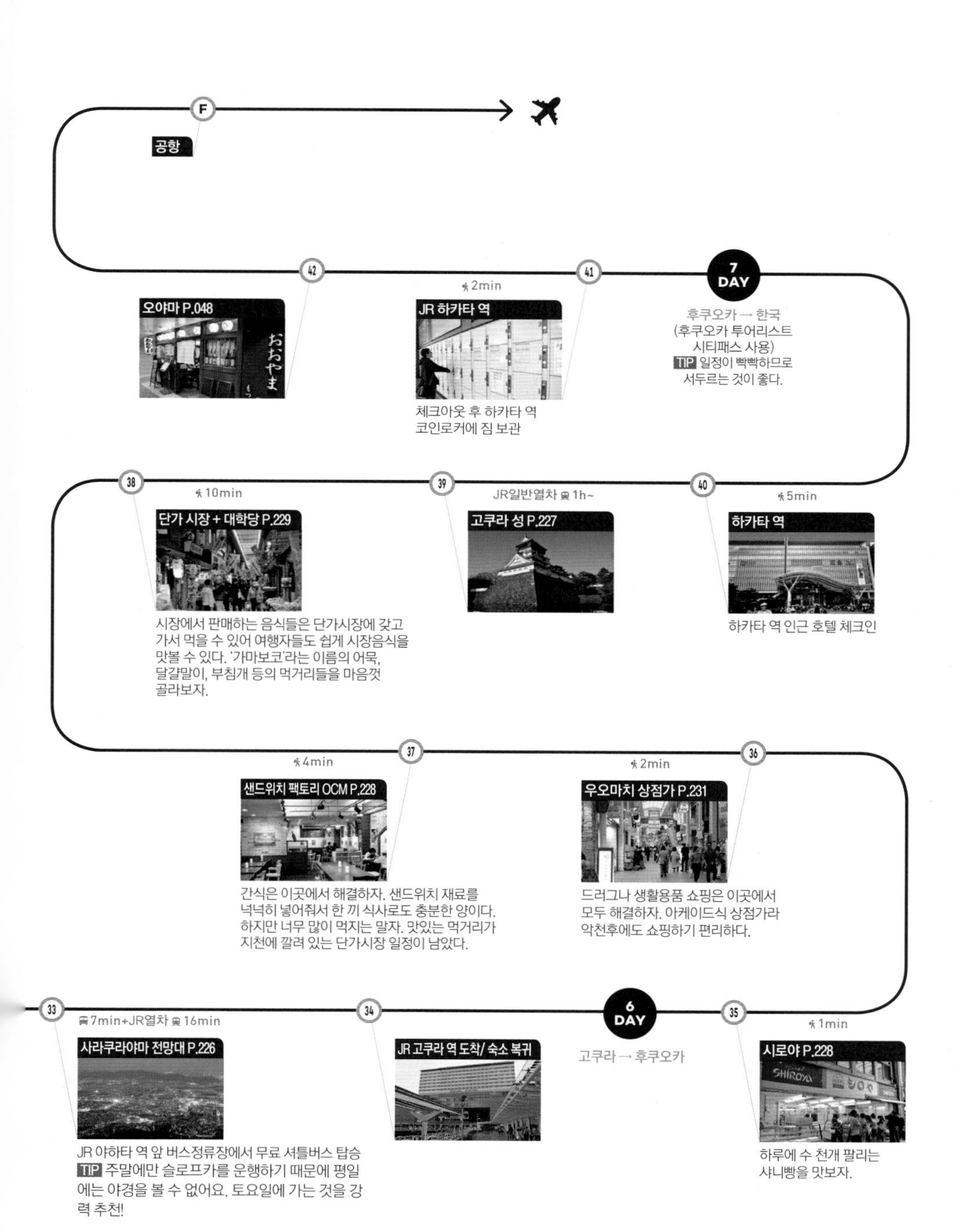

33
🚌7min+JR열차 🚌16min
사라쿠라야마 전망대 P.226
JR 야하타 역 앞 버스정류장에서 무료 셔틀버스 탑승
TIP 주말에만 슬로프카를 운행하기 때문에 평일에는 야경을 볼 수 없어요. 토요일에 가는 것을 강력 추천!
34
JR 고쿠라 역 도착/ 숙소 복귀
6 DAY
고쿠라 → 후쿠오카
35
🚶1min
시로야 P.228
하루에 수 천개 팔리는 샤니빵을 맛보자.
36
🚶2min
우오마치 상점가 P.231
드러그나 생활용품 쇼핑은 이곳에서 모두 해결하자. 아케이드식 상점가라 악천후에도 쇼핑하기 편리하다.
37
🚶4min
샌드위치 팩토리 OCM P.228
간식은 이곳에서 해결하자. 샌드위치 재료를 넉넉히 넣어줘서 한 끼 식사로도 충분한 양이다. 하지만 너무 많이 먹지는 말자. 맛있는 먹거리가 지천에 깔려 있는 단가시장 일정이 남았다.
38
🚶10min
단가 시장 + 대학당 P.229
시장에서 판매하는 음식들은 단가시장에 갖고 가서 먹을 수 있어 여행자들도 쉽게 시장음식을 맛볼 수 있다. '가마보코'라는 이름의 어묵, 달걀말이, 부침개 등의 먹거리들을 마음껏 골라보자.
39
JR일반열차 🚌1h~
고쿠라 성 P.227
40
🚶5min
하카타 역
하카타 역 인근 호텔 체크인
7 DAY
후쿠오카 → 한국
(후쿠오카 투어리스트 시티패스 사용)
TIP 일정이 빡빡하므로 서두르는 것이 좋다.
41
🚶2min
JR 하카타 역
체크아웃 후 하카타 역 코인로커에 짐 보관
42
오야마 P.048
F
공항

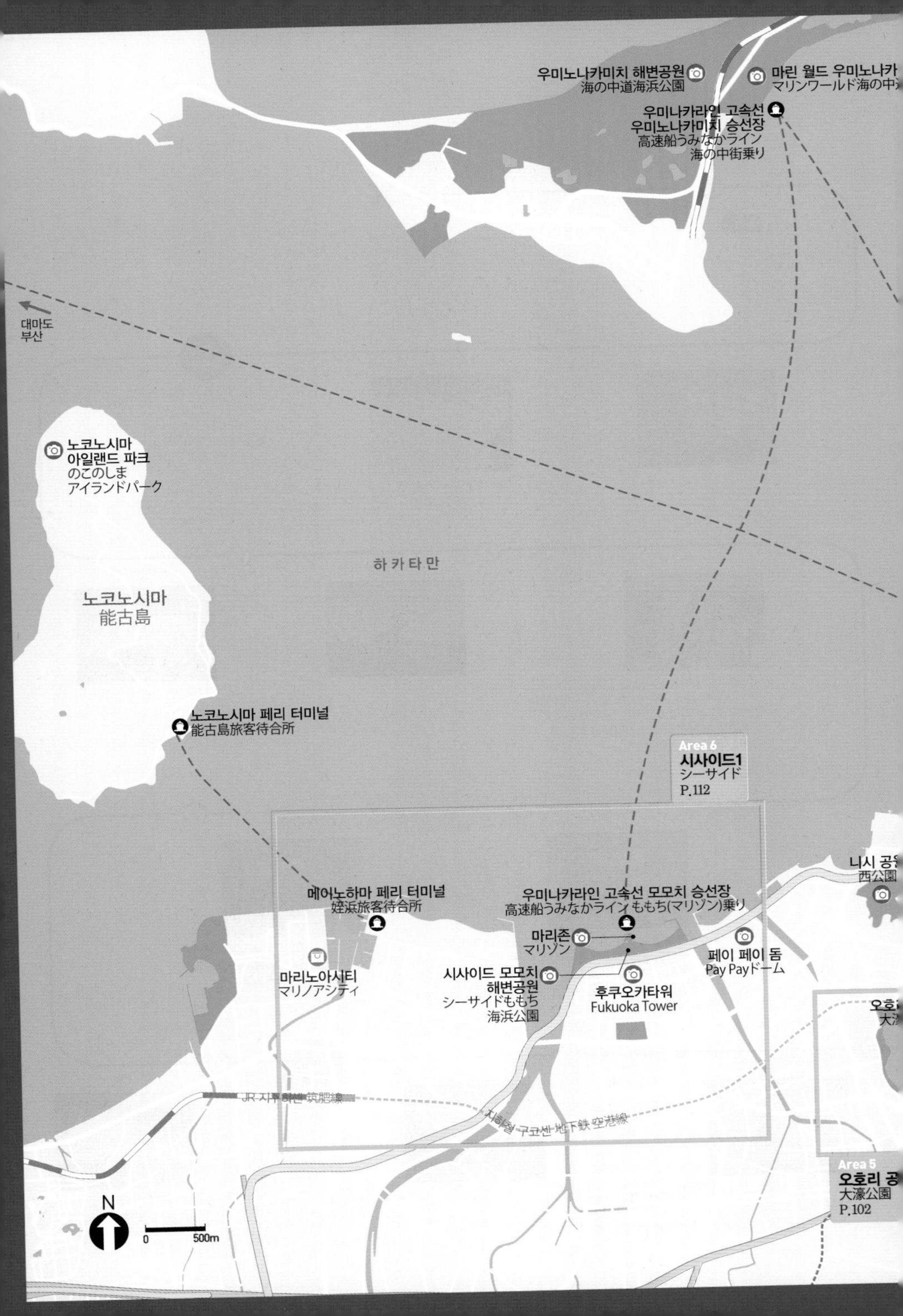
우미노나카미치 해변공원
海の中道海浜公園
마린 월드 우미노나카
マリンワールド海の中
우미나카라인 고속선
우미노나카미치 승선장
高速船うみなかライン
海の中街乗り
대마도
부산
노코노시마
아일랜드 파크
のこのしま
アイランドパーク
하 카 타 만
노코노시마
能古島
노코노시마 페리 터미널
能古島旅客待合所
Area 6
시사이드1
シーサイド
P.112
니시 공
西公園
메이노하마 페리 터미널
姪浜旅客待合所
우미나카라인 고속선 모모치 승선장
高速船うみなかライン ももち(マリゾン)乗り
마리존
マリゾン
페이 페이 돔
Pay Payドーム
마리노아시티
マリノアシティ
시사이드 모모치
해변공원
シーサイドももち
海浜公園
후쿠오카타워
Fukuoka Tower
JR 지쿠히선 筑肥線
지하철 구코선 地下鉄 空港線
Area 5
오호리 공
大濠公園
P.102
N
0
500m

PART 1
Fukuoka 후쿠오카 福岡

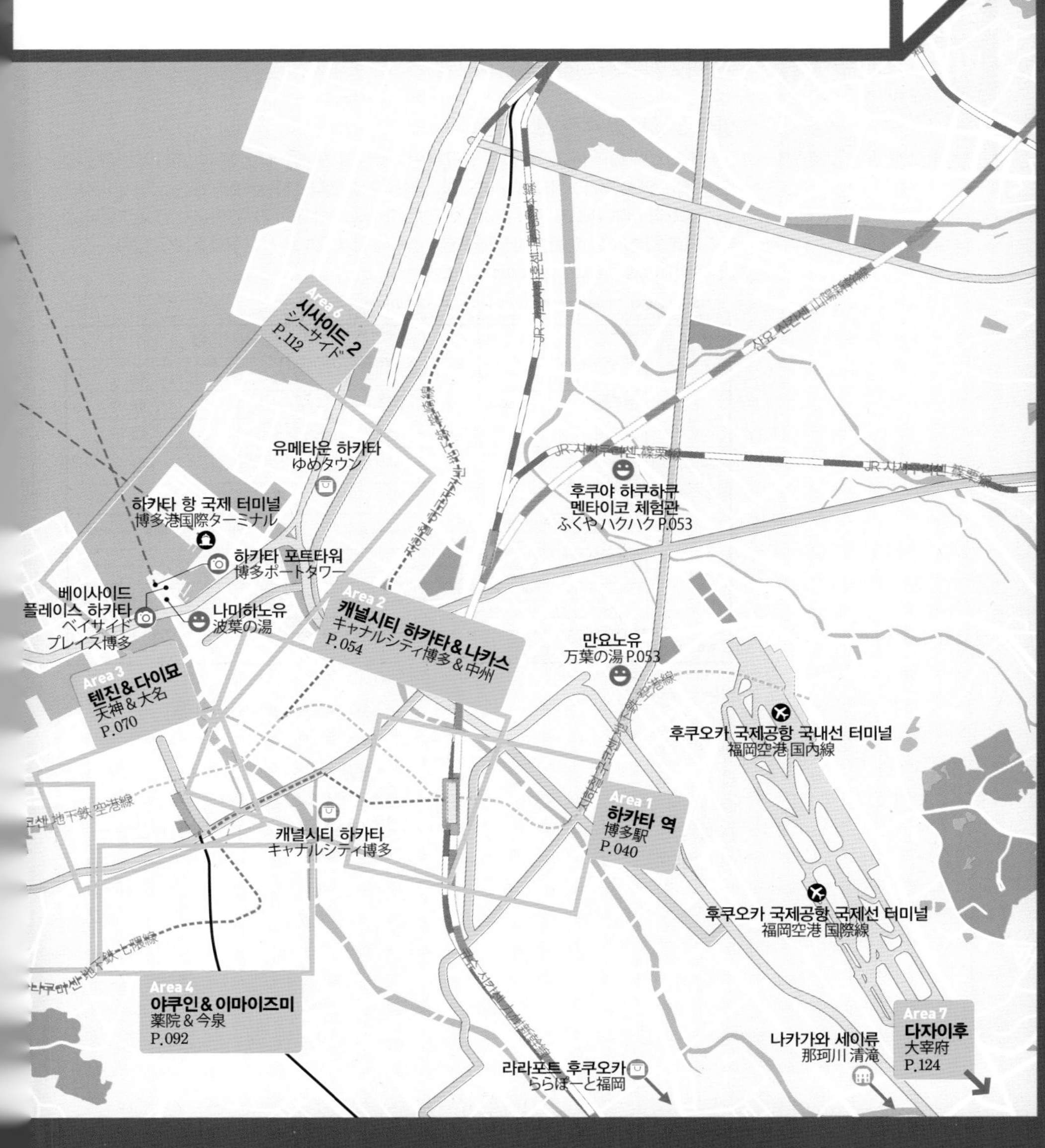

Area 6
시사이드 2
シーサイド
P.112
유메타운 하카타
ゆめタウン
하카타 항 국제 터미널
博多港国際ターミナル
하카타 포트타워
博多ポートタワー
베이사이드
플레이스 하카타
ベイサイド
プレイス博多
나미하노유
波葉の湯
Area 2
캐널시티 하카타 & 나카스
キャナルシティ博多 & 中州
P.054
Area 3
텐진 & 다이묘
天神 & 大名
P.070
후쿠야 하쿠하쿠
멘타이코 체험관
ふくや ハクハク P.053
만요노유
万葉の湯 P.053
후쿠오카 국제공항 국내선 터미널
福岡空港 国内線
캐널시티 하카타
キャナルシティ博多
Area 1
하카타 역
博多駅
P.040
후쿠오카 국제공항 국제선 터미널
福岡空港 国際線
Area 4
야쿠인 & 이마이즈미
薬院 & 今泉
P.092
Area 7
다자이후
大宰府
P.124
나카가와 세이류
那珂川 清滝
라라포트 후쿠오카
ららぽーと福岡

1 단계 후쿠오카 이렇게 간다

관광 목적으로 일본에 입국하는 한국인 관광객은 90일 동안 무비자로 입국이 가능하다. 코로나19 이후 한시적으로 요구했던 코로나19 백신 3회 접종 증명서나 PCR 음성 확인서 제출 등 코로나 방역 조치는 2023년 5월 8일부터 폐지됐다. 입국은 공항 도착 → 검역 · 입국 심사(여권, 입국 신고서 필요) → 수하물 수취 → 세관 검사(세관 신고서 필요) 순으로 이뤄지며 전 과정이 한국어로 안내되어 있어 전혀 어렵지 않다.

입국 신고서 및 세관 신고서 작성

입국에 필요한 입국 신고서와 세관 신고서는 승무원이 기내에서 나눠준다. 한글이 병기된 건 물론, 최근 양식이 간소화되어 어려움 없이 작성할 수 있다. 내용은 숫자 또는 영어 알파벳으로 작성해야 하며 숙소 이름과 주소, 전화번호가 필요하니 적어 가자. 여유가 된다면 출국 전 미리 일본 입국 사전 절차인 '비짓재팬웹'에 접속해 입국 정보를 사전 등록할 수도 있다.

홈페이지 https://www.vjw.digital.go.jp/main/#/vjwplo001

外国人入国記録 DISEMBARKATION CARD FOR FOREIGNER 외국인 입국기록 【ARRIVAL】
英語又は日本語で記載して下さい。 Enter information in either English or Japanese. 영어 또는 일본어로 기재해 주십시오.

氏名 Name 이름	Family Name 영문 성 ❶	Given Names 영문 이름 ❷	
生年月日 Date of Birth 생년월일	Day 日 일 Month 月 월 Year 年 년 ❸	現住所 Home Address 현 주 소	国名 Country name 나라명 ❹ 都市名 City name 도시명 ❺
渡航目的 Purpose of visit 도항 목적	☑ 観光 Tourism 관광 ☐ 商用 Business 상용 ☐ 親族訪問 Visiting relatives 친척 방문 ☐ その他 Others 기타 (❻)	航空機便名・船名 Last flight No./Vessel 도착 항공기 편명 · 선명 ❼ 日本滞在予定期間 Intended length of stay in Japan 일본 체재 예정 기간 ❽	
日本の連絡先 Intended address in Japan 일본의 연락처	❾	TEL 전화번호 ❿	

裏面の質問事項について、該当するものに☑を記入して下さい。 Check the boxes for the applicable answers to the questions on the back side.
뒷면의 질문사항 중 해당되는 것에 ☑ 표시를 기입해 주십시오.

1. 日本での退去強制歴・上陸拒否歴の有無 Any history of receiving a deportation order or refusal of entry into Japan 일본에서의 강제퇴거 이력 · 상륙거부 이력 유무	☐ はい Yes 예	☑ いいえ No 아니오
2. 有罪判決の有無 (日本での判決に限らない) Any history of being convicted of a crime (not only in Japan) 유죄판결의 유무 (일본 내외의 모든 판결)	☐ はい Yes 예	☑ いいえ No 아니오
3. 規制薬物・銃砲・刀剣類・火薬類の所持 Possession of controlled substances, guns, bladed weapons, or gunpowder 규제약물 · 총포 · 도검류 · 화약류의 소지	☐ はい Yes 예	☑ いいえ No 아니오

以上の記載内容は事実と相違ありません。 I hereby declare that the statement given above is true and accurate. 이상의 기재 내용은 사실과 틀림 없습니다.
署名 Signature 서명 ⓫ H Gildong

일본 입국신고서

❶ 이름
❷ 영문 이름
❸ 생년월일
❹ 나라명
❺ 도시명
❻ 도항목적
❼ 일본 체제 예정 기간
❽ 항공편명
❾ 일본 숙소 주소
❿ 일본 숙소 전화번호
⓫ 서명

(A면)

일본국세관
세관 양식 C 제 5360-C호

휴대품 · 별송품 신고서

하기 및 뒷면의 사항을 기입하여 세관직원에게 제출하여 주시기 바랍니다.
가족이 동시에 검사를 받을 경우에는 대표자가 1장 제출하여 주시기 바랍니다.

탑승기편명 (선박명)	❶	출발지	❷
입국일자	년 ❸ 월 일		
성명 (영문)	성 (Surname) ❹	이름 (Given Name)	
현주소 (일본국내 체류지)	❺		
	전화번호 ❻ ( )		
국적	❼	직업	❽
생년월일	❾ 년 월 일		
여권번호	❿		
동반가족	20세 이상 ⓫ 명	6세 ~ 20세 미만 명	6세 미만 명

※아래 질문에 대하여 해당하는 □ 에 "✓"표시를 하여 주시기 바랍니다.

1. 다음 물품을 가지고 있습니까? 있음 없음

① 일본으로 반입이 금지되어 있는 물품 또는 제한되어 있는 물품 (B면 1. 및 2. 참조).
② 면세 범위 (B면3. 참조) 를 초과하는 물품. 또는 금괴 등.
③ 상업성 화물 · 상품 견본품.
④ 다른사람의 부탁으로 대리 운반하는 물

* 상기 항목에서 「있음」을 선택한 분은 B면에 입국시에 휴대반입할 물품을 기입하여 주시기 바랍니다.

2. 100만엔 상당액을 초과하는 현금, 유가증권 또는 1kg 이상의 금괴 등을 가지고 있습니까? 있음 없음

* 「있음」을 선택한 분은 별도로 「지불수단 등의 휴대 수출·수입신고서」를 제출하여 주시기 바랍니다.

3. 별송품 입국할 때 휴대하지 않고 택배 등의 방법을 이용하여 별도로 보낸 짐 (이삿짐을 포함)등이 있습니까?

있음 (개) 없음

* 「있음」을 선택한 분은 입국시에 휴대반입할 물품을 B면에 기입한 후 이 **신고서를 2장** 세관에 제출하여 세관직원의 확인을 받아 주시기 바랍니다. (입국후 6개월이내에 수입할 물품에 한함)
세관에서 확인을 받은 신고서는 별송품을 통관시킬 때 필요합니다.

《주의사항》
해외에서 또는 일본 면세점에서 구입한 물품, 다른사람의 부탁으로 운반하는 물품 등 일본으로 반입하려고 하는 휴대품·별송품에 대해서는 법률에 의거하여 세관에 신고하여 필요한 검사를 받아야 합니다. 또한 신고 누락, 허위신고 등 부정한 행위가 있으면 일본 관세법에 따라 처벌을 받을 수 있습니다.

이 신고서 기재내용은 사실과 같습니다.

서명 ⓬ H. Gildong

일본 세관신고서

❶ 항공편명
❷ 출발지
❸ 입국일
❹ 성명
❺ 현주소
❻ 전화번호
❼ 국적
❽ 직업
❾ 생년월일
❿ 여권번호
⓫ 동반가족
⓬ 서명

후쿠오카 공항에서 시내 가기

공항버스

하카타 역(하카타 버스터미널)까지 운행해 가장 빠르고 편리하다.

운행 시간 07:30~21:40, 15~45분 간격으로 운행 **소요 시간** 하카타 15~25분
요금 하카타 성인 270￥, 어린이 130￥

1 세관 검사를 마친 후 도착 로비로 나와 정면에 보이는 버스 매표소로 간다.

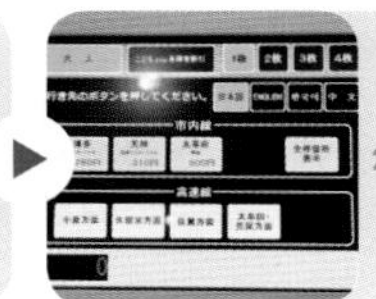

2 발권기에서 티켓을 산다. 왕복 티켓은 이곳에서만 구입할 수 있다.

3 건물에서 나와 왼쪽 2번 정류장에서 하카타 방향 버스를 탄다.

4 티켓을 요금 통에 넣은 후 앞문으로 하차한다.

지하철

국제선-국내선 터미널
무료 셔틀버스

지하철을 타려면 국제선 터미널에서 셔틀 버스를 타고 국내선 터미널까지 가야 한다. 이 과정이 번거로워 하카타 역이 목적지라면 굳이 지하철을 권하지 않지만, 하카타 역 이외의 지역으로 바로 갈 때는 지하철이 유용하다.

탑승 방법 국제선 터미널 건물 밖의 1번 버스 승차장에서 국제선-국내선 터미널 무료 셔틀버스를 타고 국내선 터미널에 도착하면 지하철역이 있다.

무료 셔틀버스

운행 시간 06:35~22:57, 3~6분 간격으로 운행 **소요 시간** 약 15분 **요금** 무료

지하철

운행 시간 05:45~24:00, 5~10분 간격으로 운행 **소요 시간** 하카타 6분, 텐진 12분

요금 성인 260¥, 어린이 130¥

택시

공항에서 시내까지 가깝기 때문에 택시도 괜찮은 이동 수단이다. 일행이 3명 이상이거나 짐이 많은 경우 추천. 목적지가 유명 관광지나 호텔이 아니면 택시 기사에게 정확한 일본어 주소를 보여주는 것이 좋다. 바가지요금은 없지만 신용카드 사용이 제한되므로 현금을 준비하자.

운행 시간 24시간

소요 시간 하카타 역 12분, 캐널시티 18분, 텐진 역 17분

요금 하카타 역 1600~2000¥, 캐널시티 2200~2600¥, 텐진 역 3000~3500¥

하카타 항 여객터미널에서 후쿠오카 시내 가기

버스

하카타 역까지 터미널 건물 밖으로 나와 왼편. 2번 승차장에서 11, 19, 50번 또는 BRT 버스 탑승 후 하카타에키마에(博多駅前) 하차.

운행 시간 07:42~21:12 **소요 시간** 20분

요금 230¥

텐진 역까지 터미널 건물 밖으로 나와 왼편. 1번 승차장에서 55, 151, 152, 80번 또는 BRT 버스 탑승 후 텐진다이마루마에(天神大丸前) 하차.

운행 시간 06:42~22:02 **소요 시간** 20분 **요금** 190¥

택시

터미널 건물 밖으로 나와 오른편 택시 정류장에서 탑승한다.

소요 시간 텐진 13분, 하카타 16분, 캐널시티 17분

요금 텐진 1600~2100¥, 하카타 2000~2500¥, 캐널시티 1800~2300¥

무작정 따라하기

STEP 1 2 3 4

2단계 교통 패스권 이렇게 이용한다

대중교통 요금이 비싸기로 유명한 일본. 일정 기간 동안 대중교통편을 무제한으로 탈 수 있는 '교통 패스권'이 사랑받는 이유다. 하지만 어떤 패스권을 사야 할지 막막하다면 지금부터 주목!

PLUS TIP
열차 교통이 발달한 일본의 다른 지역과 달리 후쿠오카는 도로망이 아주 잘 갖춰진 도시다. 그 때문에 열차 패스권보다 버스 패스권이 압도적으로 많다.

사용 구역, 교통 수단, 추가 혜택 제공 유무에 따라 패스권의 종류가 상당히 다양하다. 본인의 이동 반경이 어느 정도인지 잘 생각해서 패스권을 구입해야 헛돈 쓰는 일이 없다.

- G 전 큐슈
- F 북큐슈
- E 후쿠오카현 일부 지역
- D 후쿠오카 + 근교 도시 D-1 다자이후
- C 후쿠오카 시
- B 도심 + 일부 지역
- A 도심 자유 승차 구역

A구역 하카타 포트 타워, 하카타 항 국제 터미널, 하카타 역, 텐진 역, 캐널시티, 구시다 신사, 나카스, 야쿠인, 오호리 공원, 후쿠오카 성터, 후쿠오카타워, 모모치 해변, 페이페이 돔 등

B구역 A구역+후쿠오카 국제공항 등
패스권 후쿠오카 투어리스트 시티패스, 후쿠오카 투어리스트 시티패스 다자이후

C구역 B구역+메이노하마(姪浜) 선착장, 노코노시마(能古の島), 마리노아시티(マリノアシティ), 마린 월드, 우미노나카미치(海の中道) 등
패스권 후쿠오카 시 1일 자유 승차권

D구역 C구역 + 다자이후 시(大宰府市), 지쿠시노 시(筑紫野市), 지쿠시 군, 아사쿠라 군(朝倉郡), 아사쿠라 시, 가스야 군(糟屋郡) 등
패스권 후쿠오카 체험 버스

D-1구역 다자이후 텐만구, 국립 큐슈 박물관 등
패스권 후쿠오카 투어리스트 시티패스 다자이후, 후쿠오카+다자이후 1일 자유 승차권

E구역 D구역 + 구루메(久留米), 야나가와(柳川), 아마기(天城), 도스 프리미엄 아울렛 등
패스권 후쿠오카 원데이 패스

F구역 E구역 + 시모노세키(下関), 나가사키 현, 사가 현(佐賀県) + 구마모토 현(熊本県) 일부(구마모토, 아소 산), 오이타 현 일부(유후인, 벳푸, 오이타)
패스권 산큐패스(북큐슈), JR 큐슈 레일패스(북큐슈)

G구역 F구역 + 구마모토 현 전체, 가고시마 현, 미야자키 현
패스권 산큐패스(전 큐슈), JR 큐슈 레일패스(전 큐슈)

나에게 맞는 패스 찾기

후쿠오카 도심만 둘러볼 예정이라면?

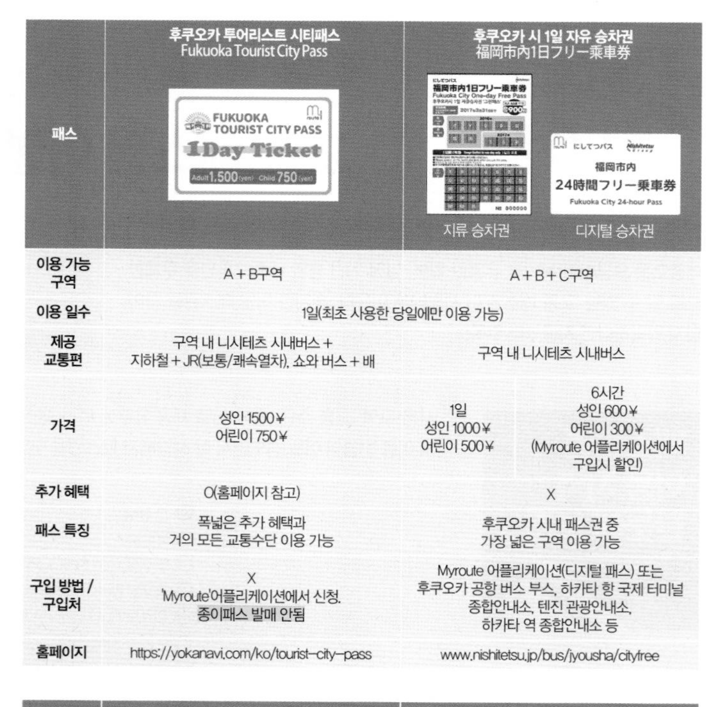

	후쿠오카 투어리스트 시티패스 Fukuoka Tourist City Pass	후쿠오카 시 1일 자유 승차권 福岡市内1日フリー乗車券	
패스	FUKUOKA TOURIST CITY PASS 1Day Ticket Adult 1,500(yen) Child 750(yen)	지류 승차권	디지털 승차권
이용 가능 구역	A+B구역	A+B+C구역	
이용 일수	1일(최초 사용한 당일에만 이용 가능)		
제공 교통편	구역 내 니시테츠 시내버스 + 지하철 + JR(보통/쾌속열차), 쇼와 버스 + 배	구역 내 니시테츠 시내버스	
가격	성인 1500¥ 어린이 750¥	1일 성인 1000¥ 어린이 500¥	6시간 성인 600¥ 어린이 300¥ (Myroute 어플리케이션에서 구입시 할인)
추가 혜택	O(홈페이지 참고)	X	
패스 특징	폭넓은 추가 혜택과 거의 모든 교통수단 이용 가능	후쿠오카 시내 패스권 중 가장 넓은 구역 이용 가능	
구입 방법 / 구입처	X 'Myroute'어플리케이션에서 신청. 종이패스 발매 안됨	Myroute 어플리케이션(디지털 패스) 또는 후쿠오카 공항 버스 부스, 하카타 항 국제 터미널 종합안내소, 텐진 관광안내소, 하카타 역 종합안내소 등	
홈페이지	https://yokanavi.com/ko/tourist-city-pass	www.nishitetsu.jp/bus/jyousha/cityfree	

후쿠오카 도심 + 다자이후만 둘러보고 싶다면?

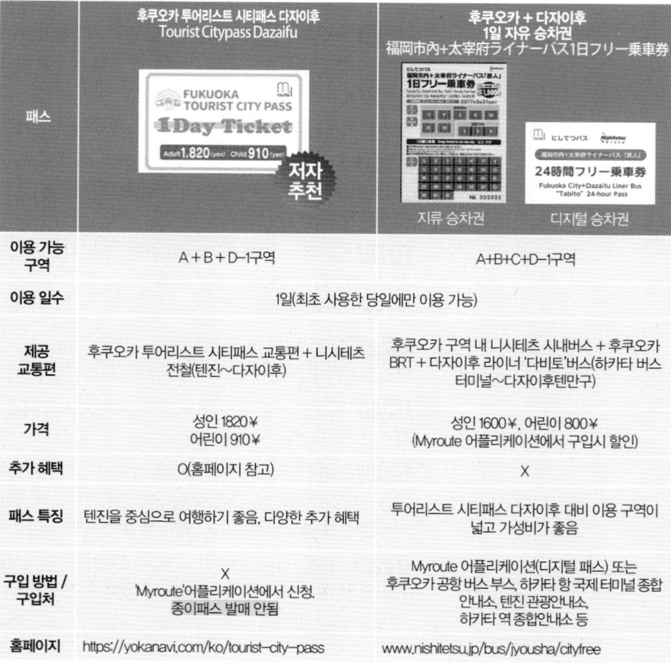

	후쿠오카 투어리스트 시티패스 다자이후 Tourist Citypass Dazaifu	후쿠오카 + 다자이후 1일 자유 승차권 福岡市内+太宰府ライナーバス1日フリー乗車券	
패스	FUKUOKA TOURIST CITY PASS 1Day Ticket Adult 1,820(yen) Child 910(yen) 저자 추천	지류 승차권	디지털 승차권
이용 가능 구역	A+B+D-1구역	A+B+C+D-1구역	
이용 일수	1일(최초 사용한 당일에만 이용 가능)		
제공 교통편	후쿠오카 투어리스트 시티패스 교통편 + 니시테츠 전철(텐진~다자이후)	후쿠오카 구역 내 니시테츠 시내버스 + 후쿠오카 BRT + 다자이후 라이너 '다비토'버스(하카타 버스 터미널~다자이후텐만구)	
가격	성인 1820¥ 어린이 910¥	성인 1600¥, 어린이 800¥ (Myroute 어플리케이션에서 구입시 할인)	
추가 혜택	O(홈페이지 참고)	X	
패스 특징	텐진을 중심으로 여행하기 좋음. 다양한 추가 혜택	투어리스트 시티패스 다자이후 대비 이용 구역이 넓고 가성비가 좋음	
구입 방법 / 구입처	X 'Myroute'어플리케이션에서 신청. 종이패스 발매 안됨	Myroute 어플리케이션(디지털 패스) 또는 후쿠오카 공항 버스 부스, 하카타 항 국제 터미널 종합안내소, 텐진 관광안내소, 하카타 역 종합안내소 등	
홈페이지	https://yokanavi.com/ko/tourist-city-pass	www.nishitetsu.jp/bus/jyousha/cityfree	

후쿠오카 근교 여행을 계획하고 있다면?

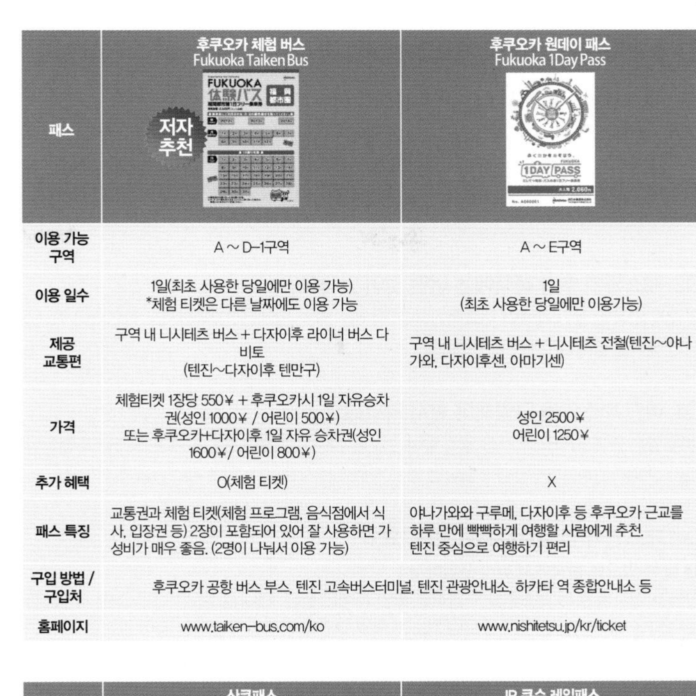

패스	후쿠오카 체험 버스 Fukuoka Taiken Bus (저자 추천)	후쿠오카 원데이 패스 Fukuoka 1Day Pass
이용 가능 구역	A ~ D-1구역	A ~ E구역
이용 일수	1일(최초 사용한 당일에만 이용 가능) *체험 티켓은 다른 날짜에도 이용 가능	1일 (최초 사용한 당일에만 이용가능)
제공 교통편	구역 내 니시테츠 버스 + 다자이후 라이너 버스 다비토 (텐진~다자이후 텐만구)	구역 내 니시테츠 버스 + 니시테츠 전철(텐진~야나가와, 다자이후센, 아마기센)
가격	체험티켓 1장당 550¥ + 후쿠오카시 1일 자유승차권(성인 1000¥ / 어린이 500¥) 또는 후쿠오카+다자이후 1일 자유 승차권(성인 1600¥/ 어린이 800¥)	성인 2500¥ 어린이 1250¥
추가 혜택	O(체험 티켓)	X
패스 특징	교통권과 체험 티켓(체험 프로그램, 음식점에서 식사, 입장권 등) 2장이 포함되어 있어 잘 사용하면 가성비가 매우 좋음. (2명이 나눠서 이용 가능)	야나가와와 구루메, 다자이후 등 후쿠오카 근교를 하루 만에 빡빡하게 여행할 사람에게 추천. 텐진 중심으로 여행하기 편리
구입 방법 / 구입처	후쿠오카 공항 버스 부스, 텐진 고속버스터미널, 텐진 관광안내소, 하카타 역 종합안내소 등	
홈페이지	www.taiken-bus.com/ko	www.nishitetsu.jp/kr/ticket

짧은 기간에 큐슈 곳곳을 돌아다니려면?

PLUS TIP

조만간 종이 실물 패스가 사라지고, QR 패스로 대체된다. 그렇게 되면 현지 구매와 가격과 동일해진다.

패스	산큐패스 SUNQ パス (저자 추천)		JR 큐슈 레일패스 JR Kyushu Rail Pass (저자 추천)	
이용 가능 구역	북큐슈: A ~ F 구역 전 큐슈: A ~ G 구역		북큐슈: A ~ F 구역 전 큐슈: A ~ G 구역	
제공 교통편	구역 내 산큐 버스 스티커가 붙어 있는 시내 · 외 고속버스와 일부 선박 (*고속버스는 사전에 예약해야 좌석 배치가 가능함)		북큐슈: 구역 내 JR 열차 + 신칸센(하카타~구마모토/다케오 온천~나가사키) 전 큐슈: 구역 내 JR 열차 + 신칸센(하카타~가고시마추오/다케오 온천~나가사키) (*신칸센 · 중장거리 노선은 지정석을 예약하는 것이 편리)	
가격	전 큐슈	4일 1만4000¥ 3일 1만1000¥	전 큐슈	3일 1만7000¥, 5일 1만8000¥, 7일 2만 어린이 3일 8500¥, 어린이 5일 9250¥
	북큐슈	3일 7000¥(현지 구매 시 9000¥)	북큐슈	3일 1만¥, 5일 1만4000¥ 어린이 3일 5000¥, 어린이 5일 7000¥
추가 혜택	O(홈페이지 참고)		O(홈페이지 참고)	
패스 특징	시외 · 고속버스는 물론 각 도시의 시내 · 공항버스까지 거의 모든 버스편 범용 가능. 시모노세키도 사용 가능		시내 교통편보다 교외 · 도시 간 이동에 특화된 패스권. 열차 여행을 즐기기 위한 가장 좋은 패스권으로 다양한 할인 혜택이 있음	
구입 방법 / 구입처	국내 여행사에서 구입하는 것을 추천			
홈페이지	www.sunqpass.jp/hangeul/index.shtml		www.jrkyushu.co.jp/korean	

SPECIAL PAGE 패스권에 대한 궁금증

Q1. 패스권을 국내에서 살 수 있나요?

대다수의 패스권이 디지털 패스권으로 전환되어 마이루트(Myroute) 어플리케이션에서만 판매합니다. 하지만 여전히 지류 패스권을 판매하기도 하는데요. 모두투어, 하나투어, 여행박사, 큐슈투어닷넷, 마이리얼트립 등의 국내 여행사나 옥션, 지마켓 등 오픈 마켓에서 구입 할 수 있습니다. 판매 패스권 종류는 여행박사와 큐슈투어닷넷이 가장 다양해요. 일부 패스권은 국내에서만 판매하니 유의하세요!

Q2. 패스권별 추가 혜택에는 어떤 것이 있나요?

관광지 입장권 할인 혜택이 대표적입니다. 적게는 50￥, 많게는 200￥까지도 할인되니 매표소에 패스권을 보여주도록 합시다. 자세한 혜택은 홈페이지에서 확인하세요.

Q3. 어떤 패스권을 구입해야 할지 막막해요.

여행 일정 중 지리적으로 가장 멀리 떨어진 곳을 기준으로 패스권을 선택하는 것을 추천합니다. 이동 반경이 넓지 않다면 사용 기간이 긴 패스권을, 이동 반경이 넓다면 넓은 지역에서 사용할 수 있는 패스권을 추천해요.

Q4. 패스권 구입 및 사용 팁이 있나요?

❶ 될 수 있으면 한국에서 미리 구입하자

한국 여행사를 통해 패스권을 구입하면 할인 혜택은 물론, 안내 팸플릿이나 소소한 기념품까지 덤으로 챙길 수 있습니다. 단 인터넷 예약을 해야 하는 경우가 많으니 최소한 출발 일주일 전에는 구입하는 것이 안전합니다.

❷ 패스권별 할인 혜택을 꼼꼼히 알아보자

패스권별로 다양한 추가 혜택을 알아두는 것이 좋아요. 하지만 귀찮다는 게 문제. 이럴 때는 관광지 매표소마다 패스권을 내미는 것이 가장 간단하고 확실한 방법. 참고로 JR 큐슈 레일패스의 혜택이 가장 좋습니다.

❸ 여권과 교환권을 챙기자

한국 여행사에서 패스를 구입하면 교환권을 받아 일본 현지에 가서 실물 패스권으로 교환해야 하는 경우가 있어요. 이때 여권과 여행사에서 받은 교환권이 반드시 필요합니다.

Q5. JR 큐슈 레일패스 지정석 예약은 어떻게 하나요?

가까운 거리(1시간 이내)를 갈 때는 지정 좌석 없이 자유석에 타면 되지만 그 이상의 거리를 가거나 신칸센을 타야 하는 경우 좌석 지정은 필수입니다. 특히 유후인노모리처럼 인기 있는 열차는 지정석 예약을 해야 탑승할 수 있기도 하죠. 패스권은 한국 내에서 구입할 수 있지만, 지정석만큼은 일본 현지에서 예약해야 하므로 일본에 도착하자마자 하는 것이 좋습니다. 지정석 예약 방법! 큐슈의 관문인 JR 하카타 역 기준으로 설명할게요.

1 JR 하카타 역 1층 시애틀 베스트 커피(Seattle's Best Coffee) 옆의 JR 큐슈 레일패스 전용 매표소로 갑니다. (**운영 시간** 매일 07:00~23:00)

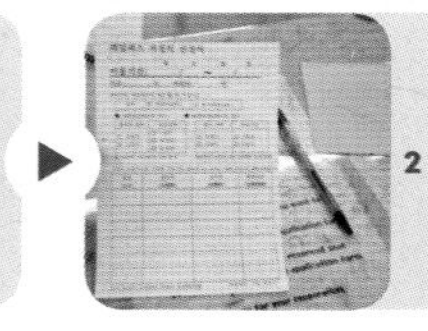

2 레일패스 지정석 신청서를 작성합니다. 한국어 신청서도 준비돼 있습니다. 역 명칭은 일본어로 적어야 하므로 JR 큐슈 레일패스 홈페이지에서 서식을 내려받아 한국에서 미리 작성해가는 것도 방법!

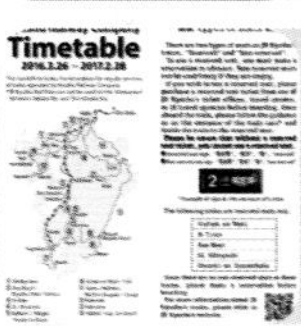

3 열차 시간은 카운터에 비치된 타임테이블(Timetable) 팸플릿을 참고해서 작성합니다.

4 2번 창구로 가서 신청서와 여권, JR 레일패스를 함께 제출하면 실물 티켓 발권을 도와줍니다.

2. 예약하기 (타임스 카 렌털 기준)

1 한국어 홈페이지에 접속한다. www.timescar-rental.kr

▶

2 픽업 · 반납 날짜와 시간, 위치 등을 기입하고 차량을 픽업한 영업점에 반납할지, 다른 영업점에 반납할지 체크한다. 픽업 · 반납 지점이 다르면 거리에 따른 요금이 추가로 붙는다.

3 차량 상세 조건을 선택한 후 검색 버튼을 누른다.

▶

4 대여할 차량을 선택한다. **기어가 자동변속기인지, 휘발유 · 가스 차량인지, 다국어 내비게이션은 무료로 제공하는지** 꼼꼼히 따져보자.

5 차량의 상세 옵션과 보험을 선택한다. **보험은 중간 단계 이상**을 추천. NOC의 경우 현지에서 가입이 불가능하니 유의하자.

▶

6 개인 정보를 기입한 후 예약을 완료한다. 이메일로 예약 확인 메일이 오면 내용을 출력하거나 캡처해두자.

PLUS TIP 렌터카 대여 팁

❶ 일본 법에 따라 6세 미만 어린이 · 유아가 동승하는 경우 카시트는 필수적으로 대여해야 한다. 요금은 렌트 기간 상관없이 1회 대여 기준 1080¥

❷ ETC는 반드시 대여하자. 우리나라의 '하이패스'와 동일한 ETC를 대여하면 고속도로 요금소를 통과할 때마다 번거롭게 현금을 챙길 일이 없다. 요금은 차량 반납 시 영업점에서 후불로 한꺼번에 정산한다.

❸ 통행료가 만만찮은 일본에서는 이동 거리가 길수록 통행료 부담도 커지는데 이럴 경우 KEP를 추천한다. KEP란 일종의 정액 자유 통행권으로 일정 요금을 내면 기간 내 큐슈 지역 고속도로를 무제한으로 이용할 수 있는 시스템이다. 후쿠오카 → 벳푸/유후인 → 후쿠오카 구간의 고속도로만 이용한다 쳐도 일반 요금보다 저렴해 교통비 부담을 줄일 수 있다. 단 사전에 예약해야 하며 ETC를 함께 대여해야 한다.

요금 2일 3600¥, 1일 추가 시 1000¥ 추가(최대 10일 1만1700¥)

ETC 전용 요금소

차량 내 ETC 투입구

3. 인수하기

1 대여 영업소로 가서 **본인 명의의 국제 운전면허증과 예약 확인 메일**을 보여주고, 차량 인수증과 약관 등에 서명한 후 대금을 결제한다.

▶

2 직원과 함께 **차량 미터기와 차가 긁히거나, 찌그러진 곳이 있는지 꼼꼼히 확인**하자. 이상이 있는 부분은 촬영해 두자.

▼

3 차량을 인수한 후 직원에게 **내비게이션 언어 및 음성을 한국어로 변경해달라고 하자. 또 보조 브레이크 위치와 주유구 여는 법을 확인하고 휘발유(レギュラー) 차량인지 가스(ガス) 차량인지** 한 번 더 물어보자.

PLUS TIP

3일 대여 요금은 얼마 정도 나올까?

❶ 2~4인승 경차 3일 대여 1만7310¥~2만8530¥ ❷ KEP(고속도로 무제한 통행 요금제) 3일권 4600¥ ❸ 3일간 주차요금 1000~2000¥ ❹ 카시트 대여(6세 미만 어린이 · 유아가 있는 경우) 1080¥ ❺ 주유비 1000~3000¥ ❻ 보험료(NOC 완전면책 기준) 3일 3150¥ **예상 요금** 2만8140~4만2360

4. 내비게이션 이용하기 (타임스 카 렌털 기준)

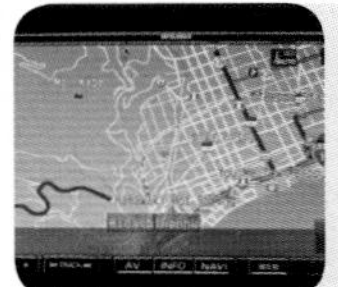

1 내비게이션 화면 언어가 영어로, 음성 안내는 한국어로 설정된 상태에서 화면 아래의 '내비(Navi)' 버튼을 누른다.

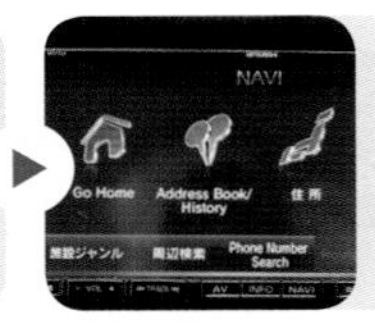

2 '폰 넘버 서치(Phone Number Search)'를 터치한다.

3 전화번호 10자리를 입력하면 목적지의 위치가 화면에 뜬다. 화면의 '셋(Set)' 버튼을 누른다.

4 화면의 '셋 애즈 데스티네이션(Set as Dest)'을 터치하면 전체 경로가 탐색된다.

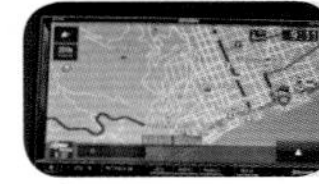

5 화면의 '스타트(Start)' 버튼을 누르면 음성 안내가 시작된다. 목적지에 도착하면 안내는 자동 종료된다.

5. 운전 시 주의 사항 9가지

❶ 차량 진행 방향이 우리나라와 반대다. 차량 통행이 많은 시내야 흐름에 맡기면 사고 날 일이 적지만 통행량이 적은 외곽 도로에서는 사고가 나기 쉽다. 우회전할 때도 마찬가지.

❷ 건널목 앞에서는 무조건 3초가량 완전히 멈추었다가 지나가야 한다.

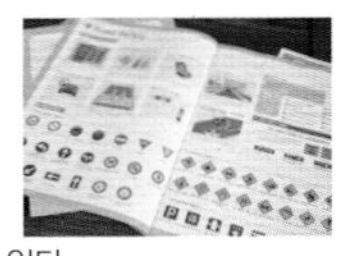

❸ 차량 렌트 회사에서 나눠주는 리플릿을 참고하자. 기본적인 차량 운전 방법, 표지판, 법규 등 웬만한 주행 팁은 여기에 다 나와 있다.

❹ 클랙슨은 될 수 있으면 누르지 말자. 위급 상황일 때만 쓰는 것이 보통이다. 차로 변경 시 방향 지시등을 켜는 것 역시 기본적인 매너다.

❺ 시동이 꺼져도 놀라지 말자. 주행 중에 신호 대기 등의 이유로 정차하면 차량의 시동이 임시적으로 꺼지게 되어 있다. 다시 출발할 때는 가속페달을 약하게 밟아야 급발진을 하지 않는다.

❻ '좌적우크'를 기억하자! 새로운 차선에 진입할 때 본의 아니게 역주행을 하는 경우가 굉장히 많다. 좌회전할 때는 핸들을 작게 꺾고, 우회전할 때는 핸들을 크게 꺾어야 한다는 것만 기억하자.

❼ 우리나라와 다르게 우회전 신호가 별도로 있다. 빨간불과 화살표 신호가 함께 점등되어야 우회전할 수 있다. 단 화살표 신호등이 없는 곳에서는 직진 신호에 비보호 우회전이 가능하다.

❽ 정지선을 철저히 지키자. '정지'를 뜻하는 도마레(止まれ) 표시가 길목마다 있고, 정지선이 우리나라에 비해 훨씬 앞쪽에 있어 자칫 정지선 위반으로 단속에 걸릴 수 있다.

❾ 도로 공사 중인 경우 일방통행로가 매우 많다. 공사 중인 도로에서 사람이 교통을 통제하는 우리와 다르게 기계가 교통을 통제하는 경우가 대부분이다. 공사 구간 초입에 설치된 간이 신호등을 반드시 지켜야 하며 어기면 벌금을 물어야 하거나 최악의 경우 사고가 날 수 있다.

6. 주유 · 주차 방법

주유 방법

STEP.1 주유소를 찾는다. 운전자가 직접 주유를 하는 셀프 주유소와 주유 직원이 있는 풀 서비스 주유소로 나뉜다. 가장 대중적인 주유소는 쉘(Shell)과 에네오스(ENEOS). 건물 모양새가 우리나라 주유소와 비슷하기 때문에 쉽게 눈에 띈다.

PLUS TIP 주유소 일본어 회화

휘발유 가득 넣어주세요. 레귤라 만땅데 오네가이시마스 レギュラ満タンでお願いします

현금(카드)으로 계산하겠습니다. 겡킨(크레지또카도)니 케이산시마스요 現金(クレジットカード)に計算しますよ

영수증 주세요. 료-슈-쇼 구다사이 領收書ください

PLUS TIP
대부분의 렌터카는 휘발유 차량이므로 경유는 절대로 주유하지 말자. BMW, 벤츠 등 고가의 수입차량인 경우 고급 휘발유를 주유한다.

STEP.2 주유기 앞에 주차 후 시동을 끄고 주유구를 개방한다.
STEP.3 연료는 휘발유(레귤라 レギュラー), 고급 휘발유(하이오크 ハイオク), 경유(가스 軽油)의 3가지가 있다.
STEP.4 계산은 현금과 신용카드로 가능하다.

주차 방법

일본에서 주차는 반드시 지정된 주차장에 해야 한다. 숍, 호텔은 무료 주차장이 딸려 있는 경우가 대부분이고 주차시설이 없는 곳이라도 유료 주차장이 곳곳에 있어 편리하다. 유료 주차장은 직원이 있는 유인 주차장과 주차기기를 이용해야 하는 무인 주차장으로 나뉜다. 유명 관광지가 아니면 대부분 무인 주차장으로 운영된다.

주차 과정

STEP.1 주차장을 찾는다. 전광판에 満이라고 표시되어 있으면 주차공간이 없다는 뜻이고, 空이라 표시 되어 있으면 빈 공간이 있다는 뜻이다.

STEP.2 요금을 확인한다. 주차 시간에 따라 요금이 책정되는 곳과 주차 횟수에 따라 요금이 부과되는 곳이 있다. 주차를 오래 해야 하는 경우 횟수 요금이 붙는 주차장을 선택하는 것이 유리하다.

STEP.3 주차선에 맞게 주차한다. 주차 후 3~5분이 지나면 고정장치가 자동으로 작동한다.

출차 과정

STEP.1 바닥의 주차구역 숫자를 확인 후, 주차장 입구의 정산기계로 간다.

STEP.2 정산기계에 숫자를 입력 후 정산(精算) 또는 확인(確認) 버튼을 누른다.

STEP.3 화면에 표시된 금액을 투입하면 정산 완료. 주차 고정장치가 내려가면 출차한다.

7. 사고 처리하기

NOC 보험 가입 후 주차 시 긁힘, 찌그러짐 등의 경미한 사고가 난 경우 경찰을 부르지 않아도 되며 렌터카 반납 시 직원의 안내를 받는다. 접촉 사고가 발생하면 110번(경찰)으로 연락을 한 다음, 보험사에 연락을 한다. 렌터카 회사마다 한국어 통역 직원이 있으므로 소통의 불편함은 걱정하지 않아도 된다. 렌터카 차량 인수 시 차량 렌트 회사에서 받은 팜플릿에 자세한 사고 처리 방법이 있으므로 참고하자.

8. 반납하기

차량을 반납할 때 연료는 가득 채우는 것이 기본이다. 그렇지 않을 경우 시세보다 비싼 연료비를 물어야 한다. 반납 시간을 넘기는 경우 시간당 추가 요금이 붙고 보통 6시간을 경과하면 하루치 요금이 자동 청구되니 주의하자.

AREA

1 HAKATA STATION
[博多駅 하카타 역]

JR HAKATA CITY
큐슈 여행의 시작과 끝

교통, 쇼핑, 식도락이 가능한 JR 하카타시티

후쿠오카를 비롯해 큐슈 여행은 대개 이곳, 하카타 역에서 시작된다. 후쿠오카에 머무는 사람부터 후쿠오카를 큐슈의 다른 지방으로 가는 관문으로 여기는 사람까지 누구나 이곳은 거쳐 간다. 게다가 하카타 역 건물에서 쇼핑부터 맛집 탐방까지 모두 가능하기 때문에, 짧은 일정이라면 이 일대만 둘러봐도 아쉽지 않을 정도다.

인기 ★★★★★	쇼핑 ★★★★★	식도락 ★★★★★	나이트라이프 ★★☆☆☆	관광지 ★☆☆☆☆	혼잡도 ★★★★★
후쿠오카를 포함해 큐슈를 여행한다면 이곳을 피할 수 없다!	백화점, 쇼핑몰, 드러그스토어 등이 몰려 있어 짧은 시간에 효율적으로 쇼핑할 수 있다.	일본의 유명 맛집이 이곳에 다 모였다!	야타이와 이자카야가 있기는 하지만 밤이 되면 한적하다.	관광지로서의 볼거리는 없다.	교통의 거점일 뿐 아니라 현지인의 생활 공간이라 유동 인구가 많다.

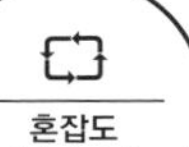

041

후쿠오카 공항 → 하카타 역

버스 국제선 터미널 2번 승강장에서 하카타행 버스(공항버스)에 탑승해 하카타 버스터미널(博多バスターミナル)에 도착

시간 18분 **요금** 성인 270¥, 어린이 130¥

지하철 국제선 터미널 1번 승차장에서 국내선으로 가는 셔틀버스를 타고 국내선 터미널로 이동. 국내선 2, 3터미널 방향에 있는 지하철역에서 메이노하마(姪浜)행 열차에 탑승해 하카타 역에서 하차

시간 25분 **요금** 공항 셔틀버스 무료, 성인 260¥, 어린이 130¥

하카타 항 여객터미널 → 하카타 역

터미널 건물 밖 2번 승차장에서 11, 19, 50번 버스 BRT에 탑승해 하카타 역에서 하차

시간 17분 **요금** 성인 240¥, 어린이 120¥

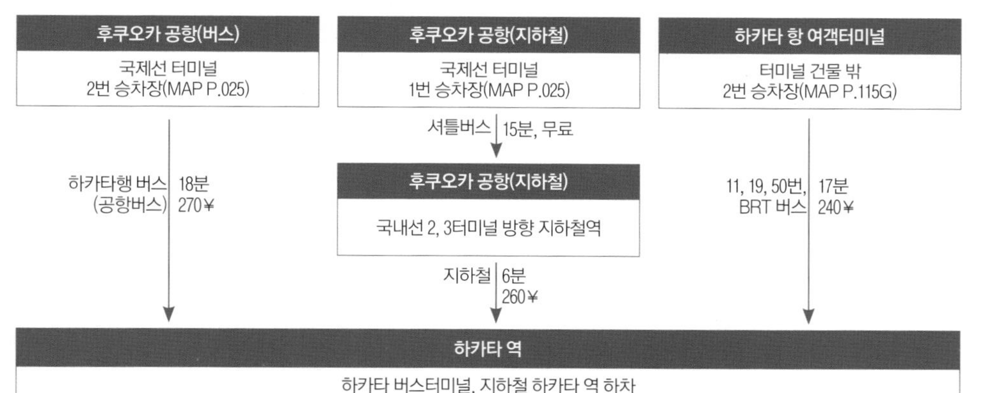

MUST EAT 이것만은 꼭 먹자!

No. 1
일 포르노 델 미뇽의 미니 크루아상

No. 2
야키니쿠 타규의 갈비

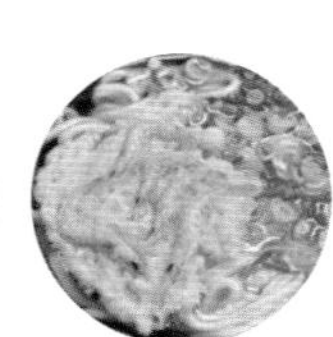

No. 3
하가쿠레 우동의 에비텐 우동

No. 4
REC 커피의 커피

MUST BUY 이것만은 꼭 사자!

No. 1
한큐 백화점에서 명품 손수건

No. 2
다이소에서 아이디어 상품

No. 3
아뮤이스트 러쉬 매장에서 비누

하카타 역 주요 건물 숍 리스트

아뮤플라자 P.050
- 쇼라쿠(10F) 笑樂 P.047
- 캠벨 얼리(9F) campbell early P.048
- 아 라 캄파뉴 a la campagne P.048
- 무츠카도(5F) むつか堂 P.048
- 핸즈 hands P.051
- 드러그일레븐(B1F) ドラッグイレブン P.051
- 무인양품(6F) 無印良品
- 포켓몬 센터(8F) ポケモンセンター P.051
- 디즈니 스토어(5F) Disney Store
- 츠바메노모리 옥상정원(11F) つばめの杜 P.046

아뮤이스트 P.050
- 유니클로 ユニクロ
- 러쉬 Lush
- 고쿠민 드러그스토어 コクミンヘルシードラッグ

하카타 버스터미널 P.050
- 고고 카레(8F) ゴーゴーカレー P.047
- 레가넷 큐트(B1F) reganet cute P.051
- 다이소(5F) DAISO ダイソー P.051
- 게이머스(7F) ゲーマーズ P.052

데이토스 & 데이토스 아넥스
- 오야마 おおやま P.048
- 다이후쿠 우동 大福うどん P.048

하카타 1번가
- 탄야(B1F) たんや P.046
- 텐진호르몬(B1F) 天神ホルモン P.047
- 롱후 다이닝(B1F) ロンフーダイニング P.047

키테 하카타
- 쿠시야모노가타리(10F) 串屋物語 P.047
- 엉클테츠 uncle tetsu's P.049
- 파오 크레페 밀크 パオクレープ P.049
- REC 커피(6F) レックコーヒー P.049

한큐백화점 P.050
- 몽셰르(B1F) Moncher P.048
- 가루비 플러스 에센스(B1F) カルビープラスエッセンス P.052

4 텐진호르몬
天神ホルモン

철판볶음 요리 전문점으로 한국인 여행자들이 많이 찾는다. 세트 메뉴가 가격 대비 훌륭한데 한 사람에 메뉴 하나씩 주문하면 양이 적은 듯 알맞다. 밥과 국은 무한 리필. 한국어 메뉴도 있다.

원조 호르몬 정식 1280¥

1권 P.121 지도 P.042B
찾아가기 JR 하카타 역 지하 1층 하카타 1번가
주소 福岡県福岡市博多区博多駅中央街1-1 JR博多シティ博多1番街(B1F) **전화** 092-413-5129 **시간** 10:00~23:00
휴무 연중무휴 **가격** 원조 호르몬 정식 1345¥, 대창 모둠 정식 1680¥, 생맥주(중) 500¥
홈페이지 www.56foods.co.jp

5 고고 카레
ゴーゴーカレー
Go Go Curry

검고 진득한 가나자와 카레를 선보이는 곳이다. 어떤 메뉴든 네 단계로 나뉘어 양 조절에 용이하다. 로스카츠 카레가 대표 메뉴이며 돈카츠, 새우튀김, 소시지, 달걀 등 대부분의 토핑이 몽땅 올라가는 '메이저 카레'를 추천한다. 하루 5개만 판매하는 2.5kg 중량의 '메이저 카레 월드 챔피언 클래스'도 도전해보자.

지도 P.042B
찾아가기 하카타버스터미널 8층
주소 福岡県福岡市博多区博多駅中央街 2-1 博多バスターミナル 8F
전화 092-474-7255 **시간** 10:55~21:55
휴무 연중무휴
가격 로스카츠 카레 730¥~, 메이저 카레 1000¥~
홈페이지 www.gogocurry.com

6 롱후 다이닝
ロンフーダイニング

현대적 분위기의 중국 음식점. 볶음밥 메뉴가 상당히 다양하고 가격 대비 양이 많은 것이 특징. 볶음밥류와 마파두부가 인기 있다. 1인당 900¥대에 한 끼 식사가 가능하며 맛도 평균 이상이다.

지도 P.042B
찾아가기 JR 하카타 역 지하 1층 하카타 1번가
주소 福岡県福岡市博多区博多駅中央街1-1 JR博多シティ B1F
전화 092-413-5591
시간 07:00~23:00(L.O 22:30)
휴무 8월 15일, 연말연시
가격 볶음밥 730~850¥~, 마파두부 정식 908¥~
홈페이지 www.longhu-dining.jp

7 쇼라쿠
笑楽

한국인이 가장 많이 가는 모츠나베 전문점. 다른 집에 비해 국물이 진한 만큼 달고 짠맛도 강해 호불호가 갈리는 편이다. 1인분이 저렴하고 한국어 메뉴판도 준비되어 있다.

1권 P.097 지도 P.042B
찾아가기 JR 하카타 역 아뮤플라자 하카타 10층
주소 福岡県福岡市博多区博多駅中央街1-1 JR博多シティアミュプラザ博多 10F
전화 092-409-6860
시간 11:00~23:00(L.O 22:30)
휴무 연중무휴
가격 모츠나베 1인분 1520¥~, 단품 메뉴 380~1300¥
홈페이지 www.shoraku.jp

8 쿠시야모노가타리
串屋物語

도보 1분

샤부샤부처럼 꼬치를 직접 튀겨 먹는 뷔페. 재료에 따라 가열하는 시간이 한글 메뉴판에 공지되어 있어 큰 어려움 없이 튀길 수 있다. 추가 비용을 내면 음료도 90분간 자유롭게 즐길 수 있다.

지도 P.042B
찾아가기 키테 하카타 10층
주소 福岡県福岡市博多区博多駅中央街 10F
전화 092-441-8694
시간 11:00~23:00(점심 L.O 15:30, 저녁 L.O 22:30)
휴무 연중무휴(키테 하카타에 따라)
가격 성인 점심 1700¥, 저녁 2850¥, 초등학생 점심950¥, 저녁 550¥, 유아 550¥(세금 불포함), 3세 이하 무료
홈페이지 www.kushi-ya.com

9 야요이켄
やよい軒

'일본인의 밥집'이라는 수식이 붙은 체인 음식점. 메뉴 가짓수가 엄청난데 웬만한 음식이 한국인 입맛에 잘 맞는 편이고 양도 많다. 입구 옆의 자판기에서 주문한 다음 자리를 잡아야 하며 메뉴별 사진이 나와 있어 쉽게 이용할 수 있다.

1권 P.125 지도 P.042F
찾아가기 JR 하카타 역 지쿠시 출구로 나와 횡단보도를 건넌 뒤 우회전. 도보 2분
주소 福岡県福岡市博多区博多駅東2-1-26
전화 092-437-2609 **시간** 24시간
휴무 연중무휴 **가격** 불고기 정식 960¥
홈페이지 www.yayoiken.com

10 오야마
おおやま

★★★★ 도보 3분

맛과 가격, 메뉴 구성까지 삼박자를 두루 갖춘 집. 말고기 육회와 모츠나베, 명란젓이 포함돼 큐슈의 명물 음식을 한꺼번에 맛볼 수 있는 오야마 세트가 인기다. 오전 11시부터 오후 3시까지 제공.

1권 P.097 지도 P.042B
찾아가기 JR 하카타 역 지쿠시 출구로 나와 왼쪽 데이토스 건물 1층 **주소** 福岡市博多区博多駅中央街1-1博多デイトス **전화** 092-475-8266 **시간** 11:00~24:00(L.O 23:30)
휴무 연중무휴 **가격** 오야마 세트 1980￥
홈페이지 www.motu-ooyama.com/hakata

11 다이후쿠 우동
大福うどん

★★★ 도보 2분

하카타 역에만 매장이 두 개나 있는 소규모 우동 체인점이다. 이곳의 별미는 비벼 먹는 붓카케 우동. 우동 위에 참깨, 가다랑어포, 김, 파, 달걀 반숙 등을 올리고 함께 나오는 쯔유 소스를 뿌려 비벼 먹는다. 세트 메뉴의 양은 2인분 수준.

1권 P.109 지도 P.042B
찾아가기 하카타 역 지쿠시 출구로 나와 왼쪽 데이토스 건물 1층 **주소** 福岡市博多区博多駅中央街1-1 **전화** 092-441-6628 **시간** 08:00~20:30 **휴무** 부정기 **가격** 붓카케 우동 단품 670￥, 요쿠바리동 · 우동 세트 980￥ **홈페이지** www.hakata-daifuku.com

요쿠바리동 · 우동 세트 980￥

12 캠벨 얼리
キャンベル·アーリー Campbell Early

★★★ 도보 3분

밀가루와 과일을 다루는 내공이 느껴지는 집이다. 후쿠오카산 밀가루로 반죽을 빚어 알맞게 구운 팬케이크 위에 제철 과일과 아이스크림까지 올려 내온다. 제철 과일로 만드는 파르페와 과일 칵테일도 인기 메뉴.

1권 P.146 지도 P.042B
찾아가기 아뮤플라자 하카타 9층
주소 福岡県福岡市博多区博多駅中央街1-1
전화 092-409-6909
시간 11:00~22:00(L.O 21:30)
휴무 연중무휴
가격 바나나 캐러멜 팬케이크 1298￥, 믹스 과일 미니 파르페 세트 1518￥
홈페이지 http://jrhakatacity.com, http://nangoku-f.co.jp

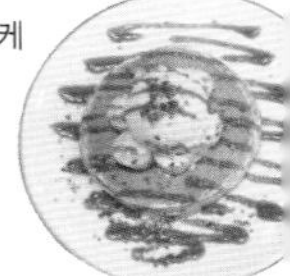
바나나 캐러멜 팬케이크 1298￥

13 아 라 캄파뉴
ア·ラ·カンパーニュ
A la Campagne

★★★ 도보 1분

고베에서 시작된 타르트와 케이크 전문점으로 인기가 높다. 쇼케이스에 진열된 제철 과일을 듬뿍 올린 다양한 타르트가 눈길을 사로잡는다. 베스트셀러 메뉴인 과일 타르트는 싱싱한 과일을 아낌없이 넣어 만들었다.

1권 P.149 지도 P.042B
찾아가기 JR하카타 역 내 하카타시티 아뮤플라자 1층 **주소** 福岡県福岡市博多区博多駅中央街1-1 **전화** 092-413-5079
시간 10:00~20:00 **휴무** 부정기
가격 블랜드 커피 550￥, 카페라테 660￥, 과일 타르트 935￥ **홈페이지** www.alacampagne.jp

과일 타르트 935￥

14 무츠카도
むつか堂

★★★★ 도보 3분

말랑말랑한 식빵 하나로 후쿠오카 명소로 자리 잡은 곳. 야쿠인 본점과 달리 아뮤플라자점은 카페로 운영돼 편안하게 앉아서 맛있는 빵을 맛볼 수 있다. 폭신하고 쫄깃한 식빵으로 만든 디저트 메뉴가 일품이다. 인기 메뉴는 후르츠 샌드위치와 계란 샌드위치.

1권 P.144 지도 P.042B
찾아가기 JR하카타 역 아뮤플라자 5층 **주소** 福岡市博多区博多駅中央街1-1 **전화** 092-710-6699 **시간** 10:00~21:00(L.O 20:00)
휴무 연중무휴 **가격** 식빵(소) 432￥, 과일 샌드위치 792￥, 카페라떼 660￥
홈페이지 http://mutsukado.jp

15 몽셰르
モンシェール Moncher

★★★ 도보 1분

일본의 대표 롤케이크 도지마롤을 파는 곳. 한국에는 몽슈슈라는 이름으로 알려져 있다. 홋카이도산 우유를 엄선해 생크림으로 만들어 갓 짠 우유의 신선함이 살아 있으며, 빵도 촉촉하고 맛있다. 달지 않고 뒷맛이 깔끔해 많이 먹어도 느끼하지 않아 인기.

1권 P.145 지도 P.042F
찾아가기 JR 하카타 역 내 한큐 백화점 지하
주소 福岡県福岡市博多駅中央街1-1
전화 092-461-1381 **시간** 10:00~20:00
휴무 부정기
가격 1550￥(1롤), 도지마롤 과일 맛 1188￥(하프 롤)
홈페이지 www.mon-cher.com

16 일 포르노 델 미뇽
Il Forno del Mignon

하카타 역에 가면 진한 버터 향에 이끌려 자신도 모르게 이 집 앞에 줄을 서게 된다. 이곳에서 파는 크루아상은 한입에 쏙 들어가는 부담 없는 크기라 먹기에도 좋다. 플레인, 초콜릿, 고구마, 세 가지 맛이 있으며 초콜릿 맛은 제법 큰 초콜릿 덩어리가 실하게 들어 있다.

지도 P.042B
찾아가기 JR 하카타 역 1층 **주소** 福岡県福岡市博多駅中央街1-1 **전화** 092-412-3364
시간 07:00~23:00 **휴무** 부정기
가격 초콜릿 205¥, 플레인 183¥, 고구마 216¥ (100g, 약 3개 기준)
홈페이지 www.crown-pan.co.jp/mignon.html

17 엉클테츠
Uncle Tetsu's

후쿠오카 출신 파티셰가 창립한, 세계적으로 유명한 치즈 케이크 전문점. 이 집의 치즈 케이크는 크림치즈와 달걀을 듬뿍 넣어 폭신폭신 부드럽다. 치즈 카스텔라에 가까워 질리거나 느끼하지 않은 것이 장점. 키테 마루이점은 후쿠오카에 있는 세 곳의 매장 중 접근성이 가장 좋다.

1권 P.145 **지도** P.042B
찾아가기 키테 하카타 1층
주소 福岡県福岡市博多区博多駅中央街9-1
전화 092-577-1607
시간 10:00~21:00 **휴무** 부정기
가격 치즈 케이크 870¥(1개) **홈페이지** www.uncletetsu.com

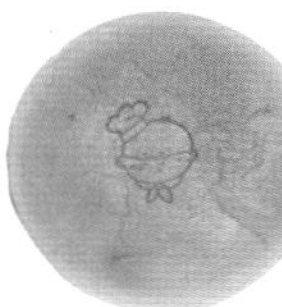

18 파오 크레페 밀크
パオクレープ

나가사키의 작은 매장에서 출발한 크레페 전문점으로, 우유와 달걀을 듬뿍 넣어 촉촉하고 보들보들한 빵이 압권이다. 초콜릿, 바나나, 딸기, 커스터드, 녹차 등 다양한 맛이 있으며, 108¥이라는 저렴한 가격에 맞게 앙증맞은 크기라 부담 없이 맛보기 좋다.

지도 P.042B
찾아가기 키테 하카타 1층
주소 福岡県福岡市博多区博多駅中央街9-1
전화 092-577-1608
시간 10:00~21:00
휴무 부정기
가격 129¥~
홈페이지 www.milkweb.jp

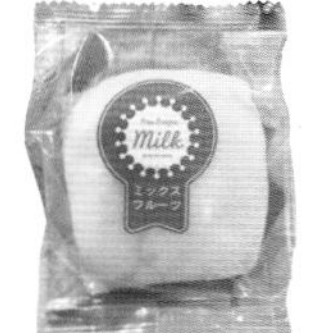

19 REC 커피
Rec coffee
렉쿠 코-히-

커피를 좋아하는 사람이라면 꼭 가봐야 할 카페. 2016년 월드 바리스타 챔피언십 준우승에 빛나는 이와세 요시카즈(岩瀬由和) 씨가 하카타 역에 분점을 냈다. 분위기는 본점만 못하지만 접근성은 월등하다. 다만 산미가 높은 커피가 많아 호불호가 갈린다.

지도 P.042B
찾아가기 키테 하카타 6층
주소 福岡県福岡市博多区博多駅中央街9-1
전화 092-577-1766
시간 10:00~21:00
휴무 부정기
가격 오늘의 드립커피 490¥
홈페이지 www.rec-coffee.com

카페라떼 520¥

20 JR 하카타시티
JR Hakata City

일본 최대 규모의 역사 빌딩으로 아뮤플라자, 한큐 백화점, 영화관 등 다양한 쇼핑몰로 이루어져 있어 기차역의 역할뿐 아니라 쇼핑부터 맛집 순례까지 원스톱으로 가능하다. 옥상에는 일대 전망을 감상할 수 있는 츠바메노모리 광장이 있으며 철도 신사와 미니 기차도 있다.

지도 P.042B
찾아가기 JR 하카타 역
주소 福岡県福岡市博多区博多駅中央街1-1
전화 092-431-8484
시간 10:00~21:00(층마다 다름)
휴무 가게마다 다름
가격 가게마다 다름
홈페이지 www.jrhakatacity.com

21 키테 하카타
KITTE Hakata

2016년 4월 하카타 역에 새롭게 문을 연 쇼핑몰. 패션 잡화 편집 매장을 중심으로 레스토랑, 화장품 매장 등이 들어서 있다. 특히 먹을거리가 강세인데, 1층에는 일본 전역의 인기 있는 디저트류를 모두 모아놓았으며, 지하 1층과 9, 10층 식당가에도 유명 맛집이 즐비하다.

지도 P.042B
찾아가기 JR 하카타 역 하카타 출구로 나와 왼쪽
주소 福岡県福岡市博多区博多駅中央街9-1
전화 092-292-1263
시간 10:00~21:00(일부 매장 예외)
휴무 연중무휴
가격 가게마다 다름
홈페이지 www.kitte-hakata.jp

22 하카타 버스터미널
博多バスターミナル
하카타 바스-타미나루

★★★★
도보 1분

하카타 역과 더불어 후쿠오카 여행의 처음과 끝이 되는 곳이다. 그러나 단순히 버스터미널이라고 생각하면 오산. 쇼핑센터와 맛집 등이 층마다 자리 잡고 있어서 일부러라도 찾아가도 좋다. 인기 맛집인 기와미야 햄바그나 엄청난 규모의 다이소도 바로 이곳에 있다. 하카타 역 2층에서 연결된 통로로 가면 훨씬 편하다.

지도 P.042B
찾아가기 하카타 역 앞(마에) 출구 나오면 바로 오른쪽
주소 福岡県福岡市博多区博多駅中央街 2
전화 120-489-939
시간 가게마다 다름
휴무 가게마다 다름
가격 가게마다 다름
홈페이지 www.h-bt.jp

23 아뮤플라자
アミュプラザ Amu Plaza

JR 하카타시티에 자리 잡은 종합 쇼핑몰로 패션, 생활 잡화, 인테리어 용품 전문점에 맛집까지 다양하게 들어서 있다. 생활 잡화 전문 백화점 도큐핸즈와 무인양품이 입점해 있어 쇼핑을 위해 굳이 텐진까지 가지 않아도 될 정도. 특히 일본에 단 세 곳만 있는 여성 토털 브랜드 메종드리퍼가 입점돼 있으니 눈여겨보자.

지도 P.042B
찾아가기 JR 하카타 역 내
주소 福岡県福岡市博多区博多駅中央街1-1
전화 092-431-8484
시간 숍 10:00~21:00, 레스토랑 11:00~다음 날 01:00 **휴무** 연중무휴
가격 가게마다 다름
홈페이지 www.jrhakatacity.com

24 아뮤이스트
アミュエスト Amu Est

하카타 역 동쪽에 위치한 쇼핑몰. 1층에는 국내보다 상품이 다양해 선택의 폭이 넓은 유니클로, 국내의 반값에 살 수 있는 러쉬, 예쁜 양말로 유명한 구츠시타야 등이 있다.

지도 P.042B
찾아가기 JR 하카타 역 왼쪽 뒤편(지쿠시 출구 쪽)
주소 福岡県福岡市博多区博多駅中央街1-1
전화 092-431-8484
시간 10:00~21:00(쇼핑), 11:00~다음 날 01:00(레스토랑)
휴무 연중무휴
가격 가게마다 다름
홈페이지 www.jrhakatacity.com

25 한큐 백화점
博多阪急 항규 데빠-또

해외 명품부터 잘나가는 일본 브랜드와 트렌디한 브랜드까지 골고루 잘 갖춰놓았다. 2~3층을 20, 30대 여성을 위한 공간인 '하카타 시스터스'로 꾸민 점이 특징. 지하 식품 매장에서는 큐슈에서 인기 있는 디저트는 물론 도쿄와 오사카 명물까지 모두 만날 수 있다. 1층 인포메이션 데스크에서 여권을 제시하면 5% 할인 쿠폰을 제공한다.

1권 P.163 지도 P.042F
찾아가기 JR 하카타 역에서 바로
주소 福岡県福岡市博多駅中央街1-1
전화 092-461-1381
시간 10:00~20:00(금 · 토 지하~4층 ~21:00)
휴무 연중무휴 **가격** 가게마다 다름
홈페이지 www.hankyu-dept.co.jp/hakata

26 요도바시 카메라
ヨドバシカメラ Yodobashi

카메라, 대형 가전, 생활 가전 등 각종 전자제품은 물론 장난감, 생활용품, 패션 등 다양한 상품을 접할 수 있다. 카메라, 장난감, 플라모델을 특히 주목할 것.

지도 P.042F
찾아가기 JR 하카타 역 지쿠시 출구로 나와 우회전. 도보 4분
주소 福岡県福岡市博多区博多駅中央街6-1
전화 092-471-1010
시간 09:30~22:00
휴무 연중무휴
가격 상품마다 다름
홈페이지 www.yodobashi.com

27 핸즈
ハンズ Hands

아뮤플라자 1~5층에 입점한 생활용품 전문 백화점. 주방용품, 잡화, 여행용품, 문구류, 미용용품 등을 판매하며, DIY용 도구나 아이디어 상품 등이 특화돼 있다. 외국인 쿠폰과 택스 리펀드를 활용하면 저렴하게 구입할 수 있다.

지도 P.042B
찾아가기 하카타 역 아뮤플라자 1~5층
주소 福岡県福岡市博多区博多駅中央街1-1 JR博多シティ 1~5F
전화 092-481-3109
시간 10:00~20:00
휴무 연중무휴
가격 상품마다 다름
홈페이지 www.tokyu-hands.co.jp/ko

28 레가넷 큐트
Reganet Cute

도보 3분

바쁜 도시인이 빠르게 조리해 먹을 수 있는 식재료를 파는 도시형 슈퍼마켓. 반찬, 도시락, 신선 식품의 비율이 높고 채소와 과일, 고기, 회 등을 소량으로 팔아 부담 없이 구매할 수 있다.

1권 P.193 **지도** P.042B
찾아가기 하카타 버스터미널 지하 1층
주소 福岡県福岡市博多区博多駅中央街2-1
전화 092-292-3149
시간 07:00~22:00
휴무 연중무휴
가격 상품마다 다름
홈페이지 https://nishitetsu-store.jp/shoplist_chirashi/store322

29 다이소
DAISO ダイソー

한국에서도 유명한 대표적인 100¥(세금 불포함) 숍이다. 하카타 버스터미널점은 규모가 꽤 커서 충분한 시간을 가지고 둘러봐야 한다. 식품, 화장품, 주방용품, 문구, 장난감, 잡화 등 없는 것이 없다. 택스 리펀드는 안 된다.

1권 P.200 **지도** P.042B
찾아가기 하카타 버스터미널 5층
주소 福岡県福岡市博多区博多駅中央街2-1
전화 092-475-0100
시간 09:00~21:00
휴무 연중무휴
가격 상품마다 다름
홈페이지 www.daiso-sangyo.co.jp

30 드러그일레븐
Drug Eleven ドラッグイレブン

드러그일레븐은 큐슈를 기반으로 하는 드러그스토어 체인으로, 일본 최고 드러그스토어 체인 마츠모토 키요시가 맥을 못 출 정도다. 가격도 합리적인 편. 하카타 역 지하에 위치한 아뮤플라자 하카타점은 붐비지 않아 쇼핑하기 좋다. 5000¥(세금 불포함) 이상 구입하면 면세도 가능하다.

1권 P.179 **지도** P.042B
찾아가기 JR 하카타 역에서 지하로 내려가면 바로
주소 福岡県福岡市博多区博多駅中央街1-1
전화 092-413-5410
시간 07:00~22:00
휴무 연중무휴
가격 상품마다 다름
홈페이지 www.dgmp.jp

31 포켓몬 센터
ポケモンセンター

도보 3분

포켓몬의 모든 것을 만날 수 있는 공간. 캐릭터 관련 상품은 물론 식기, 생활용품, 잡화 등 다양한 상품을 판매하며 포켓몬 게임을 할 수 있는 공간이 마련돼 있어 아이들에게 인기 있다. 포켓몬 인형이나 생활용품 코너를 주목하자.

1권 P.207 **지도** P.042B
찾아가기 아뮤플라자 하카타 8층
주소 福岡県福岡市博多区博多駅中央街1-1 JR博多シティ 8F
전화 092-413-5185
시간 10:00~21:00
휴무 연중무휴
가격 상품마다 다름
홈페이지 www.pokemon.co.jp/gp/pokecen/fukuoka

32 지유
GU

유니클로의 세컨드 브랜드로 저렴한 가격으로 승부한다. 유니클로에 비해 품질은 조금 떨어지지만 다양한 스타일을 넉넉한 마음으로 쇼핑할 수 있다. 여행 중 양말이나 속옷 등이 필요할 때 달려가기 좋다.

지도 P.042F
찾아가기 JR 하카타 역 지쿠시 출구로 나와 우회전, 요도바시 카메라 건물 3층. 도보 4분
주소 福岡県福岡市博多区博多駅中央街6-12
전화 092-433-2722
시간 10:00~21:00
휴무 연중무휴
가격 상품마다 다름
홈페이지 www.gu-japan.com

33 게이머스
ゲーマーズ

★ 도보 5분

서적, 음반, DVD에 특화된 애니메이션 숍. 특히 애니메이션 성우별 섹션이 잘 꾸며져 있고, 이벤트도 활발히 진행된다. 바로 옆의 오락실과 함께 둘러보면 더 재미있다.

지도 P.042B
찾아가기 하카타 버스터미널 건물 7층
주소 福岡県福岡市博多区博多駅中央街2-1 7F **전화** 092-434-6868
시간 평일 10:30~21:00, 토 · 일요일 · 공휴일 10:00~21:00
휴무 연중무휴
가격 상품마다 다름
홈페이지 www.gamers.co.jp

34 가루비 플러스 에센스
カルビープラスエッセンス

★★ 도보 3분

일본의 유명 제과 회사 '가루비(Calbee)'에서 만든 과자점. 이곳에서만 판매하는 한정 선물용 멘타이코(명란)맛, 에센스 포테이토, 큐슈 쇼유(큐슈지역 간장) 에센스 포테이토 과자 세트를 판매하기도 한다.

지도 P.042F
찾아가기 JR 하카타 역 한큐 백화점 지하 1층
주소 福岡県福岡市博多区博多駅中央街1-1 博多阪急(B1F)
전화 092-419-5966
시간 10:00~21:00
휴무 부정기
가격 17g 4개입 515¥
홈페이지 www.calbee.co.jp

ZOOM IN

하카타에키 히가시

하카타 역 지쿠시 출구는 하카타 출구에 비해 한적하다. 이곳에서 조금만 벗어나도 관광 지도에는 잘 나오지 않는 지역이 펼쳐진다. 후쿠오카 1일 패스도 적용되지 않는 지역이다. 현지인의 평범한 삶을 접하고 싶다면 한번 둘러보아도 좋다.

1 야키니쿠 타규
焼肉多牛

★★★★★ 도보 10분

인기 절정의 야키니쿠집. 추천 부위는 안창살, 우설(소의 혀), 상갈비. 단가가 높은 소고기 위주로 주문하는 것이 유리하다. 무엇보다 1인당 2000~3000¥이면 배 부르게 먹을 수 있어 대만족. 오후 3시부터 방문 예약만 받으니 반드시 예약하는 것이 좋다. 현금 결제만 가능.

1권 P.091 지도 P.043G
찾아가기 하카타 역 지쿠시 출구로 나와 역에서 도보 10분 **주소** 福岡県福岡市博多区博多駅南1-5-3(1,2 F) **전화** 092-483-0329
시간 17:30~23:00(L.O 22:30)
휴무 월요일
가격 야키니쿠타규 상갈비 690¥, 우설 890¥, 안창살 890¥, 대창 690¥
홈페이지 없음

야키니쿠타규 상갈비 690¥

2 하가쿠레 우동
葉隠うどん

★★★★★ 도보 10분

후쿠오카의 우동집으로는 유일하게 미슐랭 빕 구르망에 이름을 올린 집. 토핑은 두 가지를 고를 수 있는데, 에비카키아게(새우튀김), 고보(우엉) 등이 인기. 현금 결제만 가능. 한국어 메뉴가 있다.

1권 P.107 지도 P.043K
찾아가기 JR 하카타 역 지쿠시 출구로 나와 첫 번째 사거리에서 우회전해 쭉 직진. 오른편에 로손 편의점이 보이면 길을 건너 히가시스미요시 중학교 방향으로 직진 **주소** 福岡県福岡市博多区博多駅南2-3-32 **전화** 092-431-3889
시간 11:00~15:00, 17:00~21:00
휴무 일요일, 공휴일
가격 우동 450~680¥
홈페이지 없음

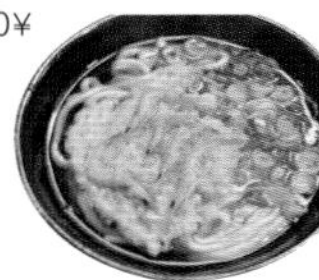

3 니쿠야 니쿠이치
にく屋肉いち

★★★ 도보 7분

최근 핫한 고깃집이라 예약하지 않고 갔다가는 돌아서야 할 확률이 높지만 밤 10시 이후에는 빈자리가 많다. 조갈비, 네기탄시오, 가이노미가 가장 잘나가는 메뉴. 메뉴판에 주인장이 추천한다는 의미의 'おすすめ'라고 표시된 것을 주문하면 실패하지 않는다.

1권 P.118 지도 P.042F
찾아가기 JR 하카타 역 지쿠시 출구로 나와 역에서 도보 7분 **주소** 福岡県福岡市博多区博多駅南 1-2-18(1F) **전화** 092-472-1129
시간 17:00~다음 날 01:00(L.O 00:30) **휴무** 1월 1일 **가격** 조갈비 780¥, 조탄시오 1280¥, 가이노미 1480¥ **홈페이지** www.yakiniku-nikuichi.com

가이노미 1480¥

4 사케도코로 아카리
酒処あかり

★★★★ 도보 3분

JTBC 〈퇴근 후 한 끼〉에서 마츠다 부장이 찾아간 동네 선술집. 떠들썩한 현지인 분위기를 느낄 수 있다. 곱창을 장조림 같이 푹 삶아낸 '모츠니'와 튀김옷이 얇고 바삭한 닭 날개 튀김이 인기 메뉴다. 모츠니와 닭날개 튀김, 맥주 한 잔을 묶은 세트를 1000￥에 판매한다. 한국어 메뉴판이 있다.

1권 P.133 **지도** P.043G
찾아가기 JP 하카타 역 지쿠시 출구에서 도보 3분 **주소** 福岡県福岡市博多区博多駅東 2-3-29 **전화** 092-710-7577
시간 04:00~23:00
휴무 무정기
가격 모츠니 490￥, 닭날개 튀김 1개 180￥
홈페이지 www.facebook.com/sakedokoro.akari

5 피샤리
飛車浬(ぴしゃり)

★★★ 도보 4분

현지인 사이에서 유명한 야타이(포장마차). 일본 B급 구르메 대회에서 준우승을 차지한 이력을 가진 주인장이 내놓는 어묵과 라멘은 웬만한 전문점보다 나은 수준이고 우리 입맛에도 잘 맞는다. 가격까지 저렴하니 돈을 쓰고도 돈을 번 것 같은 기분이 든다.

1권 P.131 **지도** P.042F
찾아가기 JR 하카타 역 지쿠시 출구로 나와 우회전. 요도바시 카메라 맞은편 **주소** 福岡県福岡市博多区博多駅東2-5 **전화** 없음
시간 18:30~다음 날 02:00(그날그날 조금씩 다름) **휴무** 일요일
가격 어묵 150￥, 라멘 600￥
홈페이지 없음

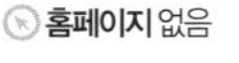
라멘 600￥

6 돈카츠 타이쇼
とんかつ大将

★★★ 버스 6분

양에 따라 무려 4단계로 나뉘는 돈카츠를 판매하는 곳. 등심가스에 양배추 샐러드가 전부지만, 겉은 바삭하고 속은 촉촉한 육즙이 밴 돈카츠가 가히 일품이다. 1인당 메뉴 하나는 시켜야 주문이 가능하니 양 조절에 유의할 것.

지도 P.043K
찾아가기 하카타 역 지쿠시 출구 길 건너편 정류장에서 40L, 44, L 버스를 타고 도코지 키타구치 정류장에서 하차
주소 福岡県福岡市博多区博多駅南3-15-1
전화 092-451-2215
시간 11:00~15:00, 18:00~23:00
휴무 수요일, 공휴일 **가격** 점보돈카츠 1480￥, 미니돈카츠 700￥, 볶음밥 580￥
홈페이지 없음

7 라라포트 후쿠오카
ららぽーと福岡

★★★★ 버스 17분

역대 최고 크기를 자랑하는 건담인 '실물크기 건담'이 있는 후쿠오카의 새로운 쇼핑몰. 5층 건물의 상가에 222개의 점포가 있으며, 큐슈의 다양한 먹거리의 매력을 즐길 수 있는 약 20개 점포인 'Food Marche(푸드 마르쉐)'도 있어서 원스톱 쇼핑이 가능하다.

1권 P.173 **지도** P.043L
찾아가기 하카타 역 지쿠시 출구 길 건너편 정류장에서 40L, 44, 45, L 버스를 타고 라라포트 후쿠오카 혹은 나카5초메 정류장에서 하차
주소 福岡市博多区那珂 6-23-1
전화 092-707-9820
시간 쇼핑 · 서비스 10:00~21:00, 음식 ~:00~22:00
휴무 가게마다 다름 **가격** 가게마다 다름
홈페이지 https://mitsui-shopping-park.com/lalaport/fukuoka

8 후쿠야 하쿠하쿠 멘타이코 체험관
ふくやハクハク

★★★ 전철 19분

일본에서 가장 먼저 멘타이코(명란)를 만든 회사인 후쿠야(ふくや)의 홍보관이다. 멘타이코 제조 과정과 공장 시스템을 견학하는 프로그램과 하카타의 역사와 축제, 먹을거리를 전시한 박물관을 운영한다. 멘타이코를 직접 만들어 보는 체험과 다양한 제품 시식도 가능하다.

1권 P.246 **지도** P.042B
찾아가기 JR 요시즈카 역에서 내려 택시를 탄다.
주소 福岡県福岡市東区社領2-14-28
전화 092-621-8989
시간 10:00~16:00
휴무 화~수요일(공휴일인 경우 다음 날 휴관), 연말연시
가격 300￥, 초등학생 이하 무료(숍과 카페만 이용 시 무료), 20명 이상 단체 200￥
홈페이지 http://117hakuhaku.com

9 만요노유
万葉の湯

★★★★ 버스 10분

우리나라 찜질방처럼 24시간 운영돼 숙박까지 해결할 수 있는 곳이다. 유명 온천마을 유후인과 다케오에서 매일 원천을 공급받아 사용해 물이 좋다. 입욕료에는 유카타, 타올, 칫솔 · 치약 등의 이용료가 포함돼 있으며, 하카타 역에서 셔틀버스도 운행한다.

1권 P.232 **지도** P.043H
찾아가기 하카타 역 지쿠시 출구 로손 앞에서 셔틀 버스 탑승(운행 시간 홈페이지 확인)
주소 福岡県福岡市博多区豊2-3-66
전화 092-452-4126 **시간** 24시간
휴무 연중무휴 **가격** 성인 2180￥, 초등학생 1100￥, 유아(3세~미취학) 900￥, 가족탕(1시간) 2750￥
홈페이지 www.manyo.co.jp/hakata

AREA

2 CANAL CITY HA

[キャナルシティ博多 & 中州 캐널시티 하카

다양한 숍과 카페, 음식점이 한데 모여 원스톱 쇼핑 &
미식 여행에 가능한 캐널시티 하카타

팔색조의 표정을 가진 도시

이토록 다양한 표정을 지닌 곳도 드물 것이다. 사찰의 고즈넉하고 정돈된 분위기를 원하는 사람에게는 근사한 산책로, 양손 가득 전리품을 쟁취하는 맛을 즐기는 쇼퍼홀릭에게는 재미있는 놀이터다. 저녁 어스름이 내릴 무렵은 포장마차촌과 유흥가의 불이 켜지는 시간. 여행지에서 시간은 유달리 짧고 할 일은 곱절로 많으니 흘러가는 하루가 아깝기 그지없다.

인기 ★★★★★

후쿠오카가 처음이라면 이곳부터

쇼핑 ★★★★☆

캐널시티와 돈키호테로 대표된다. 장을 보려면 맥스밸류나 서니마트로!

식도락 ★★★★☆

역사 깊은 맛집이 아주 많다.

나이트라이프 ★★★★★

일본 3대 유흥가. 하지만 홍등가와 조금 다른 느낌. 호객꾼을 조심하자.

관광지 ★★★★☆

걸어서 한두 시간이면 충분하다.

혼잡도 ★★☆☆☆

텐진과 하카타에 비하면 양반. 한적한 느낌마저 든다.

KATA & NAKAS O55

& 나카스]

캐널시티 하카타 & 나카스 교통편

후쿠오카 공항(국제선) → 캐널시티 하카타 & 나카스

STEP 1 공항 국제선 터미널 2번 정류장에서 하카타행 버스(공항버스) 타고 하카타 버스터미널에서 하차

시간 20분 **요금** 성인 260¥, 어린이 130¥

STEP 2 하카타 버스터미널(博多バスターミナル) 4번 정류장에서 201, 113번 버스 또는 5번 정류장에서 526, 503번 버스를 타고 캐널시티 하카타마에(キャナルシティ博多前)에서 하차

시간 5분 **요금** 150¥

하카타 항 여객터미널 → 캐널시티 하카타 & 나카스

STEP 1 터미널 건물 밖 1번 정류장에서 55, 151, 152, 80번 버스를 타고 가다 텐진 다이마루마에에서 하차

시간 16분 **요금** 190¥

STEP 2 하차 지점 바로 옆의 텐진다이마루마에 4A 정류장에서 68번 버스에 탑승해 캐널시티 하카타마에에서 하차

시간 8분 **요금** 150¥

후쿠오카 주요 지역 → 캐널시티 하카타 & 나카스

하카타와 텐진에서는 앞과 옆의 전광판에 캐널시티(キャナルシティ)라고 적혀 있으면 캐널시티 방면으로 가는 버스다.

하카타 역 하카타 역에서 나나쿠마선 지하철(하시모토행)을 타고 한 정거장

시간 6분 **요금** 150¥

텐진 역 나나쿠마선 텐진 미나미 역에서 지하철(하카타행)을 타고 한 정거장

시간 7분 **요금** 150¥

다이묘 케고 잇초메(警固一丁目) 정류장에서 하카타 방향 6-1번이나 8번 버스에 탑승해 캐널시티 하카타마에나 캐널이스트빌딩마에에서 하차

시간 11분 **요금** 190¥

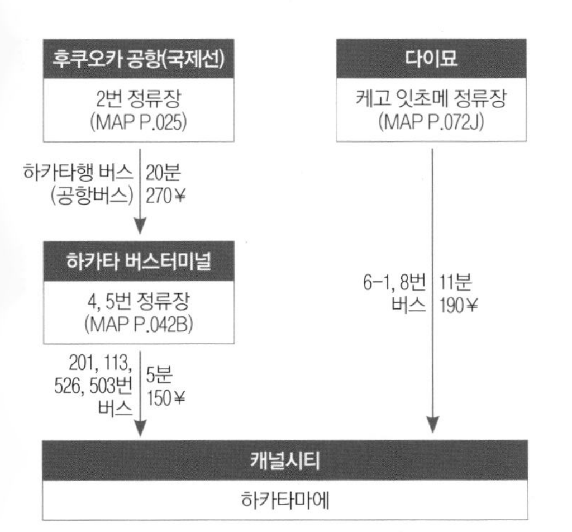

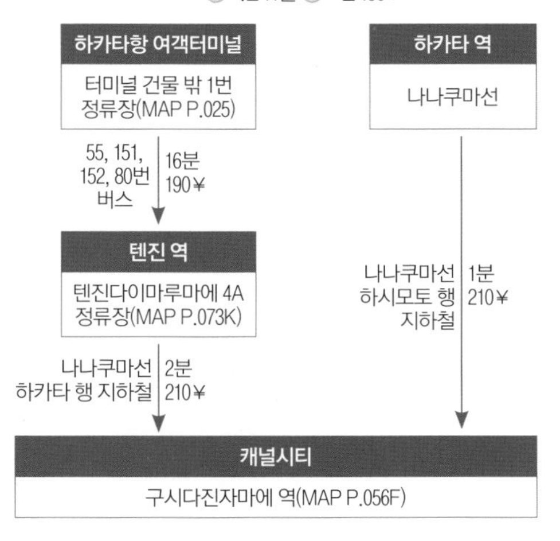

MUST SEE 이것만은 꼭 보자!

No. 1
캐널시티 하카타의 독특한 건물 파사드

No. 2
구시다 신사~가와바타 상점가 산책

MUST EAT 이것만은 꼭 먹자!

No. 1
우동 다이라의 니쿠고보텐 우동

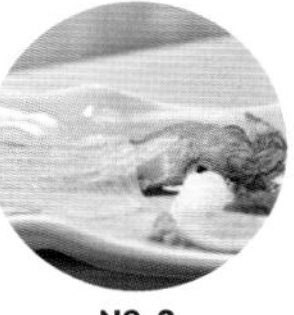

No. 2
가와타로의 활오징어 사시미 세트

MUST BUY 이것만은 꼭 사자!

No. 1
프랑프랑의 주방용품

No. 2
돈키호테의 생활 잡화

MAP
캐널시티 하카타 & 나카스 한눈에 보기
셋신인 입구
쇼후쿠지
聖福寺 P.063
셋신인
節信院
다이하쿠 거리 大博通り
미야케 우동
みやけうどん P.067
세이유 서니마트(B1)
西友サニー P.068
고후쿠마치 역
呉服町
도초지
東長寺 P.062
브라질레이로
ブラジレイロ P.066
다이하쿠 거리 大博通り
초콜릿 숍
チョコレートショップ
P.066
메이지 거리 明治通り
류구지
龍宮寺
야마모토 료칸
山本旅館
레이센 거리 冷泉通り
위 베이스 하카타
Webase Hakata
하카타마치야 후루사토칸
博多町家ふるさと館 P.064
도미인 하카타
신슈소바 무라타
信州そば むらた P.063
레이센 공원
冷泉公園
나카스가와바타 역
中洲川端
레이센카쿠 호텔 가와바타
冷泉閣ホテル川端
후쿠오카 하나 호스텔
Fukuoka Hana Hostel
구시다 신사
櫛田神社 P.060
입구
리버레인 몰
リバレイン P.068
가와바타 상점가
川端商店 P.067
카로노우
かろのうろ
토카도 커피(B2F) 豆香洞コーヒー P.066
만푸쿠테이
まんぼく亭
P.067
후쿠오카 아시안 아트 뮤지엄(7·8F)
福岡アジア美術館 P.068
돈키호테(2F)
ドン・キホーテ
P.068
커리혼포
伽哩本舗 本店
P.065
입구
맥스밸류(B1)
マックスバリュ P.062
호빵맨 어린이 뮤지엄(6F)
アンパンマンこどもミュージアム P.068
라멘 우나리
ラーメン海鳴
P.067
에스컬레이터
구시다진
櫛田神社
산수이 워터드립커피(1F)
山水水出珈琲 P.066
가와바타 단팥죽 광장
川端ぜんざい広場
도산코 라멘
どさんこ P.065
하카탄사카나야고로
博多んさかなや 五六桜
P.065
구름다리
요시즈카 우나기야 본점
吉塚うなぎ屋本店 P.065
하프H 후쿠오카 더 라이프
HafH Fukuoka THE LIFE
이치란 라멘 본점
一蘭 本社総本店
P.065
하이볼 바 나카스 1923
ハイボールバー中洲 1923
P.066
미나미 신치
미나미 신치
ATM (B1)
캐널시
하카타 엑셀 호텔 도큐
博多エクセルホテル東急
카즈토미
一富 P.067
후쿠야
ふくや P.068
외화 환전기
후쿠하쿠데아이바시
福博であい橋 P.064
야타이 모리
屋台もり P.067
캐널시
キャナルシ
텐진중앙공원 니시나카스
天神中央公園 西中洲エリア
P.064
가와타로
河太郎 P.060
메이지 거리 明治通り
야키도리 키쿠
焼鳥輝久 P.066
멘타이주
めんたい重 P.065
그랜드 하얏트 후쿠오카
Grand Hyatt Fukuoka
텐진 역
天神
하루요시
호텔 마이스테이 텐진미나미
ホテルマイステイズ福岡天神南
하루요시
텐진미나미 역 天神南

0
100m
캐널시티 하카타 숍 리스트
점프 숍(B1F) Jump Shop P.061
라멘 스타디움(5F)
ラーメン スタジアム P.061
프랑프랑(2F) francfranc P.061
무지북스(3F) MUJI BOOKS P.062
캐널시티 후쿠오카 워싱턴 호텔
キャナルシティ 福岡ワシントンホテル
돈구리 리퍼블릭 どんぐり共和国 P.061
캐널시티 이스트 숍 리스트
하카타 히나노야키(1F)
博多ひなのやき P.062
조텐지
承天寺 P.063
하카타 천년문
博多千年門 P.063
꼼데가르송
Comme des Garçons P.064
마잉그
マイング
데이토스
DEITOS
하카타 버스터미널
博多バスターミナル
핸즈
HANDS
아뮤플라자
AMU PLAZA
하카타 역 博多
호텔 닛코 후쿠오카
ホテル日航福岡
祇園 鉄なべ P.063
컴포트 호텔 하카타
コンフォートホテル博多
하카타 1번가(B1)
博多1番街
아뮤이스트
AMU EST
한큐 백화점
阪急
야요이켄
やよい軒
피샤리
飛車渒
요도바시 카메라
Yodobashi Camera
아뮤플라자
AMU PLAZA
다케시타 거리 竹下通り
하카타에키마에 거리 博多駅前通り
스미요시 거리 (住吉通り)
후쿠 커피
FUK COFFEE
P.061
코트 호텔 하카타 에키마에
コートホテル博多駅前
ULL FULL HAKATA P.061
북오프 하카타
Book Off Hakata P.069
니쿠야 니쿠이치
にく屋肉いち
R&B 호텔 하카타 에키마에
R & B ホテル
아나 크라운 플라자 호텔 후쿠오카
ANAクラウンプラザホテル福岡
티비큐 마에
티비큐 마에
라쿠스이엔
楽水園 P.069
홋게클럽 후쿠오카
ホテル法華クラブ福岡
스미요시 신사
住吉神社 P.069
스미요시 거리 住吉通り
스미요시 공원
住吉公園
카레 켄즈
カレーケンズ P.069
우동 다이라
うどん平 P.069

후쿠오카 초행자를 위한 핵심 코스

걷는 시간이 꽤 길기 때문에 편한 신발은 필수. 단, 여름이라면 땡볕 아래에서 고생만 할 수 있는 코스이니 신중하게 생각해 판단하기 바란다.

START

하카타 역

하카타 출구로 나오면 정면에 A 버스 정류장이 보인다. 이곳에서 47번 버스를 타고 스미요시욘초메 정류장에 하차한다.

메이지 거리 明治通り

레이센 거리 冷泉通り

신슈소바 무라타 信州そば むらた

레이센 공원 冷泉公園

나카스가와바타 역 中洲川端

가와바타 상점가 6 川端商店街

5 구시다 신사 櫛田神社

입구

카로노우 かろのう

만푸쿠테이 まんぷく亭

돈키호테 7 ドン・キホーテ

에스컬레이터

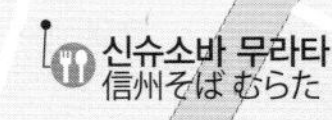

맥스밸류(B1) マックスバリュ

가와바타 단팥죽 광장 川端ぜんざい広場

도산코 라멘 川端どさんこ

구름다리

이치란 라멘 본점 8 一蘭 本社総本店

요시즈카 우나기야 본점 吉塚うなぎ屋本店

하이볼 바 나카스 1923 ハイボールバー中洲 1923

ATM (B1)

4 캐널시티 하카타 キャナルシティ博多

1 우동 다이라 うどん平

후쿠오카에서 가장 인기 있는 우동집. 오픈전부터 긴 대기줄이 생기므로 최대한 일찍 도착하는 것이 관건이다. 주문의 법칙처럼 여겨지는 메뉴는 에비텐(새우튀김)과 고보(우엉). 소량만 만들기 때문에 순식간에 다 팔리기 일쑤.

시간 월~금요일 11:30~16:00, 토요일 ~15:00 **휴무** 일요일, 공휴일 **가격** 고보텐 우동 480¥, 니쿠 우동580¥

→ 가게를 나와 왼쪽편으로 걷는다.(6분)

2 스미요시 신사 住吉神社

일본의 스미요시 신사 중 가장 오랜 역사를 간직한 곳. 산책하기 좋다.

시간 06:00~20:00

→ 신사 도리이(입구)로 나와 오른쪽편에 있는 길로 들어간다.(2분)

3 라쿠스이엔 楽水園

다다미방에 앉아 말차를 음미할 수 있는 일본식 정원. 여유를 즐겨보자.

시간 09:00~17:00 **휴무** 화요일, 12/29~다음 해 1/1 **가격** 고등학생 이상 100¥, 중학생 이하 50¥, 미취학 어린이 무료, 말차와 화과자 세트 500¥

→ 큰길을 따라 걷는다.(7분)

↓
START

- S. 하카타 역
- 800m, 버스 3분 + 도보 2분
- 1. 우동 다이라
- 350m, 도보 5분
- 2. 스미요시 신사
- 도보 2분
- 3. 라쿠스이엔
- 도보 7분
- 4. 캐널시티 하카타
- 도보 2분
- 5. 구시다 신사
- 바로 앞
- 6. 가와바타 상점가
- 도보 2분
- 7. 돈키호테
- 도보 2분
- 8. 이치란 라멘 본점
- 도보 2분
- F. 나카스가와바타 역

캐널시티 하카타
キャナルシティ博多

오카를 대표하는 쇼핑몰. 맛집과 명소, 볼거리가 가득하다. 중앙 에서는 상시 이벤트가 열린다.

간 숍 10:00~21:00, 레스토랑 ~23:00

핑몰과 연결된 구름다리를 건넌 분)

5 구시다 신사
櫛田神社

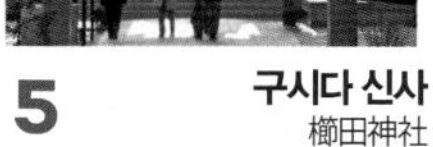

후쿠오카의 지역적 정체성을 간직한 신사.

🕓 **시간** 04:00~22:00

→ 신사 입구에서 바로 연결되어 있다.

6 가와바타 상점가
川端商店街

후쿠오카 현지인의 삶을 오롯이 접할 수 있는 재래시장. 의류, 식료품, 공예품 등을 파는 다양한 상점이 들어서 있다.

🕓 **시간** 09:00~23:00(가게마다 다름)

→ 상점가 입구에서 좌측편.(2분)

아뮤플라자 AMU PLAZA
하카타 버스터미널 博多バスターミナル
도큐핸즈 TOKYU HANDS
하카타 역 博多
한큐 백화점 阪急
북오프 하카타 Book Off Hakata
3 라쿠스이엔 楽水園
2 스미요시 신사 住吉神社
우동 다이라 うどん平 1

7 돈키호테
ドン・キホーテ

후쿠오카 기념품은 여기서 구입하자. 여행자들이 많이 찾는 곳이라 웬만한 물건은 다 있다. 면세도 가능.

🕓 **시간** 24시간

→ 길을 건너 좌회전.(2분)

8 이치란 라멘 본점
一蘭本社総本店

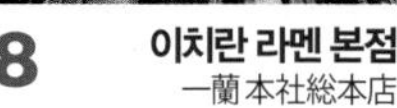

일본의 유명 라멘 체인인 이치란의 본점. 특별한 맛은 아니지만 본점이니 한번은 가봐야 한다.

🕓 **시간** 24시간 ¥ **가격** 이치란 5선 라멘 1620¥

→ 가게에서 나와 좌회전.(2분)

▼

FINISH

나카스가와바타 역

ZOOM IN

캐널시티 & 주변

호텔, 레스토랑, 카페, 숍 등이 들어선 캐널시티는 그 자체가 하나의 도시라 해도 좋을 정도로 규모가 크다. 따라서 다른 지역에 비해 좀 더 촘촘한 여행 계획을 세우지 않으면 원하는 숍을 찾느라 시간 낭비하기 일쑤. 걷는 시간을 최소화하는 것이 포인트다.

1 캐널시티 하카타

キャナルシティ博多 캬나루시티 하까따

네모반듯한 무채색 건물들 사이에서 예사롭지 않은 건물을 발견했다면 캐널시티 하카타일 확률이 높다. 도쿄 롯폰기힐스를 설계한 미국의 유명 건축가 존 저디(Jon Jerde)의 작품으로 건물 전체가 거대한 운하의 모습을 이루고 있는 것이 특징. 유명 맛집과 쇼핑 스폿, 극장, 호텔 등이 한 건물 안에 모여 있어 반나절 여행으로도 좋다.

1권 P.170 지도 P.056J
찾아가기 구시다진자 마에 역 바로 앞
주소 福岡県福岡市博多区住吉1-2
전화 092-282-2525
시간 숍 10:00~21:00, 레스토랑 11:00~23:00
휴무 연중무휴 가격 가게마다 다름
홈페이지 https://canalcity.co.jp

2 구시다 신사

櫛田神社 구시다 진쟈

도보 3분

후쿠오카 시민들이 가장 사랑하는 신사. 기온야마카사(祇園山笠), 돈타쿠 미나토 마츠리(どんたく港まつり) 등 이 지역의 대표적인 축제가 이곳에서 시작하고, 시민들의 결혼식이나 성인식 등의 행사도 수시로 열린다. 하지만 한국인에게는 명성황후를 시해하는 데 쓰인 칼인 '히젠토(肥前刀)'가 보관된, 아픈 역사가 있는 곳이다.

1권 P.039 지도 P.056F
찾아가기 캐널시티 하카타와 연결된 구름다리를 건넌다.
주소 福岡県福岡市博多区上川端町1-41
전화 092-291-2951
시간 04:00~22:00 휴무 연중무휴
가격 무료 입장 홈페이지 없음

3 가와타로

河太郎

도보 5분

요부코 항 직송 활오징어만 취급하는 오징어 요리 전문점. 점심시간에만 주문할 수 있는 오징어 활어회 정식이 유명한데 오징어튀김, 덤플링, 활어회 등이 함께 나온다. 일주일 전 전화 예약이 필수이며 점심은 현금 결제만 가능.

1권 P.103 지도 P.056J
찾아가기 캐널시티 나카스 강변 쪽 출입구로 나와 다리를 건넌다. 주소 福岡県福岡市博多区中洲1-6-6 전화 092-271-2133
시간 월~금요일 12:00~14:30, 토 · 일 · 공휴일 11:45~14:30, 17:00~23:00
휴무 8월 15일, 연말연시
가격 오징어 활어회 정식 L 사이즈 3024¥ 홈페이지 www.kawatarou.jp

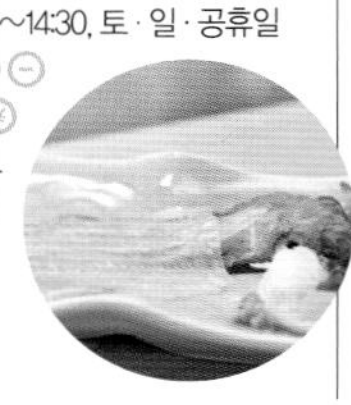

4 카로노우롱

かろのうろん

도보 2분

1882년에 개업한 우동집. 단골과 여행자에게 모두 인기 있는 메뉴는 고보텐 우동으로 한번 맛보면 그 맛을 쉽게 잊을 수 없다. 현금 결제만 가능. 실내 사진 촬영 금지.

지도 P.056F
찾아가기 구시다진자 마에 역 바로 앞
주소 福岡県福岡市博多区上川端町2-1
전화 092-291-6465 시간 11:00~19:00(재료 소진 시 영업 종료)
휴무 화요일(공휴일인 경우 다음 날)
가격 고보텐 우동 600¥
홈페이지 없음

5 라멘 스타디움

ラーメン スタジアム

★★★★ 도보 1분

하카타뿐 아니라 교토, 쿠루메, 삿포로 등 지역을 대표하는 라멘집을 한자리에 모아놓았다. 상대적으로 매출이 저조한 라멘집을 퇴출하는 식으로 경쟁을 유도해 퀄리티를 지키고 있다. 라멘만이 아닌, 중국 탄탄면 매장도 만나볼 수 있다.

1권 P.172 지도 P.056J
찾아가기 캐널시티 하카타 센터워크 빌딩 4층에서 5층으로 올라가는 에스컬레이터를 이용
주소 福岡県福岡市博多区住吉1-2
전화 092-282-2525
시간 11:00~23:00(L.O 22:30)
휴무 연중무휴
가격 가게마다 다름
홈페이지 http://canalcity.co.jp/ra_sta

6 후쿠 커피

FUK COFFEE

★★★ 도보 2분

여행을 콘셉트로 만든 커피숍. 카페 곳곳에는 개성 있는 소품들로 채워져 있으며 에코백, 텀블러, 유리컵, 배지 등 자체 굿즈도 비중 있게 자리하고 있다. 커피는 항공권 모양의 스티커가 붙은 일회용 컵에 나와 분위기를 더한다.

1권 P.137 지도 P.056F
찾아가기 나나쿠마선 구시다진자마에 역에서 도보 2분
주소 福岡県福岡市博多区祇園町6-22
전화 092-752-3135 시간 08:00~22:00
휴무 부정기
가격 카페라떼 550¥, 라떼아트 20¥ 추가
홈페이지 https://fuk-coffee.com/shop/fuk-coffee

7 후루후루 하카타

THE FULL FULL HAKATA フルフル博多

★★★★ 도보 2분

명란과 버터를 넣어 구운 멘타이코 바게트가 최고 인기 메뉴. 이곳의 인기 이유는 명란과 버터의 비율이 적당해 비리지 않고, 100% 일본산 밀가루를 쓰기 때문이라고. 흑설탕 사과 도넛과 멜론빵도 맛있다.

지도 P.057H
찾아가기 캐널시티 하카타 이스트빌딩 앞
주소 福岡県福岡市博多区祇園町9-3
전화 092-292-7838 시간 10:00~19:00
휴무 화요일 가격 명란 바게트 417¥
홈페이지 www.full-full.jp

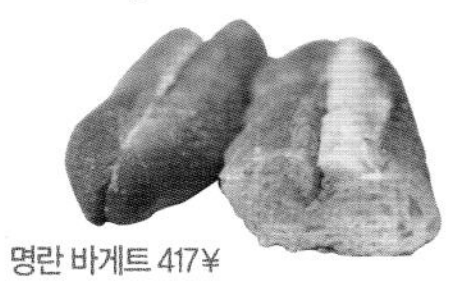
명란 바게트 417¥

8 프랑프랑

Franc Franc

★★★★ 도보 1분

여성들에게 가장 인기 있는 리빙 인테리어 숍. 테이블웨어, 홈웨어, 패브릭, 가구 등을 갖추고 있는데, 이 중 주방용품이 제일 인기다. 컬러풀한 색상, 모던한 디자인으로 주방 인테리어에 세련되고 싱그러운 분위기를 더한다. 게다가 가격도 저렴해서 선물용으로 부담이 없다. 후쿠오카에도 여러 지점이 있지만 캐널시티 하카타점이 규모가 가장 커서 쇼핑하기 좋다.

1권 P.198 지도 P.056J
찾아가기 캐널시티 하카타 2~3층
주소 福岡県福岡市博多区祇園町9-2 전화 092-283-5099 시간 10:00~21:00 휴무 연중무휴 가격 상품마다 다름 홈페이지 www.francfranc.com

9 돈구리 리퍼블릭

どんぐり共和国

★★★ 도보 1분

<이웃집 토토로>, <센과 치히로의 행방불명> 등 스튜디오 지브리의 작품에 등장하는 캐릭터를 활용한 상품을 판매하는 곳. 인형을 비롯해 홈웨어, 시계, 가전제품, 인테리어 소품까지 다양하게 갖추고 있다.

1권 P.172 지도 P.056J
찾아가기 캐널시티 하카타 사우스빌딩 지하 1층
주소 福岡県福岡市博多区住吉1-2-22キャナルシティオーパB1F
전화 092-263-3607
시간 10:00~21:00 휴무 연중무휴
가격 상품마다 다름
홈페이지 http://benelic.com/service/donguri.php

10 점프 숍

Jump Shop

★★★ 도보 1분

<원피스>, <나루토>, <드래곤볼> 등을 배출한 만화 출판사 점프의 캐릭터 숍. 아기자기한 소품과 생활용품, 기념품 등이 주를 이루며 소유욕을 자극하는 상품이 많은 것으로 유명하다. 1000¥ 미만의 기념품을 유의해서 보자. 1만¥ 이상 구입 시 면세 혜택. 최근 확장 이전해 전보다 훨씬 넓어졌다.

1권 P.204 지도 P.056J
찾아가기 캐널시티 지하 1층 주소 福岡県福岡市博多区住吉1-2-22
전화 092-263-2675 시간 10:00~21:00
휴무 연중무휴 가격 상품마다 다름 홈페이지 www.shonenjump.com/j/jumpshop

11 맥스밸류
マックスバリュ
막꾸스바류

★★★ 도보 2분

24시간 영업하는 대형 마트. 한국인이 많이 구입하는 공산품은 물론, 도시락을 비롯한 식품류도 다양해서 언제든 장을 보러 가기 좋다. 가격은 그리 싸지 않지만 저녁 7시쯤부터 식품 · 도시락 코너를 중심으로 할인 행사를 하므로 이때를 잘 공략하자.

1권 P.193 **지도** P.056F
찾아가기 구시다진자 마에 역 바로 앞
주소 福岡県福岡市博多区祇園町7-20
전화 092-263-4741 **시간** 24시간
휴무 연중무휴 **가격** 상품마다 다름
홈페이지 www.aeonretail.jp/maxvalu/index.html

12 무지북스
MUJI BOOKS

★★★ 도보 1분

캐널시티에서는 색다른 무지를 만날 수 있다. 기존의 무인양품이 대대적인 리뉴얼을 거쳐 3만 권이 넘는 서적을 기존 상품과 함께 판매하는 복합 매장 'MUJI BOOKS'로 재탄생했다. 책, 음식, 생활, 꾸미기 등 주제에 따라 책과 그에 어울리는 상품을 진열해 판매한다.

지도 P.056J
찾아가기 캐널시티 하카타 노스 빌딩 3층
주소 福岡県福岡市博多区住吉1-2 **전화** 092-282-2711 **시간** 10:00~21:00 **휴무** 연중무휴 **가격** 상품마다 다름 **홈페이지** www.muji.com/jp/mujibooks

13 하카타 히나노야키
博多ひなのやき

★★★ 도보 1분

선물용 상품뿐 아니라 즉석에서 만든 만주도 판다. 큐슈산 밀가루로 반죽하고 홋카이도산 팥과 강낭콩으로 소를 만들어 달콤하고 맛있다. 백앙금, 적앙금 뿐 아니라 우유 맛이 진한 부드러운 커스터드 크림도 인기.

1권 P.172 **지도** P.056F
찾아가기 캐널시티 하카타 이스트 빌딩 1층
주소 福岡県福岡市博多区住吉1-2
전화 092-409-8078
시간 10:00~21:00
휴무 연중무휴
가격 180¥(1개)
홈페이지 www.hiyoko.co.jp/hiyoko

ZOOM IN

기온

거대한 쇼핑몰들이 밀집한 하카타에서 느린 걸음으로 10분. 거짓말처럼 사찰들이 줄지어 들어선 동네가 나타난다. 지금 이 순간만큼은 사찰을 떠도는 순례자가 되어보자. 후쿠오카에도 이런 곳이 있었다는 사실이 새삼스러울 테니.

1 도초지
東長寺

★★★★ 도보 1분

일본의 국보로 지정된 후쿠오카 대불(福岡大仏)을 모신 사찰. 대불은 높이 10.8m의 목조 좌상으로 일본 최대 규모이며 가까이에서 보면 위압감이 느껴질 정도로 크다. 1년 중 가장 아름다운 계절은 벚꽃철로 경내가 온통 봄빛으로 물든다.

지도 P.056B
찾아가기 기온 역 1번 출구 바로 옆
주소 福岡県福岡市博多区御供所町2-4
전화 092-291-4459
시간 09:00~17:00(대불은 16:45까지)
휴무 연중무휴
가격 무료 입장(후쿠오카 대불 50¥)
홈페이지 없음

2 쇼후쿠지
聖福寺

★★★
도보 7분

역사에 큰 흥미가 없어도 가볼 만한 사찰. 빽빽이 심어놓은 수목들 덕분에 사찰이라기보다는 아담한 수목원을 걷는 기분이다. 곳곳에 놓인 벤치에 앉아 혼자만의 시간을 보내기에도, 잠시 쉬면서 여행의 고단함을 털어내기에도 딱 좋은 곳.

지도 P.056B
찾아가기 기온 역 1번 출구로 나와 뒤돌아 좌회전해 첫 번째 갈림길에서 좌회전. 도보 7분
주소 福岡県福岡市博多区御供所町6
전화 092-291-0775
시간 06:00~17:00
휴무 연중무휴
가격 무료 입장
홈페이지 www.shofukuji.or.jp

3 조텐지
承天寺

★★
도보 3분

우동과 소바의 발상지로 이를 증명하는 비석이 세워져 있는 사찰. 하지만 큰 볼거리가 없다는 것이 중론. 기대감은 버리고 산책 삼아 가보자. 입구 기둥의 QR코드를 인식하면 안내 MP3 파일을 다운로드할 수 있으니 참고하자.

1권 P.107 **지도** P.057C
찾아가기 기온 역 4번 출구로 나와 직진하다 첫 번째 갈림길에서 우회전. 도보 3분
주소 福岡県福岡市博多区博多駅前1-29-9
전화 없음
시간 정해진 입장 시간이 없음
휴무 연중무휴
가격 무료 입장
홈페이지 www.gokusho.info/map/info/tourism/kr/jotenji.html

4 하카타 천년문
博多千年門

★★★
도보 3분

구 시가지의 출발을 알리는 문이다. 2014년에 세워진 문으로 역사 유적은 아니나, 이 문을 들어서면 공원처럼 정성스레 조성된 조텐지 길이 이어진다. 복잡한 하카타 역과는 다르게 조용해 산책하기 좋다.

지도 P.057C
찾아가기 기온 역 4번 출구에서 도보로 3분
주소 福岡県福岡市博多区博多駅前1丁目7-29-9
전화 092-419-1011
시간 24시간
휴무 연중무휴
가격 무료
홈페이지 없음

5 신슈소바 무라타
信州そば むらた

★★★★
도보 4분

일단 평범한 외관에 실망할 확률이 높다. 하지만 자리에 앉으면 보이는 낮은 담벼락 풍경과 먹고 또 먹어도 흠잡을 데 없는 소바 맛이 부족한 부분을 채우고도 남는다. 면의 질감을 천천히 느끼며 먹으면 더 맛있다. 한국어 메뉴판이 있어 주문하기도 쉽다. 현금 결제만 가능.

1권 P.111 **지도** P.056F
찾아가기 기온 역 2번 출구로 나와 직진하다 두 번째 갈림길로 좌회전. 역에서 도보 4분
주소 福岡県福岡市博多区冷泉町2-9-1
전화 092-291-0894 **시간** 11:30~21:00(L.O 20:30) **휴무** 둘째 주 일요일
가격 소바 770~1980¥ **홈페이지** 없음

6 야키도리 라쿠가키
やきとり処楽がき 祇園店

★★★★
도보 4분

철판에 꼬치를 구워 주는 야키토리집. 닭꼬치 이외에도 계란말이 등 메뉴가 다양해 저녁겸 먹어도 부담이 없다. 츠쿠네(닭고기 완자)가 가장 인기가 많은데, 날 계란 노른자와 간장 소스가 함께 딸려 나온다. 한국어 메뉴판이 있고 한국어를 할 줄 아는 직원도 있다.

지도 P.056F
찾아가기 기온역 5번 출구에서 도보 4분
주소 福岡県福岡市博多区祇園町4-76 **전화** 092-282-7899 **시간** 17:00~23:00
휴무 일요일
가격 모듬 꼬치 1000¥(6개), 츠쿠네 250¥ **홈페이지** http://yakitori-rakugaki.com/gion

7 하카타 기온 테츠나베
博多祇園鉄なべ

★★★★
도보 4분

무쇠 냄비에 구운 교자를 전문으로 하는 이자카야. 그날 만든 수제만두를 뜨거운 무쇠 냄비 그대로 제공한다. 냄비 형태에 따라 교자가 둥글게 올라가는 것이 특징. 1인 1 메뉴도 아닌, 1인 1 교자라는 불편함에도 불구하고, 교자를 한 입 먹으면 마음이 스르르 녹는다. 늘 긴 줄이 서 있어서 대기는 각오해야 한다.

지도 P.057G
찾아가기 기온역 5번 출구에서 도보 4분
주소 福岡県福岡市博多区祇園町2-20
전화 092-291-0890
시간 17:00~22:30
휴무 일요일
가격 철판 교자 500¥(8개)
홈페이지 www.tetsunabe.co.jp

8 꼼데가르송
コム・デ・ギャルソン
Comme des Garçons

일본의 패션을 이끄는 세계적인 디자이너 브랜드 꼼데가르송의 로드숍. 13개 라인 가운데 눈이 달린 하트 마크가 포인트인 캐주얼한 '플레이' 라인이 인기. 특히 셔츠와 카디건은 인기가 많아 입고 당일 매진된다.

지도 P.057C
찾아가기 기온 역 4번 출구로 나와 두 번째 골목으로 들어서 직진, 도보 4분
주소 福岡県福岡市博多区博多駅前1-28-8
전화 092-433-5781
시간 11:00~20:00
휴무 부정기
가격 상품마다 다름
홈페이지 www.comme-des-garcons.com

9 하카타마치야 후루사토칸
博多町家ふるさと館

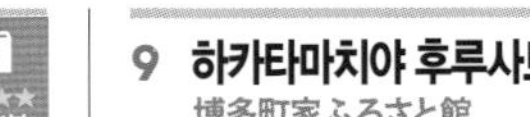

메이지 · 다이쇼 시대(1826~1926) 후쿠오카의 모습을 재현해놓은 작은 민속촌 같은 곳. 박물관인 전시동, 상업지구를 재현한 마치야홀, 전통 공예품과 기념품을 판매하는 기념품동이 있으며, 전시동에서는 하카타 인형 칠하기, 팽이 만들기 등의 체험이 가능하다.

1권 P.244 **지도** P.056F
찾아가기 기온 역 2번 출구로 나와 두 번째 골목으로 들어선 뒤 직진, 도보 4분
주소 福岡県福岡市博多区冷泉町6-10
전화 092-281-7761 **시간** 10:00~18:00 (전시동 입장은 ~17:30) **휴무** 12/29~31
가격 전시동 입장료 200¥, 초 · 중학생 무료, 20인 이상 단체 150¥, 산큐패스 · 시티투어 티켓 소지 시 입장료 50¥ 할인
홈페이지 www.hakatamachiya.com

ZOOM IN

나카스가와바타 & 고후쿠마치

일본 3대 유흥가로 꼽히는 '나카스(中州)'와 오래된 맛집들이 즐비한 '가와바타(川端)', 로컬들만 알음알음 찾는 숨은 지역 '고후쿠마치(呉服町)'. 비슷한 듯 다른 매력을 지닌 세 곳이 이웃처럼 붙어 있다. 고후쿠마치에서 여행을 시작해 나카스에서 마무리 짓는 일정을 추천한다.

1 텐진중앙공원 니시나카스
天神中央公園 西中洲エリア

★★★★
도보 3분

텐진중앙공원이 니시나카스 지역으로 확장돼 새롭게 개장했다. 나카 강 강변을 따라 옛 후쿠오카현 공회당 귀빈관(국가 지정 중요 문화재)을 중심으로 조성됐으며, 후쿠하쿠데아이바시로 이어져 함께 둘러보기 좋다. 특히 두유 음료로 유명한 토피, 빵지 순례 코스인 스톡 등 맛집이 들어선 '히레노가든' 덕분에 꼭 거쳐 가야 하는 명소이기도 하다.

지도 P.056I
찾아가기 나카스가와바타 역 1번 출구로 나와 니시 다리를 건너면 바로
주소 福岡県福岡市中央区西中洲
전화 없음
시간 24시간
휴무 연중무휴
가격 없음
홈페이지 http://tenjin-central-park.jp

2 후쿠하쿠데아이바시
福博であい橋

이름 그대로 '만남의 다리'다. 나카스와 텐진을 잇는 보행교로 공원처럼 꾸며놓아 잠시 쉬어 갈 수 있다. 다리 난간 뒤로 나카스의 시원한 풍경이 펼쳐져 낮이든 밤이든 멋진 사진을 찍을 수 있다.

지도 P.056I
찾아가기 나카스가와바타 역 1번 출구로 나와 직진, 도보 3분

3 요시즈카 우나기야 본점
吉塚うなぎ屋本店

★★★★★ 도보 3분

1873년 개업해 140년이 넘는 역사를 간직한 장어 요리 전문점. 입 안에서 살살 녹는 장어 맛으로 유명하다. 이곳이 처음이라면 우나기동이나 우나주를 주문하자. 직원들이 기모노 차림으로 손님을 접대해 어른들을 모시고 가기에도 적당하다. 한국어로 된 메뉴판이 있다.

지도 P.056F
찾아가기 미나미신치(南新地) 버스정류장에서 하차해 강변을 따라 도보 3~5분. 캐널시티에서 도보 5분 **주소** 福岡県福岡市博多区中洲2-8-27 **전화** 092-271-0700
시간 11:00~21:00(L.O 20:30)
휴무 수요일 **가격** 우나기동 2150~3570¥, 우나주 3570~4990¥ **홈페이지** www.yoshizukaunagi.com

우나주 3570~4990¥

4 멘타이쥬
めんたい重

★★★★ 도보 4분

후쿠오카 최초의 명란 요리 전문점이다. 대표 메뉴인 멘타이주는 따뜻한 밥 위에 김 외에는 별다른 재료 없이 명란 하나만 통째로 올린 놀라운 모습으로 제공된다. 다시마에 말아 숙성시킨 명란과 직접 개발한 특제 소스가 맛의 비결!

1권 P.096 지도 P.056I
찾아가기 지하철 텐진 역 16번 출구로 나와 아크로스 빌딩과 텐진 중앙공원 사이를 지나 다리 건너 신호 오른쪽 **주소** 福岡県福岡市中央区西中洲6-15 **전화** 092-725-7220
시간 07:00~22:30(L.O 22:00) **휴무** 연중무휴
가격 멘타이주 1680¥(명란 1개), 멘타이니코미츠케멘 1680¥, 한멘 세트 2880¥(멘타이주 + 멘타이니코미츠케멘 150g) **홈페이지** www.mentaiju.co.jp

5 이치란 라멘 본점
一蘭 本社総本店
이치란 혼샤소-혼텐

★★★★ 도보 1분

일본 전역에 지점을 둔 이치란 라멘의 본점. 메뉴는 물론 라멘을 주문하고 먹는 법까지 한국어로 잘 설명되어 있어 초보 여행자들이 식사하기 좋다. 1층 숍에서는 본점 한정 제품들을 구입할 수 있다.

1권 P.114 지도 P.056E
찾아가기 나카스가와바타 역 1번 또는 2번 출구로 나오면 빨간 등이 걸린 건물이 바로 보인다.
주소 福岡県福岡市博多区中洲5-3-2
전화 092-262-0433
시간 24시간
휴무 연중무휴
가격 이치란 5선 라멘 1620¥
홈페이지 www.ichiran.co.jp

6 도산코 라멘
どさんこ

★★★★ 도보 4분

한 번 발을 들이면 누구나 단골이 된다는 라멘집. 부드럽고 구수한 맛이 일품인 미소라멘은 누린내가 적고 개운해서 누구든 쉽게 먹을 수 있다. 여기에 볶음밥을 곁들여 먹으면 절로 엄지를 치켜들게 된다. 라멘을 처음 접하는 사람이라면 특히 맛보길 권한다.

1권 P.113 지도 P.056F
찾아가기 나카스가와바타 역 5번 출구로 나와 가와바타 상점가를 따라 도보 4분
주소 福岡県福岡市博多区上川端町4-229
전화 092-271-5255
시간 11:15~19:55
휴무 화요일, 셋째 주 월요일 **가격** 미소라멘 700¥, 볶음밥 600¥
홈페이지 없음

미소라멘 700¥

7 하카탄사카나야고로
博多ん肴屋 五六桜

★★★★ 도보 3분

백종원의 〈스트리트 푸드 파이터〉 후쿠오카 편에 등장한 맛집이다. 후쿠오카 지역 음식인 모츠나베와 미즈타키, 고마사바(참깨 고등어회), 교자 등을 판매한다. 가장 인기 있는 메뉴는 미즈타키로, 맑은 국물에 닭고기와 채소가 잘 어우러져 있다. 면 사리 추가를 추천한다.

1권 P.158 지도 P.056E
찾아가기 나카스가와바타 역 5번 출구에서 이어지는 가와바타 상점가 안 **주소** 福岡県福岡市博多区上川端町10-15
전화 092-409-5696
시간 11:30~15:00, 18:00~22:00
휴무 일요일
가격 고로쿠사 오마카세 코스 4000¥
홈페이지 없음

8 커리혼포
伽哩本舗 本店

★★★★ 도보 3분

일본 감성이 잘 느껴지는 카레집이다. 뚝배기에 담겨 나오는 뜨끈한 카레가 별미. 토핑을 추가해 먹으면 더 맛있다. 점심 메뉴로 '오늘의 런치' 메뉴가 있는데 원하는 메뉴를 900엔에 판매하며, 추가 선택으로 토핑과 후식, 커피 등을 고르면 저렴한 가격에 제공한다.

1권 P.159 지도 P.056F
찾아가기 나카스가와바타 역 5번 출구에서 이어지는 가와바타 상점가 안
주소 福岡県福岡市博多区上川端町6-135
전화 092-262-0010
시간 11:00~18:30
휴무 목요일
가격 씨푸드야끼카레 1,250¥, 오늘의 런치 카레 900¥
홈페이지 없음

9 야키도리 키쿠
焼鳥輝久

★★★★★ 도보 6분

닭 야키도리가 이 집의 자랑거리이며 와인 컬렉션도 잘 갖추고 있다. 카운터석의 분위기가 훨씬 좋으니 일찌감치 가서 자리를 맡자. 분위기가 좋아졌으나 가격이 많이 올랐다는 것이 아쉽다.

1권 P.128 지도 P.056I
찾아가기 텐진미나미 역에서 도보 6분
주소 福岡県福岡市中央区西中洲3-1
전화 092-753-9887
시간 18:00~24:00(L.O 23:00) **휴무** 일요일
가격 오마카세 1만5000¥ **홈페이지** www.yakitorikiku.jp

10 토카도 커피
豆香洞コーヒー

★★★★★ 도보 1분

2012년 재팬 커피 로스팅 챌린지 우승, 2013년 월드 커피 로스팅 챔피언십 우승 등 세계적으로 실력을 인정받은 커피 장인 고토 나오키 씨가 운영하는 커피숍. 바의 네 좌석이 전부지만 바리스타가 핸드드립 하는 모습을 지켜보며 조용히 커피를 음미하기에 좋다.

1권 P.140 지도 P.056E
찾아가기 나카스가와바타 역 6번 출구, 리버레인 몰 지하 2층 **주소** 福岡県福岡市博多区下川端町3-1 **전화** 092-260-9432
시간 10:30~19:30 **휴무** 1월 1일
가격 토카도 블렌드 484¥(핫), 594¥(아이스)
홈페이지 www.tokado-coffee.com

11 브라질레이로
ブラジレイロ Brasileiro

★★★★ 도보 2분

후쿠오카에서 가장 오래된 카페로 80년 동안 후쿠오카 카페 문화를 선도한 곳이다. 커피에 생크림을 얹어서 마시는 비엔나커피로 유명하다. 오전 10시부터 11시까지는 모닝 세트, 점심시간에는 런치 메뉴도 판매한다. 카드 사용 불가.

1권 P.141 지도 P.056B
찾아가기 고후쿠마치 역 1번 출구로 나와 직진하다 첫 번째 골목으로 50m 들어가서 왼쪽
주소 福岡県福岡市博多区店屋町1-20
전화 092-271-0021
시간 10:00~20:00(평일), 10:00~19:00(토요일)
휴무 일요일
가격 블렌드 커피 600¥(생크림 포함)
홈페이지 없음

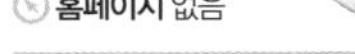

12 초콜릿 숍
チョコレートショップ

★★★★ 도보 2분

후쿠오카 전통 디저트 가게인 초콜릿 숍의 본점으로 일명 '큐브 케이크'로 알려진 하카타노이시다타미가 인기다. 초콜릿 스펀지 케이크, 초콜릿 무스, 생크림 등 5겹으로 만든 생초콜릿 케이크로 부드럽고 진한 초콜릿 맛이 일품.

1권 P.144 지도 P.056A
찾아가기 고후쿠마치 역 6번 출구로 나와 보이는 첫 번째 골목으로 들어가서 직진, 도보 2분
주소 福岡県福岡市博多区綱場町3-17
전화 092-281-1826 **시간** 10:00~19:00
휴무 부정기
가격 하카타노이시다타미 518¥(소)
홈페이지 www.chocolateshop.jp

13 산수이 워터드립커피
山水水出珈琲

★★★★ 도보 1분

천연 지하수를 이용해 더치커피(콜드브루)를 선보이는 카페. 가게 통유리창을 통해 더치커피 기구로 커피를 추출하는 과정을 볼 수 있다. 더치커피는 아리타 지역의 도자기에 맥주처럼 고운 거품이 올라간 커피가 나온다. 깔끔하고 부드러운 맛이 특징. 오전에 판매하는 토스트 세트가 가성비 좋다.

1권 P.136 지도 P.056E
찾아가기 나카스가와바타 역 리버레인 몰 1층
주소 福岡県福岡市博多区下川端町 3-1
전화 092-282-0101
시간 09:00~19:00 **휴무** 부정기 **가격** 더치커피 550¥, 더치라떼 600¥, 모닝 세트 100¥ 추가
홈페이지 http://ameblo.jp/sunsuicoffee

14 하이볼 바 나카스 1923
ハイボールバー中洲1923

★★★ 도보 2분

하이볼을 전문으로 하는 바. 천연수와 강한 탄산, 적정 온도의 얼음으로 만들어 톡 쏘는 듯한 청량감이 매력적인 나카스 하이볼이 이 집의 간판 메뉴.

지도 P.056E
찾아가기 나카스가와바타 역 1번 출구로 나와 좌회전 후 첫 번째 교차로
주소 福岡県福岡市博多区中洲4-4-10
전화 092-292-5622
시간 18:30~다음 날 02:00
휴무 일요일, 공휴일
가격 나카스 하이볼 750¥~
홈페이지 없음

15 라멘 우나리
ラーメン海鳴

현지인들이 즐겨 찾는 라멘집. 이 집의 대표 메뉴인 '교카이 돈코츠라멘(魚介とんこつラーメン)'은 2015년 라멘워커 그랑프리에서 종합 1위를 차지했다. 육수는 돼지사골과 해산물을 우려내고 양파기름으로 맛을 더해 깊고 구수한 맛이 특징. 저녁 장사만 한다.

1권 P.115 지도 P.056F
찾아가기 나카스가와바타 역 4번 출구에서 도보 3분 **주소** 福岡県福岡市博多区中洲3-3-6-23 **전화** 092-281-8278 **시간** 월~토요일 18:00~06:00 **휴무** 일요일 **가격** 돈코츠라멘 690¥, 교카이 돈코츠라멘 770¥ **홈페이지** 없음

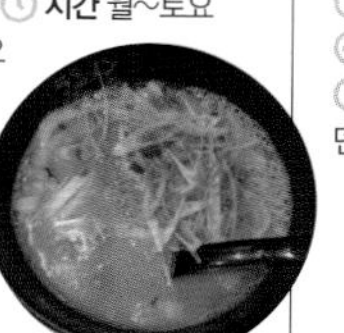

16 야타이 모리
屋台もり

★★ 도보 4분

개업한 지 20년이 다 된 야타이. 비교적 인적이 드문 곳에 자리 잡고 있어 조용하게 시간을 보내기 좋다. 다른 집에 비해 싼 편이라 부담이 덜하다. 단, 주력 메뉴인 덴푸라는 가격대가 꽤 높으므로 조금씩만 주문하자.

지도 P.056J
찾아가기 나카스가와바타 역 1번 출구로 나와 직진하다 강을 건너지 말고 좌회전 후 직진. 하루요시바시(春吉橋) 직전
주소 福岡県福岡市博多区中洲1
전화 없음 **시간** 18:00~다음 날 02:00
휴무 일요일 **가격** 덴푸라모리아와세 1300¥, 덴푸라 단품 700~800¥ **홈페이지** 없음

17 만푸쿠테이
まんぷく亭

★★ 도보 4분

매일 오전 11시 30분부터 오후 3시까지 한정으로 제공하는, 하카타식 철판구이(鉄板焼き, 뎃판야키)와 미소국, 밥을 함께 내오는 런치 세트가 인기 있는 집. 비록 입맛을 확 끌어당기는 맛은 아니지만 현지인의 밥상을 체험한다는 생각으로 들르기에 괜찮다.

지도 P.056F
찾아가기 나카스가와바타 역 5번 출구로 나와 가와바타 상점가를 따라 직진. 두 번째 갈림길이 나오기 전 오른편에 있다. 도보 4분
주소 福岡県福岡市博多区上川端通り821-0026 **전화** 092-262-5430 **시간** 화~토요일 11:30~22:00(L.O 21:30), 일요일 · 공휴일 11:30~20:00(L.O 19:30) **휴무** 월요일
가격 런치 세트 1인분 880¥, 1.5인분 1200¥, 2인분 1700¥ **홈페이지** 없음

18 미야케 우동
みやけうどん

동네 맛집에 그치던 곳이 유명세를 타고 있다. 드라마 〈고독한 미식가〉에 소개됐기 때문. 군더더기 없이 깔끔한 국물 맛과 약간 흐물거리는 우동 면의 식감이 여타 우동집과의 차별점. 두툼한 어묵이 들어간 마루텐 우동과 유부초밥이 인기 메뉴다. 현금 결제만 가능.

지도 P.056A
찾아가기 고후쿠마치 역 5번 출구로 나와 직진하다 첫 번째 골목으로 우회전한다. 도보 2분
주소 福岡県福岡市博多区上呉服町10-24
전화 092-291-3453
시간 11:00~18:30(금요일은 17:30까지)
휴무 일요일
가격 우동 350~500¥
홈페이지 없음

19 카즈토미

一富

★★★ 도보 4분

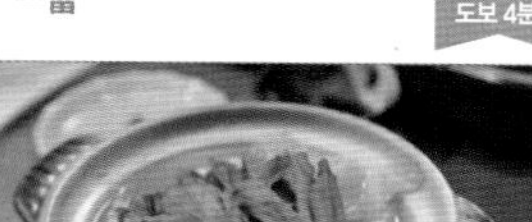

드라마 〈고독한 미식가〉에 소개된 주점. 손님 자리의 맥주병 통 안에 5¥짜리 동전을 넣어 놓는데, 5¥과 인연(ご縁; 고엔)의 발음이 같은 것에 착안해 '인연이 있기를'이라는 의미라고. 메뉴에 가격이 표기되어 있지 않은 것이 유일한 단점으로 1인당 3000~4000¥, 술까지 마신다면 5000¥ 정도는 각오하고 가야 한다. 사바고마와 와카도리스프타키를 추천. 현금 결제만 가능.

1권 P.133 지도 P.056E
찾아가기 나카스가와바타 역 1번 출구에서 도보 4분. 가는 길이 꽤 어려우니 구글맵을 참고하자.
주소 福岡県福岡市博多区中洲4-2-24
전화 092-281-5120 **시간** 18:00~다음 날 01:00 **휴무** 일요일, 공휴일 **가격** 메뉴별로 다름, 대개 2000¥대 **홈페이지** 없음

20 가와바타 상점가

川端商店街 가와바따 쇼텐가이

현지인의 삶을 고스란히 느낄 수 있는 상점가로 의류, 식료품, 음식점, 공예품 등 다양한 상점이 들어서 있다. 이 거리의 식당은 대부분 허름해 보이지만 맛은 기본 이상이다. 마츠리(축제) 때 사용하는 등이나 부채, 젓가락 등 전통 공예품도 구경할 만하다.

1권 P.158 지도 P.056E
찾아가기 나카스가와바타 역 5번 출구로 나오면 바로 **주소** 福岡県福岡市博多区上川端6-135 **전화** 092-281-6223
시간 09:00~23:00(가게마다 다름)
휴무 가게마다 다름 **가격** 가게마다 다름
홈페이지 www.hakata.or.jp

21 돈키호테
ドン・キホーテ

웬만한 물건은 다 파는 면세 잡화점. 위치가 매우 좋고 24시간 영업하는 점을 빼면 사실 큰 메리트는 없다. 가격이 돈키호테치고는 비싼 데다 어마어마한 인파에서 오는 스트레스를 감수하고 택스 리펀드(면세 환급)를 받을 때 오래 기다려야 하는 경우가 많아 점점 인기가 시들고 있다. 물론 발품 파는 것이 딱 질색이라면 이만한 곳도 없다.

1권 P.186 **지도** P.056E
찾아가기 나카스가와바타 역 4번 출구로 나와 츠타야 2층 **주소** 福岡県福岡市博多区中洲3-7-24
전화 092-283-9711 **시간** 24시간
휴무 연중무휴 **가격** 상품마다 다름
홈페이지 www.donki.com

22 후쿠야
ふくや

1949년 일본 최초로 멘타이코(명란젓)를 판매한 곳. 그 긴 역사만큼 다양한 멘타이코 관련 상품을 선보이는데, 필요한 만큼 짜 먹을 수 있는 튜브형 멘타이코가 인기 있다. 영어를 잘하는 직원이 있으며 한국어 안내문도 준비되어 있다.

지도 P.056F
찾아가기 나카스가와바타 역 1번 출구로 나와 뒤를 돌아 오른쪽 길로 들어간다.
주소 福岡県福岡市博多区中洲2-6-10
전화 092-261-2981 **시간** 08:00~24:00, 일요일·공휴일 09:00~19:00 **휴무** 연중무휴
가격 튜브형 멘타이코 918¥
홈페이지 www.fukuya.com

23 리버레인몰
リバレインモール

쇼핑몰, 호텔, 후쿠오카 아시안 아트 뮤지엄, 하카타자 등이 들어선 복합 문화 공간. 쇼핑몰에는 수준 높은 브랜드를 엄선해 들였다. 고급 레스토랑이 즐비하고 값비싼 식료품과 생활용품, 가구, 패션 상품 등을 취급하지만 관광객에게는 큰 메리트가 없다.

지도 P.056E
찾아가기 나카스가와바타 역 6번 출구로 나오면 바로 **주소** 福岡県福岡市博多区下川端町3-1 **전화** 092-271-5050 **시간** 10:00~19:00
휴무 설날
가격 가게마다 다름 **홈페이지** riverain.co.jp

24 세이유 서니마트
西友サニー

24시간 영업하는 대형 마트. 취급 품목은 일반 마트와 큰 차이가 없지만 손님이 적고 지하철 역과 가까워 쇼핑하기 편리하다. 밤 10시 이후에는 도시락을 할인해 판매한다. 후쿠오카 국제터미널에 가기 전, 마지막으로 쇼핑하기에도 좋은 위치다. 마트 바로 옆에 체인 드러그스토어(드러그세가미)가 함께 입점되어 드러그 쇼핑도 원스톱으로 끝낼 수 있다.

지도 P.056A
찾아가기 고후쿠마치 역 5번 출구 바로 옆
주소 福岡県福岡市博多区上呉服町10-10
전화 092-262-0431
시간 24시간
휴무 연중무휴
가격 상품마다 다름
홈페이지 www.seiyu.co.jp

25 후쿠오카 아시안 아트 뮤지엄
福岡アジア美術館
후꾸오까 아지아 비쥬쯔깡

일본을 비롯해 아시아의 근현대 미술 작품을 주로 전시하는 미술관. 갤러리는 대부분 무료로 관람할 수 있으며 특별 전시 갤러리에 한해 유료로 운영한다. 무료 물품 보관함을 이용할 수 있어 돈키호테에서 쇼핑한 다음 들르기 좋다.

지도 P.056E
찾아가기 나카스가와바타 역 6번 출구, 하카타 리버레인몰 7·8층
주소 福岡県福岡市博多区下川端町3-1
전화 092-263-1105
시간 09:30~19:30
휴무 수요일, 12/26~다음 해 1/1
가격 컬렉션 전시 200¥, 일반 갤러리 무료
홈페이지 http://faam.city.fukuoka.lg.jp

26 호빵맨 어린이 뮤지엄
アンパンマンこどもミュージアム
암빵맨 고도모 뮤-지아무

★★
도보 1분

호빵맨을 테마로 꾸민 어린이 박물관. 인형극 포토 스폿, 실제 호빵맨과의 만남, 놀이 시설 등 미취학 아동의 눈높이에 맞춘 즐길 거리가 다양하고 호빵맨 빵집, 아이들의 바짓가랑이를 붙잡는 숍 등이 들어서 있다. 1회에 한해 재입장이 가능하다.

지도 P.056E
찾아가기 나카스가와바타 역 6번 출구에서 연결 **주소** 福岡県福岡市博多区下川端町3-1 5·6F **전화** 092-291-8855
시간 10:00~17:00(입장 마감 16:00) **휴무** 1월 1일 **가격** 입장료 1800¥(1세 미만 무료) **홈페이지** www.fukuoka-anpanman.jp

ZOOM IN

스미요시

스미요시 신사와 라쿠스이엔이 대표적인 볼거리다. 우동 다이라에서 식사를 한 다음 캐널시티로 넘어가거나 걸어서 7분 거리에 있는 야나기바시연합시장과 함께 둘러보는 것으로 일정을 정하면 매끄럽다.

1 스미요시 신사
住吉神社

일본의 스미요시 신사 중 가장 오랜 1800여 년의 역사를 간직하고 있다. 일본 3대 스미요시 신사로 알려져 전국 각지에서 참배객이 몰려들지만 다른 신사에 비해 유독 조용한 분위기다. 근처의 라쿠스이엔과 함께 둘러보면 근사한 여행 코스가 완성된다.

지도 P.057K
찾아가기 JR 하카타 역 하카타 출구 앞 B, C, D 버스정류장에서 300, 301번 등의 버스를 타고 두 정거장. 천천히 걸어도 15분이면 도착한다.
주소 福岡県福岡市博多区住吉3-1-51
전화 092-291-2670
시간 06:00~20:00
휴무 연중무휴
가격 무료 입장
홈페이지 http://chikuzen-sumiyoshi.or.jp

2 라쿠스이엔
楽水園

다다미방에 앉아 말차를 음미할 수 있는 일본식 정원. 잉어가 노니는 연못과 초록의 정원을 바라보고 있노라면 그 옛날 떵떵거리며 살았을 이 집 주인이 된 것만 같다. 풍경이 아름다운 시기는 봄가을로, 겨울에는 볼거리가 딱히 없다.

1권 P.249 **지도** P.057K
찾아가기 스미요시 신사 뒤편 **주소** 福岡県福岡市博多区住吉2-10-7 **전화** 092-262-6665 **시간** 09:00~17:00 **휴무** 화요일, 12/29~다음 해 1/1 **가격** 고등학생 이상 100¥, 중학생 이하 50¥, 미취학 어린이 무료, 말차와 화과자 세트 500¥ **홈페이지** http://rakusuien.net

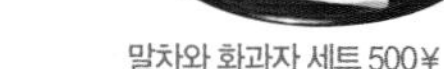
말차와 화과자 세트 500¥

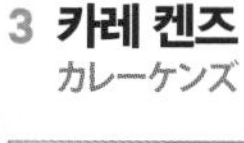

3 카레 켄즈
カレーケンズ

외진 골목길에 위치한 작은 가게지만, 제대로 진한 카레를 맛볼 수 있는 곳. 4시간에 걸쳐 끓여 감칠맛이 나는 것이 특징이다. 카레는 조금 짠 편인데, 함께 제공되는 닭 육수를 부어서 간을 맞출 수 있다. 본점은 낮에만 영업을 하며, 푸드트럭으로 후쿠오카 곳곳에서 이동식 판매도 겸한다. 한국어 메뉴판이 있어서 편리하다.

지도 P.057K
찾아가기 스미요시 공원 앞 **주소** 福岡県福岡市博多区住吉 5-1-6 **전화** 092-473-4747 **시간** 월~토요일 11:30~14:00, 일요일 11:30~15:00 **휴무** 연중무휴 **가격** 사가·이마리규를 사용한 소고기카레 930¥, 가지 듬뿍 카레 850¥ **홈페이지** www.kens1.jp

4 우동 다이라
うどん平

늘 인산인해를 이루는 우동집. 그 덕에 식재료는 언제나 신선하고 면발도 쫄깃쫄깃한 것이 모든 맛이 한 그릇 안에서 살아 숨 쉰다. 에비텐(새우튀김) 우동과 고보(우엉) 우동이 가장 유명하지만 준비된 수량만 팔아서 맛보기 쉽지 않다. 현금 결제만 가능.

1권 P.108 **지도** P.057K
찾아가기 JR 하카타 역 하카타 출구로 나와 A 버스 정류장에서 47, 48, 48-1번 버스를 타고 스미요시욘초메 정류장에서 하차 후 도보 2분 **주소** 福岡県福岡市博多区住吉5-10-7 **전화** 092-431-9703 **시간** 11:15~15:00
휴무 일요일, 공휴일
가격 고보텐 우동 480¥, 니쿠 우동 580¥, 니쿠 고보텐 우동 680¥
홈페이지 없음

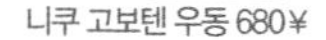
니쿠 고보텐 우동 680¥

5 북오프 하카타
Book Off Hakata

중고 제품 전문점. 피규어, 서적, CD, DVD 등에 주력한다. 특히 중고 피규어는 신품의 반값도 안 되는 가격에 팔며 주기적으로 특가 행사도 실시한다. 진열이 이중, 삼중으로 되어 있어 보물찾기 하듯 훑어봐야 마음에 드는 제품을 구할 확률이 높아진다.

1권 P.205 **지도** P.057H
찾아가기 하카타 역 하카타 출구 옆 재팬 포스트 건물 맞은편. 역에서 도보 5분
주소 福岡県福岡市博多区博多駅前3-2-8
전화 092-436-2285 **시간** 10:00~22:00
휴무 부정기 **가격** 상품마다 다름
홈페이지 www.bookoff.co.jp

AREA

3 TENJIN & DAIMYO

[天神 & 大名 텐진 & 다이묘]

후쿠오카에서 가장 번화한 지역인 텐진

후쿠오카 쇼핑의 메카

차로 불과 10여 분 떨어진 '하카타 역'과 '텐진'은 버스터미널이 각각 있을 정도로 우열을 가리기 힘든 번화가다. 텐진은 하카타 역 못지않은 탄탄한 교통 인프라를 바탕으로 백화점과 쇼핑몰, 맛집이 모여 있는데, 대부분 지하상가를 통해 모두 연결돼 있어 이동하기 편하다. 이뿐 아니라 신사나 공원, 유명 건축물 등도 곳곳에 있어서 다채로운 경험이 가능하다.

인기 ★★★★★

쇼핑 스폿과 맛집 등이 몰려 있는 후쿠오카 최대 번화가

쇼핑 ★★★★★

후쿠오카 쇼핑의 메카!

식도락 ★★★★★

백화점과 쇼핑몰 지하에 맛집이 몰려 있으며, 다이묘 거리에 크고 작은 맛집이 즐비하다.

나이트라이프 ★★★★☆

텐진의 야타이는 나카스보다 덜 혼잡해서 좋다.

관광지 ★★★☆☆

아크로스 후쿠오카나 아카렌가 문화관 등 둘러볼 곳이 제법 있다.

혼잡도 ★★★★★

텐진 지하상가를 중심으로 많은 관광객이 몰린다.

후쿠오카 공항 → 텐진

지하철 후쿠오카 공항 국제선 터미널 1번 승차장에서 국내선으로 가는 셔틀버스에 탑승 → 지하철 역에서 메이노하마행 열차 탑승, 텐진 역에서 하차

시간 36분 **요금** 공항 셔틀버스 무료, 지하철 성인 260¥, 어린이 130¥

후쿠오카 공항
국제선 터미널
1번 승차장 (MAP P.025)

↓ 셔틀버스 | 15분, 무료

후쿠오카 공항(국내선)
국내선 2, 3터미널 방향에 있는
지하철 역

↓ 지하철 (메이노하마행) | 21분 260¥

텐진
지하철 텐진 역 (MAP P.073G)

하카타 항 국제터미널 → 텐진

터미널 건물 밖 1번 승차장에서 55, 80, 151, 152번 버스 탑승, 텐진 기타 정류장에서 하차

시간 13분 **요금** 성인 190¥, 어린이 100¥

하카타 역 → 텐진

나나쿠마선을 타고 텐진미나미 역에서 하차

시간 3분 **요금** 210¥

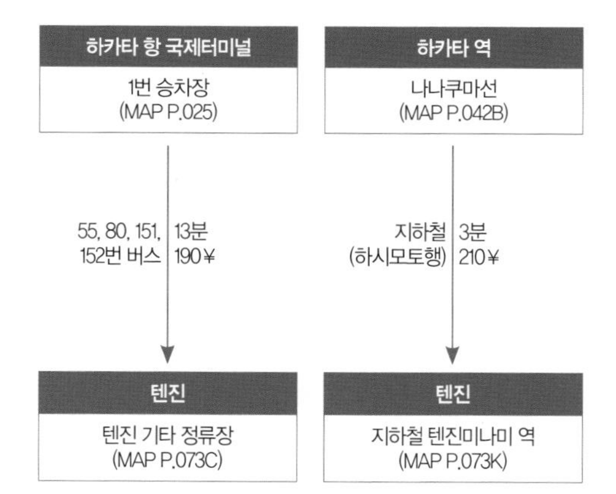

MUST SEE 이것만은 꼭 보자!

No. 1
아크로스 후쿠오카

No. 2
아카렌가 문화관

MUST EAT 이것만은 꼭 먹자!

No. 1
니쿠젠의
스테이크동

No. 2
텐진 지하상가
베이크 치즈 케이크

MUST BUY 이것만은 꼭 사자!

No. 1
이와타야 백화점에서
꼼데가르송 셔츠

No. 2
텐진지하상가에서
쿠라 치카 바이 포터 가방

No. 3
로프트 문구 코너에서
다양한 필기구

No. 4
무인양품에서
생활용품

MAP
텐진 & 다이묘 한눈에 보기

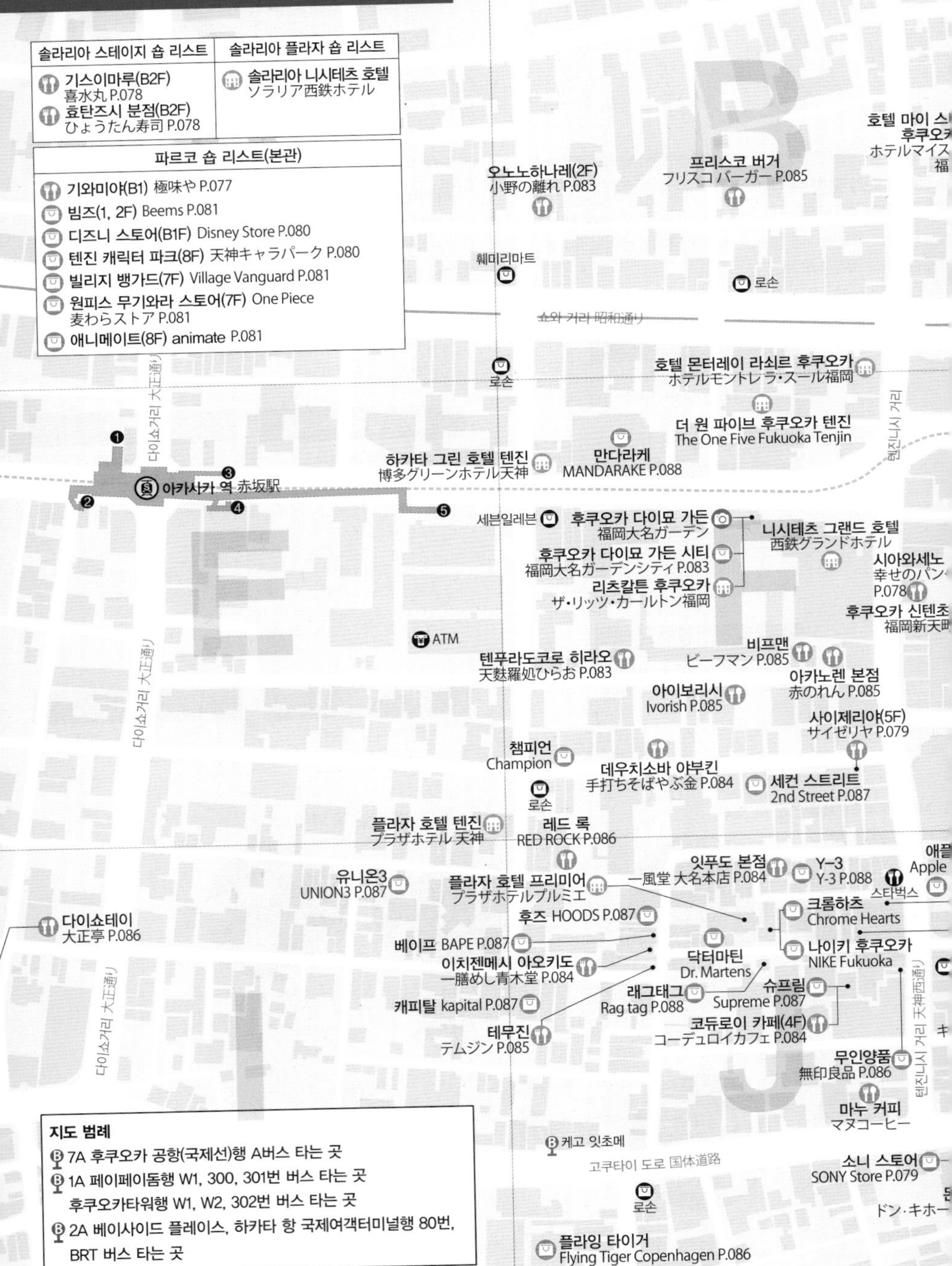

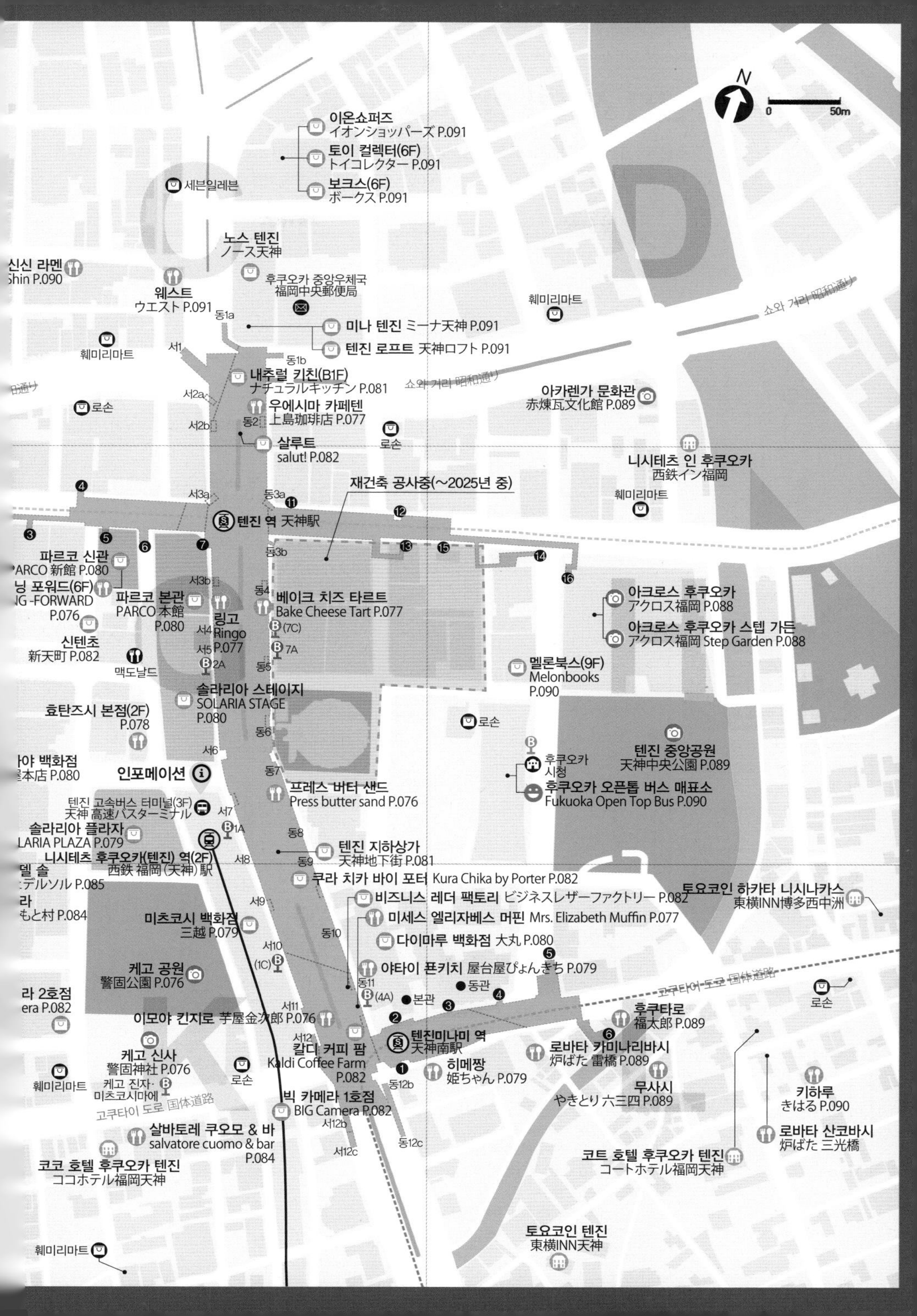

N
0
50m
이온쇼퍼즈
イオンショッパーズ P.091
토이 컬렉터(6F)
トイコレクター P.091
보크스(6F)
ボークス P.091
세븐일레븐
노스 텐진
ノース天神
신신 라멘
Shin P.090
웨스트
ウエスト P.091
후쿠오카 중앙우체국
福岡中央郵便局
훼미리마트
쇼와 거리 昭和通り
동1a
미나 텐진 ミーナ天神 P.091
텐진 로프트 天神ロフト P.091
서1
동1b
훼미리마트
내추럴 키친(B1F)
ナチュラルキッチン P.081
쇼와 거리 昭和通り
아카렌가 문화관
赤煉瓦文化館 P.089
서2a
로손
우에시마 카페텐
上島珈琲店 P.077
동2
서2b
살루트
salut! P.082
로손
니시테츠 인 후쿠오카
西鉄イン福岡
재건축 공사중(~2025년 중)
서3a
동3a
훼미리마트
텐진 역 天神駅
파르코 신관
PARCO 新館 P.080
닝 포워드(6F)
G -FORWARD
P.076
동3b
서3b
동4
파르코 본관
PARCO 本館
P.080
링고
Ringo
P.077
서4
서5
베이크 치즈 타르트
Bake Cheese Tart P.077
(7C)
7A
2A
동5
아크로스 후쿠오카
アクロス福岡 P.088
아크로스 후쿠오카 스텝 가든
アクロス福岡 Step Garden P.088
멜론북스(9F)
Melonbooks
P.090
신텐초
新天町 P.082
맥도날드
효탄즈시 본점(2F)
P.078
솔라리아 스테이지
SOLARIA STAGE
P.080
동6
로손
서6
야 백화점
本店 P.080
인포메이션
동7
후쿠오카 시청
후쿠오카 오픈톱 버스 매표소
Fukuoka Open Top Bus P.090
텐진 중앙공원
天神中央公園 P.089
프레스 버터 샌드
Press butter sand P.076
텐진 고속버스 터미널(3F)
天神 高速バスターミナル
서7
1A
솔라리아 플라자
LARIA PLAZA P.079
동8
텐진 지하상가
天神地下街 P.081
니시테츠 후쿠오카(텐진) 역(2F)
西鉄 福岡(天神)駅
서8
동9
델 솔
デルソル P.085
라
もと村 P.084
쿠라 치카 바이 포터 Kura Chika by Porter P.082
비즈니스 레더 팩토리 ビジネスレザーファクトリー P.082
토요코인 하카타 니시나카스
東横INN博多西中洲
서9
미츠코시 백화점
三越 P.079
미세스 엘리자베스 머핀 Mrs. Elizabeth Muffin P.077
동10
다이마루 백화점 大丸 P.080
서10
(1C)
야타이 퓬키치 屋台屋ぴょんきち P.079
케고 공원
警固公園 P.076
동11
동관
(4A)
본관
라 2호점
era P.082
고쿠타이 도로 国体道路
로손
서11
이모야 킨지로 芋屋金次郎 P.076
후쿠타로
福太郎 P.089
서12
텐진미나미 역
天神南駅
칼디 커피 팜
Kaldi Coffee Farm
P.082
로바타 카미나리바시
炉ばた 雷橋 P.089
케고 신사
警固神社 P.076
히메짱
姫ちゃん P.079
무사시
やきとり 六三四 P.089
키하루
きはる P.090
훼미리마트
케고 진자·
미츠코시마에
로손
동12b
고쿠타이 도로 国体道路
빅 카메라 1호점
BIG Camera P.082
서12b
로바타 산코바시
炉ばた 三光橋
살바토레 쿠오모 & 바
salvatore cuomo & bar
P.084
동12c
서12c
코트 호텔 후쿠오카 텐진
コートホテル福岡天神
코코 호텔 후쿠오카 텐진
ココホテル福岡天神
토요코인 텐진
東横INN天神
훼미리마트

텐진 쇼핑가 알짜배기 코스

쇼핑과 식도락을 기대하며 후쿠오카를 찾아온 당신을 위한 알짜배기 코스! 모든 백화점과 쇼핑몰이 텐진 지하상가로 연결돼 있어서 날씨와 교통에 구애받지 않고 편리하게 둘러볼 수 있다.

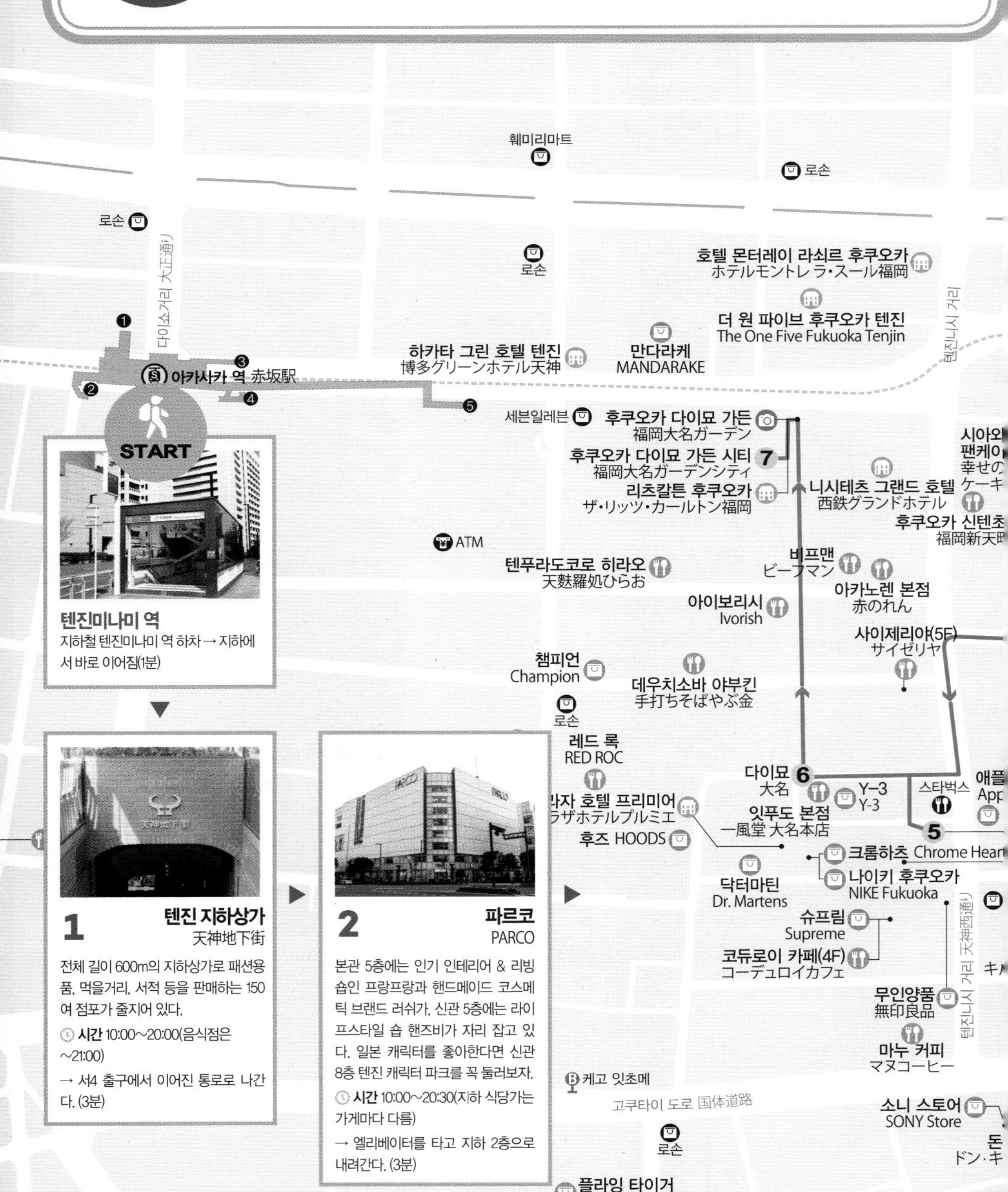

텐진미나미 역
지하철 텐진미나미 역 하차 → 지하에서 바로 이어짐(1분)

▼

1 텐진 지하상가 天神地下街

전체 길이 600m의 지하상가로 패션용품, 먹을거리, 서적 등을 판매하는 150여 점포가 줄지어 있다.

시간 10:00~20:00(음식점은 ~21:00)

→ 서4 출구에서 이어진 통로로 나간다. (3분)

▶

2 파르코 PARCO

본관 5층에는 인기 인테리어 & 리빙숍인 프랑프랑과 핸드메이드 코스메틱 브랜드 러쉬가, 신관 5층에는 라이프스타일 숍 핸즈비가 자리 잡고 있다. 일본 캐릭터를 좋아한다면 신관 8층 텐진 캐릭터 파크를 꼭 둘러보자.

시간 10:00~20:30(지하 식당가는 가게마다 다름)

→ 엘리베이터를 타고 지하 2층으로 내려간다. (3분)

▶

START

- S. 텐진미나미 역
- 10m, 도보 1분
- 1. 텐진 지하상가
- 0~450m, 3분
- 2. 파르코
- 300m, 3분
- 3. 기와미야
- 210m, 3분
- 4. 이와타야 백화점
- 50m, 1분
- 5. 카페 델 솔
- 500m, 1분
- 6. 다이묘
- 200m, 3분
- 7. 후쿠오카 다이묘 가든 시티

3 기와미야 極味や

직접 구워 먹는 햄버그스테이크로 유명한 집. 워낙 인기가 많아서 대기 시간이 30분~1시간 이상이 될 수도 있다.

시간 11:00~22:00(L.O 21:30)
가격 햄버그스테이크 S 사이즈 세트 1380￥

→ 파르코 건물 뒤편으로 걷는다. (3분)

4 이와타야 백화점 岩田屋 本店

일본의 유명 디자이너 브랜드와 라이선스 브랜드, 인터내셔널 명품 브랜드와 인기 로컬 브랜드의 매장을 두루 갖추고 있다. 여섯 개의 꼼데가르송 라인과 네 개의 이세이 미야케 라인을 주목할 것.

시간 10:00~20:00

→ 백화점 정문 반대편으로 나오면 바로 (1분)

5 카페 델 솔 Cafe del SOL

예쁜 플레이팅이며 폭신한 식감까지 감동인 디저트 전문점. 사진이 첨부된 메뉴판이 있어 메뉴를 고르기도 수월하다. 파르코에도 지점이 있다.

시간 11:00~19:00 **휴무** 부정기
가격 팬케이크 1320￥, 음료 세트 1300￥

→ 카페부터 시작해서 반경 500m 거리(1분)

6 다이묘 大名

빈티지와 스트리트 패션의 거리. 패션에 관심 있는 사람이라면 꼭 찾아가는 핫플!

→ 거리의 가게를 구경하고 북쪽으로 올라간다. (3분)

7 후쿠오카 다이묘 가든 시티 福岡大名ガーデンシティ

리츠칼튼 호텔, 사무실, 쇼핑몰(바이오 스퀘어), 공원 등이 들어선 대규모 상업 건물. 넓은 다이묘 가든 시티 파크는 모든 이들의 쉼터.

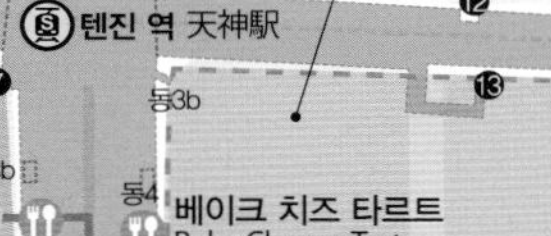

재건축 공사중(~2025년 중)
텐진 역 天神駅
훼미리마트
로손
파르코 신관 PARCO 新館
기와미야(B2F) 極味や
파르코 본관 PARCO 本館
링고 Ringo
베이크 치즈 타르트 Bake Cheese Tart
신텐초 新天町
맥도날드
솔라리아 스테이지 SOLARIA STAGE
효탄즈시 본점(2F) ひょうたん寿司
인포메이션
텐진 고속버스 터미널(3F) 天神高速バスターミナル
솔라리아 플라자 SOLARIA PLAZA
니시테츠 후쿠오카(텐진) 역(2F) 西鉄福岡(天神)駅
텐진 지하상가 天神地下街
미츠코시 백화점 三越
케고 공원 警固公園
빅 카메라 2호점 BIG Camera
케고 신사 警固神社
케고 진자·미츠코시마에
고쿠타이 도로 国体道路
빅 카메라 1호점 BIG Camera P.091
살바토레 쿠오모 & 바 salvatore cuomo & bar
코코 호텔 후쿠오카 텐진 ココホテル福岡天神
야타이 푠키치 屋台屋ぴょんきち
동관
본관
텐진미나미 역 天神南駅
히메짱 姫ちゃん
후쿠타로 福太郎
로바타 카미나리바시 炉ばた 雷橋
무사시 やきとり 六三四
키하루 きはる
코트 호텔 후쿠오카 텐진 コートホテル福岡天神
로바타 산코바시 炉ばた 三光橋
토요코인 텐진 東横INN天神
델 솔 カフェデルソル
구라 つもと村

ZOOM IN

텐진 중심부

니시테츠 후쿠오카 역 건물을 중심으로 남쪽 끝에 텐진미나미 역이, 북쪽 끝에 텐진 역이 있으며, 그 사이를 텐진 지하상가(天神地下街)가 잇고 있어서 오가기 편리하다. 유명 백화점과 쇼핑몰이 밀집해 있으며, 이들 지하 매장에는 하카타 명물과 유명 식당을 모두 모아놓았다.

1 케고 신사

警固神社 케고 진자

★★★ 도보 1분

1608년에 지어져 400년이 넘는 시간 동안 텐진을 지켜온 작은 신사다. 큰 볼거리는 없지만 무료 족욕장 등 휴식 공간이 마련돼 있어 지나가는 길에 잠시 들를 만하다.

지도 P.073K
찾아가기 텐진 지하상가 서9 출구에서 바로 연결된다.
주소 福岡県福岡市中央区天神2-2-20
전화 092-771-8551
시간 24시간
휴무 연중무휴
가격 무료 입장
홈페이지 www.kegojinja.or.jp

2 케고 공원

警固公園 케-고 고-엥

★★★ 도보 1분

케고 신사 바로 옆에 있는 작은 공원. 겨울에는 일루미네이션 행사가 열려 일부러 찾아가 볼 만하지만 평소에는 지나가는 길에 들르는 것으로 충분하다. 주말에는 예술가들의 공연도 이따금 열린다.

지도 P.073K
찾아가기 케고 신사 바로 옆

3 이모야 킨지로

芋屋金次郎

★★★★ 도보 3분

일본 전통 고구마 유탕 과자를 판매하는 곳이다. 얇은 고구마스틱에 달콤한 유탕 코팅을 해서 딱딱하지만 아삭한 식감이 좋다. 초콜릿 코팅, 말차 코팅, 딸기 파우더 코팅 등 다양한 맛이 있으며, 고구마로 만든 쿠키도 판매한다. 매장에서 갓 튀긴 고구마 과자를 맛보자.

1권 P.177 **지도** P.073K
찾아가기 텐진 역, 텐진미나미 역과 연결된 텐진 지하상가
주소 福岡市中央区天神２丁目4-4, 地下1号東11
전화 092-397-421
시간 10:00~20:00
휴무 연중무휴
가격 고구마 스틱 100g 300¥, 고구마칩 120g 550¥
홈페이지 https://imokin.co.jp/shop/tenjin

4 카와라 카페&다이닝 포워드

kawara CAFE&DINING-FORWARD

★★★ 도보 3분

예쁜 디저트부터 든든한 식사, 술까지 마실 수 있는 다이닝바. 계절별 디저트 세트 메뉴가 인기고, 점심메뉴인 오늘의 정식 메뉴도 괜찮은 편. 특히 의자가 편안해서 한 번 앉으면 일어나기 싫을 정도. 쇼핑하다가 당과 카페인 보충하기도 좋다.

지도 P.073G
찾아가기 파르코 신관 6층
주소 福岡県福岡市中央区天神２丁目１１−１ 福岡パルコ新館６F
전화 092-235-7486 **시간** 11:00~23:00
휴무 부정기
가격 카페라떼 610¥, 로얄 밀크티 640¥, 오늘의 정식 1200¥~
홈페이지 www.sld-inc.com/kawara_forward.html

5 프레스 버터 샌드

Press butter sand

★★★ 도보 3분

도쿄에서 시작해 일본 전역에서 판매되고 있는 버터샌드 전문점이다. 매장에서 오리지널 프레스 기계로 갓 구운 버터 샌드를 만들어 판다. 만듦새가 고급스러워서 선물용으로 좋지만, 그만큼 비싼 편. 텐진점 한정 치즈맛이 인기다.

1권 P.177 **지도** P.073G
찾아가기 텐진 역, 텐진미나미 역과 연결된 텐진 지하상가 **주소** 福岡県福岡市中央区天神２丁目地下1号東7番街 **전화** 012-031-9235
시간 09:00~21:00 **휴무** 연중무휴
가격 3개입 800~972¥ 5개입 1300~1620¥
홈페이지 https://buttersand.com/store/gallery-press-butter-sand-tenjin

6 링고 Ringo

★★★ 도보 3분

구운 커스터드 애플파이 전문점. 치즈 타르트를 파는 베이크와 동일한 방식으로 구운 즉시 판매한다. 북해도산 버터와 글루텐을 20% 낮춘 밀가루로 144겹으로 만들어내 바삭한 식감이 일품. 여기에 새콤한 사과와 달콤한 커스터드 크림이 조화를 이루니 자꾸 손이 갈 수 밖에!

1권 P.177 지도 P.073G
찾아가기 텐진 지하상가 서4·5 사이
주소 福岡県福岡市中央区天神2丁目天神地下街西4番街 **전화** 092-406-5028 **시간** 10:00~21:00 **휴무** 1월 1일
가격 399￥

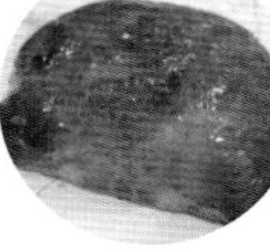

7 미세스 엘리자베스 머핀 Mrs. Elizabeth Muffin

★★★ 도보 3분

제철 식재료를 가지고 미국 스타일의 머핀과 스콘, 쿠키 등을 구워내는 베이커리다. 버터향 나는 폭신폭신한 빵에 다양한 토핑과 맛이 있어서 골라 먹는 재미가 있다. 요코하마 본점 이외에 단 두 곳이 있는데, 이곳과 하카타 역 마잉그점이다.

지도 P.073K
찾아가기 텐진지하도 동 11번 출구 쪽
주소 福岡県福岡市中央区天神2丁目地下1号東11番街 **전화** 092-741-3880
시간 10:00~20:00
휴무 연중무휴
가격 머핀 220￥~, 미니 머핀 160￥~, 미니머핀 12개 세트 1800￥
홈페이지 www.mrs-elizabeth-muffin.jp

8 키루훼봉 キルフェボン

★★★ 도보 3분

과일 타르트 전문점. 제철 과일을 넣은 계절 한정 메뉴와 지점 한정 메뉴가 다양하고 두세 달을 주기로 메뉴가 바뀐다. 값이 비싼 편이므로 한 조각을 먹어보고 더 주문하는 것이 좋다. 메뉴판에 사진이 첨부되어 있어 주문하기가 비교적 쉽다. 현금 결제만 가능.

1권 P.148 지도 P.073K
찾아가기 텐진 지하상가 서11 출구로 나와 케고 공원을 가로질러 직진해 케고 신사 맞은편 사잇길로 들어간다. 도보 3분 **주소** 福岡県福岡市中央区天神2-4-11 **전화** 092-738-3370
시간 11:00~19:00
휴무 연중무휴
가격 과일 타르트 한 조각 860￥~ **홈페이지** www.quil-fait-bon.com

과일 타르트 한 조각 860￥~

9 우에시마 카페텐 上島珈琲店

★★★ 도보 3분

우리에게는 '흑당커피'로 유명한 커피 체인점. 단맛이 강한 커피를 좋아한다면 브라운 슈거 밀크 커피를, 커피 좀 마셔봤다고 자부한다면 넬드립 커피를 마셔보길. 선술집이나 가야 볼 수 있는 주석 잔에 나오기 때문에 이 집 커피 한 잔이면 속까지 시원해진다.

1권 P.135 지도 P.073C
찾아가기 텐진 지하상가 동1b 출구 옆
주소 福岡県福岡市中央区天神2丁目地下3号東1番街第333号
전화 092-791-7585
시간 07:30~21:00
휴무 연중무휴
가격 브라운 슈거 밀크 커피 520￥, 넬드립 커피 530￥
홈페이지 www.ueshima-coffee-ten.jp

10 베이크 치즈 타르트 Bake Cheese Tart

★★★ 도보 2분

갓 구운 따끈따끈한 치즈 타르트를 맛볼 수 있는 곳. 큐슈에는 텐진에만 매장이 있어서 항상 줄이 길게 늘어서 있다. 1인당 12개로 구매 개수를 제한할 정도로 인기인데, 두 번 구워 바삭한 타르트와 세 가지 크림치즈 무스의 조화가 가히 환상적이다.

1권 P.145 지도 P.073G
찾아가기 텐진 지하상가 동4~동5 출구
주소 福岡県福岡市博多区住吉1-2-22
전화 092-791-1383
시간 09:00~21:00
휴무 연중무휴
가격 치즈 타르트 230￥
홈페이지 http://bakecheesetart.com

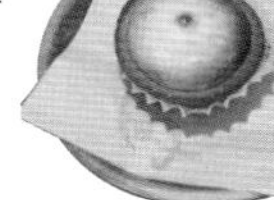

11 기와미야 極味や

★★★ 도보 2분

직접 구워 먹는 햄버그스테이크가 이 집의 대표 메뉴. 세트를 주문하면 밥과 샐러드, 미소국, 소프트아이스크림이 함께 나오는데 모두 무한 리필이 된다. 한국인에게 워낙 잘 알려져 기본 30분 이상 줄을 서 기다려야 하고, 분위기 역시 어수선한 것이 큰 단점.

1권 P.092 지도 P.073G
찾아가기 텐진 지하상가 서4 출구와 연결된 파르코 백화점 지하 1층
주소 福岡県福岡市中央区天神2-11-1
전화 092-235-7434
시간 11:00~22:00(L.O 21:30) **휴무** 부정기
가격 햄버그스테이크 S 사이즈 세트 1380￥
홈페이지 www.kiwamiya.com

12 기스이마루
喜水丸

해산물덮밥 전문점. 제철 해산물 여덟 가지를 듬뿍 올린 기스이동(喜水丼) 한 그릇이면 아침부터 식욕이 솟는다. 하지만 기스이동을 맛볼 수 있는 사람은 하루에 고작 30명. 신선한 성게알을 넣은 우니동이나 연어와 참치 살의 환상적인 조화를 이루는 새먼토로동도 괜찮다.

지도 P.073G
찾아가기 텐진 지하상가 서5, 6 출구와 연결된 솔라리아 스테이지 지하 2층 **주소** 福岡県福岡市中央区天神2-11-3 **전화** 092-733-7165
시간 11:00~22:30(L.O 22:00)
휴무 부정기 **가격** 기스이동 1690￥, 우니동 2500￥
홈페이지 www.kisuitei.comkisuimaru-tenjin/map

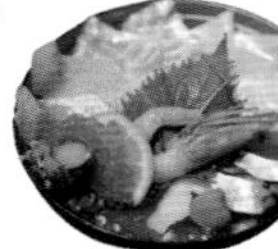

13 효탄즈시 본점
ひょうたん寿司本店

현지인과 여행객에게 모두 인기 있는 스시집. 세트 메뉴는 오늘의 특선 스시와 꽃스시가, 단품은 아나고와 전복이 인기다. 1인당 예산을 2500~3000￥으로 잡으면 된다. 텐진에서 가장 인기 있는 스시집답게 오픈 전부터 문 앞에 줄이 길게 늘어선 진풍경이 연출된다.

1권 P.093 **지도** P.073G
찾아가기 텐진 지하상가 서6 출구로 나와 우회전. 솔라리아 스테이지 건물을 통과하면 오른편에 바로 보인다. 지하철 텐진 역에서 도보 2분 **주소** 福岡県福岡市中央区天神2-10-20 **전화** 092-722-0010 **시간** 11:30~15:00(L.O 14:30), 17:00~21:30(L.O 21:00)
휴무 연중무휴 **가격** 오늘의 특선스시 3200￥~, 꽃스시 1680￥~ **홈페이지** 없음

14 효탄즈시 분점
ひょうたん寿司

효탄즈시의 분점. 본점과 다르게 회전초밥 형태로 영업한다. 참치, 흰 살 생선, 새우 등이 가격 대비 괜찮은 편이며 띄엄띄엄 한국어 표기가 있어 편하다. 본점만큼은 아니지만 최소 15분은 기다려야 음식 맛을 볼 수 있는 곳이다.

지도 P.073G
찾아가기 텐진 지하상가 서5 출구와 연결된 솔라리아 스테이지 지하 2층 **주소** 福岡県福岡市中央区天神2-11-3 **전화** 092-733-7081
시간 11:00~21:00 **휴무** 연중무휴
가격 155~540￥, 접시 색깔에 따라 다름
홈페이지 없음

15 시아와세노 팬케이크
幸せのパンケーキ

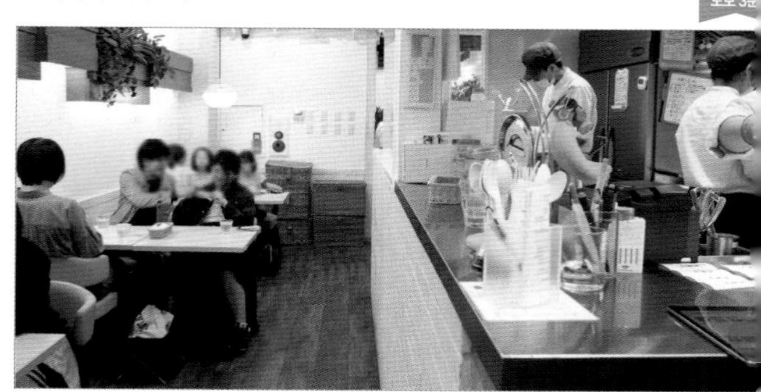

일본 전역에서 인기 있는 팬케이크 전문 체인점. 폭신함과 부드러움의 끝판왕이다. 평일이든 주말이든 늘 대기 줄이 1층부터 2층까지 늘어서 있다. 하지만 가격은 저렴한 편이고 맛은 감동적이니 기다리는 보람이 있다. 생크림과 메이플 시럽만 곁들여도 맛있지만 아이스크림을 추가해 먹으면 더 맛있다.

1권 P.146 **지도** P.072F
찾아가기 텐진 역 2번 출구로 나와 우회전, 텐진 요시토미 빌딩 2층
주소 福岡県福岡市中央区天神2-7-12
전화 092-725-1234
시간 월~금요일 10:30~19:30, 토·일요일 10:00~20:30 **휴무** 부정기 **가격** 시아와세노 팬케이크 1200￥, 바나나 초콜릿 팬케이크 1320￥
홈페이지 http://magia.tokyo/shop#fukuoka

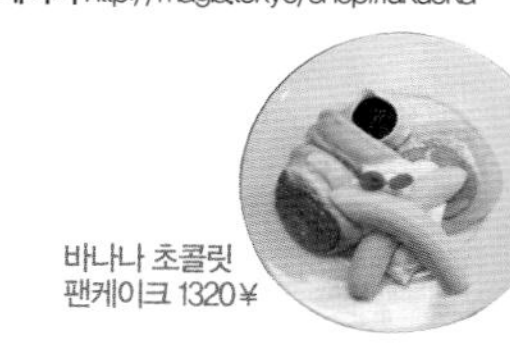
바나나 초콜릿 팬케이크 1320￥

16 야타이 푠키치
屋台屋ぴょんきち

★★ 도보 1분

포장마차의 음식 대부분이 우리 입맛에 잘 맞고 한국어 메뉴도 완벽하게 준비되어 있다. 곱창미소볶음과 멘타이코 교자가 특히 인기 있다.

1권 P.131 지도 P.073K
찾아가기 텐진미나미 역과 이어진 텐진 지하상가 동12a 출구로 나오자마자 왼쪽에 보인다.
주소 福岡県福岡市博多市中央区天神1
전화 090-9074-4390
시간 19:00~다음 날 03:00
휴무 부정기
가격 곱창미소볶음 900¥
홈페이지 http://nakasunavi.jp

17 히메짱
姫ちゃん

★★ 도보 2분

낯선 일본인들과 격의 없이 어울리며 야타이 본연의 분위기를 느끼기 좋은 곳. 인기 메뉴는 돈코츠라멘과 교자. 라멘은 돼지 특유의 냄새 없이 깔끔하고 담백하며 바삭하게 구운 교자는 한 입 베어 물면 육즙이 입 안 가득 배어난다.

1권 P.130 지도 P.073L
찾아가기 텐진미나미 역 1번 출구 앞
주소 福岡県福岡市博多市中央区渡辺通り5-24-22 **전화** 090-1195-8591
시간 19:00~다음 날 03:00
휴무 일요일, 우천 시
가격 라멘 550¥, 오뎅 130~400¥, 병맥주 580¥, 사케 350¥
홈페이지 없음

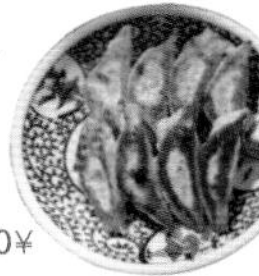
교자 500¥

18 사이제리야
サイゼリヤ

★★★ 도보 6분

이탈리아 요리 전문 체인 레스토랑. 점심시간(11:00~15:00) 한정으로 판매하는 런치 메뉴의 가성비가 특히 높다. 190¥만 더 내면 드링크 바도 무제한 이용 가능. 도리아와 파스타가 가격 대비 괜찮다. 키즈 메뉴도 있다.

1권 P.124 지도 P.072F
찾아가기 텐진역 6번 출구에서 도보 6분
주소 福岡県福岡市中央区今泉1-23-11
전화 092-762-4181
시간 10:00~23:00 **휴무** 연중무휴
가격 햄버그스테이크 400¥ / 드링크 바 세트 성인 200¥, 어린이 100¥
홈페이지 www.saizeriya.co.jp

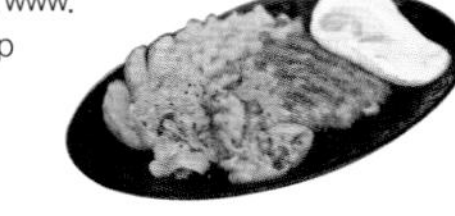

19 미츠코시 백화점
三越 미쯔꼬시 데빠-또

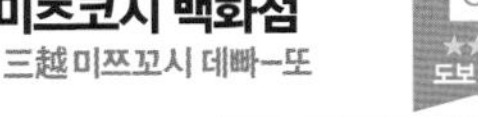
★★★ 도보 3분

일본의 유서 깊은 백화점 브랜드지만, 후쿠오카점은 2~3층에 버스터미널이 들어서 있어서 쇼핑하기에 다소 불편하다. 3층의 GAP, 라코스테 매장은 널찍해서 쇼핑하기 편리하다. 9층에 시내 면세점이 있지만 규모가 크지는 않다.

1권 P.167 지도 P.073K
찾아가기 텐진 지하상가 서5 출구
주소 福岡県福岡市中央区天神2-1-1
전화 092-724-3111
시간 10:00~20:00 **휴무** 부정기
가격 가게마다 다름
홈페이지 www.m.iwataya-mitsukoshi.co.jp

20 소니 스토어
SONY Store

★★★ 도보 4분

소니 제품을 직접 체험해볼 수 있는 공식 스토어. 카메라와 광학 기기, 오디오, 이어폰 등의 주력 상품이 전시돼 있다. 한국어를 할 줄 아는 직원이 있으며 소니 제품에 대한 설명을 자세히 들을 수 있는 것이 최대 장점. 빅카메라나 요도바시 카메라에 비해 가격대가 높은 편이다.

지도 P.072J
찾아가기 텐진미나미 역 1번 출구에서 케고 공원 방면으로 직진
주소 福岡県福岡市中央区今泉1-19-22
전화 092-732-0899
시간 12:00~20:00
휴무 1월 1일, 12월 31일, 공휴일
가격 상품마다 다름
홈페이지 www.sony.jp/store/retail/fukuoka-tenjin

21 솔라리아 플라자
ソラリアプラザ

★★★ 도보 5분

트렌디한 패션 매장과 세련된 맛집이 들어서 있어 젊은 여성들이 선호하는 쇼핑몰. 1층 이벤트 광장에서는 각종 전시회와 이벤트가 열리고, 커뮤니티 FM 라디오국인 러브 FM의 새틀라이트 스튜디오가 있다.

지도 P.073G
찾아가기 텐진 역이나 텐진미나미 역에서 하차 해 도보 5분
주소 福岡県福岡市中央区天神2-2-43
전화 092-733-7777
시간 솔라리아 플라자 10:00~20:30, 레스토랑 11:00~22:30 **휴무** 부정기
가격 가게마다 다름
홈페이지 www.solariaplaza.com

22 솔라리아 스테이지
ソラリアステージ

★★★ 도보 3분

니시테츠 열차 후쿠오카(텐진) 역, 텐진 버스 터미널과 연결된 쇼핑몰. 지하 2층에서 지상 2층까지는 패션용품 매장과 레스토랑이, 3층에서 5층까지는 대형 잡화점 인큐브가 들어서 있다. 지하 1층에 슈퍼마켓 레가넷 텐진이 있어 간단한 식료품도 구입할 수 있다.

지도 P.073G
찾아가기 텐진 고속버스터미널과 연결
주소 福岡県福岡市中央区天神2-11-3
전화 092-733-7111
시간 10:00~20:30(패션 플로어), 10:00~21:00(지하 1층), 11:00~22:00(지하 2층 식당가)
휴무 1월 1일
가격 가게마다 다름
홈페이지 www.solariastage.com

23 이와타야 백화점
岩田屋本店
이와따야 데빠-또

★★★★★ 도보 3분

큐슈 최초의 터미널 백화점으로, 70여 년의 역사를 이어온 후쿠오카 대표 백화점. 일본의 유명 디자이너 브랜드와 라이선스 브랜드, 인터내셔널 명품 브랜드와 인기 로컬 브랜드의 매장을 두루 갖추고 있다. 여섯 개의 꼼데가르송 라인과 네 개의 이세이 미야케 라인을 주목할 것.

1권 P.164 지도 P.073G
찾아가기 텐진 역 6번 출구로 나와 두 번째 삼거리에서 좌회전
주소 福岡市中央区天神2-5-35
전화 092-721-1111
시간 10:00~20:00(신관 7층은 11:00~22:00)
휴무 1월 1일
가격 가게마다 다름
홈페이지 www.i.iwataya-mitsukoshi.co.jp

24 다이마루 백화점
Daimaru

★★★ 도보 1분

후쿠오카에서 유일하게 샤넬 매장이 있는 백화점이다. 샤넬을 비롯해 루이 뷔통, 까르띠에 등 고급 명품 브랜드가 대거 입점해 있다. 지하에는 한큐 백화점 못지않은 유명 식품 매장이 있으며 생활 잡화 전문 숍인 애프터눈 티도 만날 수 있다.

1권 P.167 지도 P.073K
찾아가기 텐진미나미 역 4번 출구로 나오면 바로
주소 福岡県福岡市中央区天神1-4-1
전화 092-712-8181
시간 백화점 10:00~20:00, 레스토랑 11:00~22:00
휴무 연중무휴
가격 가게마다 다름
홈페이지 www.daimaru.co.jp/fukuoka

25 파르코
PARCO

★★★★ 도보 1분

색깔이 분명한 젊은 백화점이다. 인기 캐릭터 숍 텐진 캐릭터 파크, 리빙 & 인테리어 전문 숍 프랑프랑과 도큐핸즈 등이 들어서 있다. 지하 1층의 오이치카에서는 기와미야(極味や)의 햄버그스테이크와 데츠나베(鉄なべ)의 하카타 한 입 교자도 맛볼 수 있다.

1권 P.166 지도 P.073G
찾아가기 텐진 역 7번 출구로 나오면 바로
주소 福岡県福岡市中央区天神2-11-1
전화 092-235-7000
시간 10:00~20:30(지하 식당가는 가게마다 다름)
휴무 부정기
가격 가게마다 다름
홈페이지 http://fukuoka.parco.jp

26 디즈니 스토어
Disney Store

★★ 도보 2분

디즈니 캐릭터 숍. 아기자기한 굿즈와 생활용품이 인기 있으며 아이들을 위한 문구류나 상품 등도 다양하게 갖추고 있다. 인형이 싼 편이고 옷이나 가방 등은 비싸다.

1권 P.206 지도 P.073G
찾아가기 파르코 지하 1층
주소 福岡県福岡市中央区天神2-11-1
전화 092-771-0632
시간 10:00~20:30
휴무 연중무휴
가격 상품마다 다름
홈페이지 www.disney.co.jpstore/storeinfo.html

27 텐진 캐릭터 파크
天神キャラパーク

★★ 도보 2분

리락쿠마를 필두로 스누피, 미피, 스타워즈, 키티, 도라에몽, 디즈니, 토미카, 카피바라상 등 여러 인기 캐릭터 관련 상품을 취급하는 숍이 들어서 있다. 신제품이 주기적으로 나오는 편이며 실용적이고 저렴한 제품이 많아 10대 여학생들에게 인기. 면세 불가.

1권 P.206 지도 P.073G
찾아가기 파르코 본관 8층
주소 福岡県福岡市中央区天神2-11-1
전화 092-235-7290
시간 10:00~20:30
휴무 연중무휴
가격 상품마다 다름
홈페이지 www.kiddyland.co.jp

28 빌리지 뱅가드
Village Vanguard

★★ 도보 2분

평범한 숍은 가라! '놀 수 있는 책방'을 표방하는 이곳은 모든 것이 특별하고 특이하다. 다른 곳에서 쉽게 볼 수 없는 물건이 가득해 구경하는 재미가 쏠쏠하다. 책, 화장품, 과자, 패션 소품에 이르기까지 없는 게 없을 정도이니 일단 들어가보자. 면세 가능.

지도 P.073G
찾아가기 파르코 본관 7층
주소 福岡県福岡市中央区天神2-11-1
전화 092-717-1203
시간 10:00~20:30
휴무 1월 1일
가격 상품마다 다름
홈페이지 www.village-v.co.jp

29 원피스 무기와라 스토어
One Piece 麦わらストア

★★★ 도보 2분

일본 내에 딱 네 군데뿐인 〈원피스〉 관련 상품 스토어. 굿즈나 생활용품, 문구류가 많은 반면 피규어가 다양하지 못해 키덜트족이 살 만한 물건이 한정적이다. 같은 제품도 다른 곳에 비해 가격대가 비교적 높아 신중하게 구입할 필요가 있다. 면세 불가.

1권 P.204 지도 P.073G
찾아가기 파르코 본관 7층
주소 福岡県福岡市中央区天神2-11-1
전화 092-235-7428
시간 10:00~20:30
휴무 연중무휴
가격 상품마다 다름
홈페이지 www.mugiwara-store.com

30 애니메이트
Animate

★ 도보 2분

주로 여성 취향의 아기자기한 굿즈와 서적, 잡지 등을 파는 곳으로 최신 트렌드에 민감하며 신제품이 가장 빨리 입고된다. 대신 인기가 조금 시들하거나 시리즈가 완결된 작품 관련 상품은 찾아보기 힘든 점을 감안해야 한다.

지도 P.073G
찾아가기 파르코 본관 8층
주소 福岡県福岡市中央区天神2-11-1
전화 092-732-8070
시간 10:00~20:30
휴무 연중무휴
가격 상품마다 다름
홈페이지 www.animate.co.jp/shop/fukuokatenjin

31 빔즈
Beems

★★★★ 도보 3분

일본 대표 편집숍. 명성답게 물건이 만족스럽고, 희귀템이 많아서 남녀노소 만족한다. 빔즈 자체 브랜드도 좋으며, 멘베이 등 뜬금없는 콜라보레이션도 재밌다. 후쿠오카 지역에는 아뮤플라자 하카타 3층과 마리노아시티 아울렛에도 매장이 있다.

지도 P.073G
찾아가기 파르코 1, 2층
주소 福岡県福岡市中央区天神2-11-1
전화 092-737-2401
시간 08:00~22:00
휴무 부정기
가격 제품마다 다름
홈페이지 www.beams.co.jp/shop/fkp

32 텐진 지하상가
天神地下街 텐징 지까가이

★★★★ 도보 1분

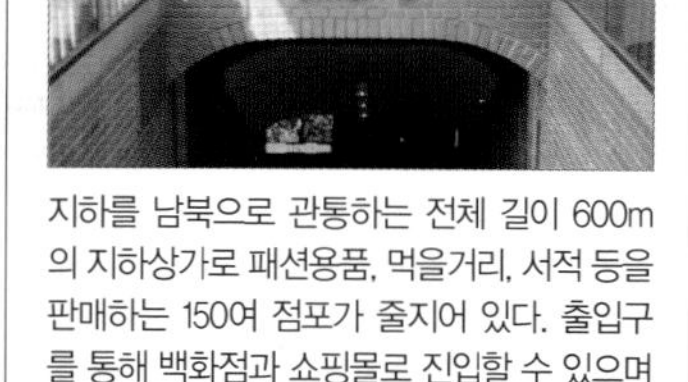

지하를 남북으로 관통하는 전체 길이 600m의 지하상가로 패션용품, 먹을거리, 서적 등을 판매하는 150여 점포가 줄지어 있다. 출입구를 통해 백화점과 쇼핑몰로 진입할 수 있으며 지하철역 두 개와 연결되어 있어서 접근성이 좋다.

1권 P.174 지도 P.073G
찾아가기 텐진 역, 텐진미나미 역과 연결
주소 福岡県福岡市博多区住吉1-2-22
전화 092-711-1903
시간 10:00~20:00(음식점은 ~21:00)
휴무 연중무휴
가격 가게마다 다름
홈페이지 www.tenchika.com

33 내추럴 키친
ナチュラルキッチン

★★★ 도보 2분

2001년 오사카의 작은 잡화점으로 시작해 텐진 지하상가의 대표 상점으로 자리 잡았다. 테이블웨어, 인테리어 소품 등을 저렴한 가격에 판다. 계절별로 주제에 맞게 상품을 진열한 모습을 구경하는 것만으로 인테리어 감각을 높일 수 있다.

1권 P.176 지도 P.073C
찾아가기 텐진 지하상가 동1a 출구 옆
주소 福岡県福岡市博多区住吉1-2-22
전화 092-712-4005
시간 10:00~20:00
휴무 연중무휴
가격 상품마다 다름
홈페이지 www.natural-kitchen.jp

34 칼디 커피 팜
Kaldi Coffee Farm

★★★ 도보 3분

커피 회사 캐멀에서 로스팅한 30여 가지 커피 원두와 세계의 식료품을 모아 놓은 숍이다. 인스턴트커피를 비롯해 초콜릿, 스낵, 와인, 치즈, 커피 도구 등 다양한 상품을 만날 수 있다. 시음 행사도 열린다.

1권 P.177 **지도** P.073K

찾아가기 텐진 역, 텐진미나미 역과 연결된 텐진 지하상가
주소 福岡県福岡市中央区天神２丁目地下1号東11番街
전화 092-732-6634
시간 10:00~21:00
휴무 연중무휴
가격 제품마다 다름
홈페이지 www.kaldi.co.jp

35 쿠라 치카 바이 포터
Kura Chika by Porter

★★★ 도보 3분

일본의 가방 장인 요시다 기치조가 1962년 론칭한 가방 브랜드로, 장인 정신을 바탕으로 내구성과 실용성을 만족시켜 일본 국민 가방으로 자리 잡았다.국내에도 공식 론칭됐지만, 일본 현지가 훨씬 저렴해 직구 필수 아이템으로 꼽힌다.

1권 P.176 **지도** P.073K

찾아가기 텐진 역, 텐진미나미 역과 연결된 텐진 지하상가
주소 福岡市中央区天神２丁目1004, 地下1号東9番街
전화 092-737-8755 **시간** 10:00~20:00
휴무 연중무휴 **가격** 제품마다 다름
홈페이지 www.yoshidakaban.com

36 비즈니스 레더 팩토리
ビジネスレザーファクトリー

★★★ 도보 3분

가죽 제품은 클래식하다는 편견을 깨는 곳이다. 경쾌한 컬러의 서류 가방, 다이어리, 지갑, 파우치 등의 가죽 잡화를 접할 수 있다. 이곳이 본점이다.

1권 P.176 **지도** P.073K

찾아가기 텐진 지하상가 서9~서10 사이
주소 福岡県福岡市博多区住吉1-2-22
전화 092-406-4252
시간 10:00~20:00
휴무 연중무휴
가격 상품마다 다름
홈페이지 http://business-leather.com

37 신텐초
新天町

★ 도보 3분

텐진 번화가에 있는 1946년 창업한 유서 깊은 상점가. 입구에 일본 최초로 설치한 대형 태엽 시계가 눈길을 끈다. 분위기는 텐진 중심가와 달리 소박하다. 하카타의 명물인 모츠나베와 나가하마라멘을 파는 가게를 비롯해 100엔 숍, 드러그스토어 등도 들어서 있다.

지도 P.073G

찾아가기 텐진 역 6번 출구로 나와 파르코 뒤
주소 福岡県福岡市中央区天神2-9
전화 092-741-8331
시간 10:00~20:00(가게마다 다름)
휴무 가게마다 다름
가격 가게마다 다름
홈페이지 www.shintencho.or.jp

38 빅 카메라
BIG Camera 비꾸 카메라

★★★ 도보 5분

요도바시 카메라와 쌍벽을 이루는 전자제품 전문 체인점. 드러그를 포함한 의약품, 생활용품, SIM 카드(유심칩), 소형 가전을 주목할 만하다. 케고 공원 앞에 2호점이 있다.

지도 P.073K

찾아가기 텐진 지하상가 서12b로 나가면 바로
주소 福岡県福岡市中央区天神2-4-5
전화 092-732-1111
시간 10:00~21:00
휴무 연중무휴
가격 상품마다 다름
홈페이지 www.biccamera.co.jp

39 살루트
salut!

★★★ 도보 3분

'여어~'라는 가벼운 인사를 뜻하는 '살루트!'는 '매일 인테리어'를 지향하는 리빙숍이다. 캐주얼하게 하나만 들여놔도 생활공간에 변화를 줄 수 있는 상품이 많다. 내추럴 키친보다는 가격도 높고 물건도 더 고급스럽다.

1권 P.176 **지도** P.073C

찾아가기 텐진지하도 동2번 출구 쪽
주소 福岡県福岡市中央区天神2-12地下3号天神地下街320号
시간 10:00~20:00
휴무 부정기
가격 제품마다 다름
홈페이지 www.palcloset.jp/salut

ZOOM IN

다이묘

대형 쇼핑센터가 즐비한 번화가도 좋지만 때론 한적한 골목을 걸으며 아담한 식당과 로드숍을 기웃거리고 싶다. 다이묘(大名)는 이럴 때 찾아갈 만한 텐진의 골목가다. 이와타야 백화점 뒤에서 아카사카 역에 이르는 두 블록 정도의 지역으로 한적해서 걷기 좋다.

1 후쿠오카 다이묘 가든 시티

福岡大名ガーデンシティ

★★★★★ 도보 2분

리츠칼튼 호텔, 사무실, 쇼핑몰(바이오 스퀘어), 공원 등이 들어선 대규모 상업 건물. 두 개로 분할된 다이묘 가든 시티 타워 사이 길로 들어서면 넓은 공간에 다이묘 가든 시티 파크와 가든 스테이지 등 휴식의 공간이 있다. 때때로 장터나 이벤트 등이 열리기도 한다. 쇼핑 하다가 쉬었다가 가기 좋다.

지도 P.072F

찾아가기 텐진 역 2번 출구에서 도보 2분
주소 福岡県福岡市中央区大名２丁目50
전화 없음 **시간** 가게마다 다름 **휴무** 가게마다 다름 **홈페이지** https://fukuoka-dgc.jp

2 텐푸라도코로 히라오

天麩羅処ひらお

★★★★ 도보 3분

현지인과 여행객 모두에게 사랑받는 튀김 가게. 큼지막한 새우와 야채가 포함된 정식 메뉴인 에비테이쇼쿠(えび定食)를 추천. 50¥을 더 내면 밥을 곱빼기로 준다. 인기는 많아졌는데 실내는 절반으로 좁아져 대기 시간도 하염없이 길어졌다는 게 아쉽다.

1권 P.092 지도 P.072F

찾아가기 아카사카 역 5번 출구에서 도보 3분 **주소** 福岡県福岡市中央区大名2-6-20
전화 092-752-7900 **시간** 10:30~21:00 **휴무** 12월 31일~1월 2일 **가격** 에비테이쇼쿠 1090¥ **홈페이지** http://hirao-foods.net/shop

3 오노노하나레

小野の離れ

★★★★ 도보 4분

단골들만 알음알음으로 찾는 숨은 일식집. 이 집의 대표 메뉴를 모두 맛보려면 사쿠라(桜) 코스를, 가볍게 즐기려면 마이(舞) 코스를 선택하면 된다. 최소 열흘 전에 예약 필수.

1권 P.102 지도 P.072B

찾아가기 아카사카 역 5번 출구로 나와 직진하다 첫 번째 사거리에서 좌회전한 후 두 번째 사거리에서 우회전. 주차장 맞은편 두 번째 건물 안
주소 福岡県福岡市中央区舞鶴1-3-11(2F)
전화 092-726-6239
시간 12:00 ~13:30, 17:00~24:00
휴무 일요일
가격 사쿠라 코스 5800¥ **홈페이지** http://ononohanare.com

4 모토무라
牛かつもと村

★★★ 도보 7분

유명 규카츠 체인점. 손님이 직접 화로에 규카츠를 구워 먹는 방식이라 구워 먹는 재미가 있다. 무난한 가격대에, 한국어 메뉴판이 있어 문턱이 낮다는 것이 장점. 하지만 그만큼 여행자들이 몰려 대기줄이 엄청 길다는 것이 단점이다.

1권 P.122 **지도** P.072J
찾아가기 텐진미나미 역에서 도보 7분 **주소** 福岡県福岡市中央区大名1-14-5 **전화** 092-731-2901 **시간** 11:00~22:00(L.O 21:30) **휴무** 연중무휴 **가격** 규카츠 테이쇼쿠 1500¥(현금결제만가능) **홈페이지** www.gyukatsu-motomura.com/shop/fukuoka-tenjin

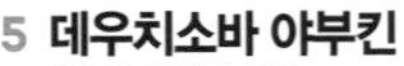

5 데우치소바 아부킨
手打ちそば やぶ金

★★★★ 도보 10분

국가 유형문화재로 등록된 고가(古家)에서 먹는 소바 한 그릇. 음식 맛이며 분위기가 정갈하고 깔끔해 여심을 홀린다. 소바와 다양한 튀김이 함께 나오는 덴세이로가 일품이다.

1권 P.110 **지도** P.072F
찾아가기 아카사카 역 5번 출구로 나와 직진. 첫 번째 사거리에서 우회전 후 두 번째 사거리에서 좌회전. 도보 10분 **주소** 福岡県福岡市中央区大名2-1-16 **전화** 092-761-0207
시간 11:30~21:00(L.O 20:30)
휴무 수요일
가격 덴세이로 소바 2400¥
홈페이지 없음

6 살바토레 쿠오모 & 바
Salvatore Cuomo & Bar

★★★★ 도보 4분

정통 나폴리 요리를 선보이는 일본 대표 이탈리언 레스토랑 체인점으로, 점심에만 운영하는 피자 뷔페가 가격 대비 훌륭하다. 피자 네다가지가 끊임없이 화덕에서 구워져 나와 뜨끈뜨끈한 피자를 종류별로 맛볼 수 있다.

지도 P.073K
찾아가기 텐진미나미 역 12b 출구로 나와 직진, 도보 3분 **주소** 福岡県福岡市中央区今泉1-22-17 **전화** 092-718-7665 **시간** 런치 뷔페 평일 11:30~15:00(L.O 14:30), 주말·공휴일 11:30~15:00(L.O 14:30) **휴무** 연중무휴
가격 1인 평일 런치 1800¥, 주말 런치 2200¥
홈페이지 www.salvatore.jp/restaurant/tenjin

7 잇푸도 본점
一風堂 大名本店
잇뿌-도- 다이묘 혼뗑

★★★ 도보 6분

일본 전역은 물론 세계 각지에 분점이 있는 잇푸도의 본점이라니 그 맛이 궁금할 수밖에 없다. 하지만 그리 특별한 맛은 아니다. 맛보다는 상징적인 차원에서 들러볼 만하다는 것이 대체적인 평가다.

1권 P.113 **지도** P.072J
찾아가기 텐진 역 2번 출구로 나와 도보 6분
주소 福岡県福岡市中央区大名1-13-14
전화 092-771-0880
시간 월~목요일 11:00~23:00, 금요일·공휴일 전날 11:00~24:00, 토요일 10:30~24:00, 일요일·공휴일 10:30~23:00
휴무 연말연시
가격 시로마루 모토아지 라멘 720¥
홈페이지 www.ippudo.com

8 코듀로이 카페
コーデュロイカフェ

★★★ 도보 6분

4층이라 창밖 하늘 풍경이 꽤 멋지다. 치킨난반과 오늘의 메뉴를 추천할 만하고 디저트와 커피도 평균 이상이다. 점심시간이 상당히 길어 사실상 언제든 식사가 가능한 것 또한 장점. 실내 흡연에 거부감이 없다면 말이다.

지도 P.072J
찾아가기 텐진 지하상가 서10 출구로 나와 케고 공원 맞은편의 리솔라(Resola)와 도코모(Docomo) 사이 골목길로 직진. 도보 6분 **주소** 福岡県福岡市中央区大名1-15-35 **전화** 092-716-3367
시간 11:00~다음 날 03:00 **휴무** 연중무휴
가격 치킨난반 980¥ **홈페이지** http://corduroy-cafe.com

9 이치젠메시 아오키도
一膳めし青木堂

★★ 도보 8분

1957년 오픈한 밥집. 이 집의 역사와 궤를 같이하는 '이치젠메시(가득 담은 밥)'가 명물. 밥의 양을 선택한 다음, 반찬을 뷔페식으로 골라 먹으면 된다. 다이묘가 젊음의 거리로 바뀌며 젊은 사람의 입맛에 맞춘 메뉴도 속속 선보이고 있다.

지도 P.072J
찾아가기 텐진 지하상가 서12a 출구로 나와 케고 공원 방향으로 직진. 애플 스토어 다음 사거리가 나오면 우회전. 슈프림과 베이프 매장 사이에 있다. 도보 8분 **주소** 福岡県福岡市中央区大名1-11-28 **전화** 092-751-0144 **시간** 월~토요일 08:30~21:00, 공휴일 11:00~17:00
휴무 일요일 **가격** 일품요리 500~600¥, 이치젠메시(밥) 150~270¥, 반찬 150~250¥
홈페이지 없음

10 프리스코 버거
フリスコバーガー

수제 버거집. 패티를 소고기만으로 만드는 것이 나름의 철칙. 주문하면 바로 화로 위에서 패티를 굽는 모습을 보는 재미도 있다. 좁은 골목 안에 있으므로 구글맵을 이용해 길을 찾자. 환기가 안되어 옷에 냄새가 벨 수 있다.

지도 P.072B
찾아가기 텐진 역 1번 출구로 나와 도보 5분
주소 福岡県福岡市中央区舞鶴1-9-11
전화 092-714-1610
시간 11:30~21:00(L.O 20:30)
휴무 화요일
가격 햄버거 950¥, 햄버거 세트 1500¥
홈페이지 www.friscoburger.jp

11 비프맨
ビーフマン

도보 3분

마음속으로 '고기는 언제나 옳아!' 하고 외치게 되는 집. 비프맨 & 붉은 살 스테이크와 우설꼬치, 육회초밥이 특히 인기다. 배부르게 먹으려면 1인당 4000¥ 정도는 생각해야 한다. 예약해야 하지만 개점 시간보다 10~15분 일찍 도착하면 예약하지 않아도 식사할 수 있다.

1권 P.123 **지도** P.073F
찾아가기 텐진 역 2번 출구로 나와 차량 진행 방향으로 직진하다 첫 번째 사거리에서 좌회전 후 빅에코 앞 골목으로 우회전 후 직진. 도보 3분
주소 福岡県福岡市中央区大名2-6-5
전화 092-738-2929 **시간** 18:00~다음 날 03:00 **휴무** 연중무휴
가격 비프맨 & 붉은 살 스테이크(H) 1980¥, 육회초밥(2점) 520¥
홈페이지 http://beef-man.net

12 카페 델 솔
カフェデルソル Cafe del SOL

20대 사이에서 요즘 한창 뜨는 팬케이크 맛집. 예쁜 플레이팅이며 폭신한 식감까지 데이트 코스로 환영받을 만한 요소를 모두 갖췄다. 사진이 첨부된 메뉴판이 있어 메뉴를 고르기도 수월한데, 팬케이크는 종류에 상관없이 맛이 기본 이상이다. 파르코에 지점이 생겼다.

1권 P.147 **지도** P.072J
찾아가기 텐진 지하상가 서10 출구로 나와 케고 공원을 가로질러 직진. 스타벅스 옆 골목길
주소 福岡県福岡市中央区大名1-14-45
전화 092-725-3773
시간 11:00~19:00
휴무 부정기 **가격** 팬케이크 1320¥, 음료 세트 1300¥ **홈페이지** 없음

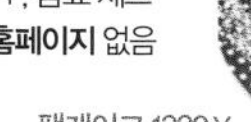

팬케이크 1320¥

13 아이보리시
Ivorish

인기 절정의 프렌치토스트 전문점. 제철 과일로 만든 신메뉴가 꾸준히 나온다. 낫티 캐러멜과 베리딜럭스 등이 인기 토스트 메뉴. 주말에는 20분은 기다려야 하므로 평일에 찾아가는 것이 좋다.

1권 P.147 **지도** P.072F
찾아가기 텐진 역 2번 출구로 나와 차량 진행 방향으로 직진하다 첫 번째 사거리에서 좌회전해 빅에코 앞 골목으로 우회전 후 직진. 도보 4분
주소 福岡県福岡市中央区大名2-1-44
전화 092-791-2295 **시간** 10:00~22:00(L.O :00) **휴무** 첫째 · 셋째 주 화요일(공휴일인 경 수요일) **가격** 베리딜럭스(하 프 이즈) 1200¥
홈페이지 http://orish.com

14 아카노렌 본점
赤のれん 天神本店
아까노렌 덴징 혼뗑

도보 3분

이상할 만큼 관광객에게는 낮게 평가받는 라멘집. 라멘 마니아라면 엄지를 치켜들 만한 돈코츠라멘과 차슈멘이 간판 메뉴. 하지만 딱 한 가지만 고르라면 역시 라멘과 볶음밥, 교자가 함께 나오는 라멘 정식이다.

1권 P.112 **지도** P.072F
찾아가기 텐진 역 2번 출구로 나와 직진. 첫 번째 교차로에서 좌회전 후 니시테츠 그랜드 호텔 옆 길로 우회전해 두 번째 건물. 역에서 도보 3분
주소 福岡県福岡市中央区大名2-6-4
전화 092-741-0267
시간 11:00~24:00(L.O 23:30)
휴무 부정기(주로 화요일)
가격 라멘 580¥(곱빼기 680¥), 라멘 정식 780¥
홈페이지 없음

15 테무진
テムジン

일명 '한 입 교자'로 유명한 선술집. 소문의 주인공인 야키교자가 부동의 인기 메뉴로 이른 시간에 가면 손으로 만두를 빚는 과정을 볼 수 있다. 한국어 메뉴가 있다.

지도 P.072J
찾아가기 텐진 지하상가 서12a 출구로 나와 직진. 애플 스토어 삼거리 다음 갈림길에서 우회전 후 도보 8분 **주소** 福岡県福岡市中央区大名1-11-2
전화 092-751-5870 **시간** 월요일 · 수~금요일 17:00~다음 날 01:00, 토 · 일 · 공휴일 11:00~다음 날 01:00 **휴무** 화요일, 부정기 **가격** 야키교자 480¥ **홈페이지** www.gyouzaya.net

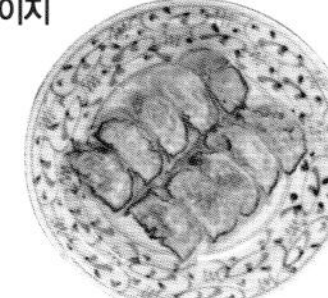

16 레드 록
RED ROCK

★★★
도보 5분

로스트비프동 전문점. 약 200g에 달하는 로스트비프를 밥 위에 가득 올려줘 고기 마니아들의 사랑을 받고 있다. 독자적인 방법으로 익힌 호주산 소고기에 간장과 마늘을 넣어 졸인 뒤 특제 양파+요구르트소스를 뿌리는데 입맛이 자꾸 당긴다. 음식 맛에 대한 호불호가 확실히 갈리는데 달고 느끼한 음식이 입맛에 맞지 않다면 비추천.

1권 P.122 지도 P.072J
찾아가기 아카사카 역 5번 출구에서 도보 5분
주소 福岡県福岡市中央区大名1-12-26
전화 092-791-7221 **시간** 11:30~23:00(L.O 22:00) **휴무** 연중무휴 **가격** 로스트비프동 보통 1190¥ **홈페이지** www.redrock-kobebeef.com

17 다이쇼테이

大正亭

★★★
도보 5분

돈가스를 전문으로 하는 경양식집. 맛있기로 유명한 가고시마 흑돼지로 돈가스를 만들고 부재료들도 가고시마에서 공수해올만큼 재료에 대한 자부심이 남다르다. 쿠로부타로스가츠정식이 인기 메뉴. 가격이 조금 비싼 것이 흠이라면 흠. 한국어 메뉴판이 있다.

1권 P.123 지도 P.072I
찾아가기 아카사카 역 2번 출구에서 다이쇼거리를 따라 도보 5분 **주소** 福岡市中央区赤坂1-3-1
전화 092-732-7711
시간 11:00~15:00, 17:00~20:30
휴무 일요일, 공휴일
가격 쿠로부타로스가츠정식 2200¥
홈페이지 www.taishotei.com

18 무인양품
無印良品 무지루시료-힝

★★★★
도보 8분

우수한 품질과 미니멀한 디자인의 제품을 앞세워 한국에서도 인기 있는 브랜드. 텐진다이묘점은 5층 규모로, 이 중 3층은 무인양품의 레스토랑 브랜드인 'Cafe & Meal MUJI'로 운영해 식사와 음료를 즐길 수 있다.

1권 P.197 지도 P.072J
찾아가기 텐진 지하상가 서12a 출구로 나와 직진, 애플 스토어에서 우회전
주소 福岡県福岡市中央区大名1-15-41 1~5F
전화 092-734-5112
시간 11:00~20:00
휴무 연중무휴
가격 상품마다 다름
홈페이지 www.muji.net

19 돈키호테
ドン・キホーテ

★★★★
도보 6분

케고 신사 맞은 편, 스타벅스 · 츠타야가 자리 잡았던 5층짜리 건물이 통째로 돈키호테가 됐다. 나카스점에 비해 층별로 물품 종류가 나뉘어 있어서 원하는 제품을 찾기 편하지만, 카트를 끄는 경우 층별 이동이 불편한 단점이 있다. 오픈한지 얼마 되지 않아 나카스점에 비해 한산하다는 점도 장점!

1권 P.186 지도 P.072J
찾아가기 텐진 지하상가 서12b 출구로 나와 직진, 도보 6분
주소 福岡県福岡市中央区今泉1-20-17
전화 092-737-6011
시간 24시간
휴무 연중무휴
가격 상품마다 다름
홈페이지 www.donki-global.com/kr

20 플라잉 타이거
Flying Tiger Copenhagen

★★★★
도보 8분

덴마크에서 건너온 잡화 체인점이다. 코펜하겐의 감성을 담은 귀엽고 독특하며 기분이 좋아지는 생활용품을 깜짝 놀랄 정도의 싼값에 판다. 국내에도 네 곳의 지점이 생겨서 전에 비해 메리트는 떨어지나 여전히 매력 있는 쇼핑 스폿.

지도 P.072J
찾아가기 텐진 지하상가 서12b로 나와 고쿠타이 도로를 따라 직진
주소 福岡県福岡市中央区警固1-15-38
전화 092-791-5427
시간 11:00~20:00
휴무 연중무휴
가격 상품마다 다름
홈페이지 http://flyingtiger.com

21 애플 스토어
Apple Store

★★★★
도보 5분

스마트폰, 태블릿 PC, 맥북 등 애플사의 각종 전자제품을 접할 수 있는 쇼룸 겸 판매처. 한국보다 제품이 먼저 공개되는 경우가 많아 트렌드를 파악하기 좋고, 직원과 대화하며 궁금증을 해결할 수도 있다. 최근 확장 이전해 이전보다 쇼핑하기 편리하다.

지도 P.072J
찾아가기 텐진 역 6번 출구에서 도보 6분
주소 福岡県福岡市中央区天神2-5-19
전화 092-736-6800
시간 10:00~21:00
휴무 부정기
가격 상품마다 다름
홈페이지 www.apple.com/jp/retail/fukuokatenjin

22 세컨 스트리트

2nd Street セカンドストリート

★★★★ 도보 5분

대표적인 후쿠오카 인기 빈티지 프랜차이즈. 브랜드별로 깔끔하게 정리가 잘 되어 있으며 명품부터 유명 브랜드, 스트리트 패션까지 두루 판매해 인기다. 특히 구하기 힘든 아이템이 많아 구경하는 재미가 있다. 그러나 가격은 생각보다 저렴하지는 않은 편. 매입도 한다.

1권 P.169 지도 P.072F

찾아가기 텐진 역 2번 출구로 나와서 도보 5분
주소 福岡県福岡市中央区大名1-12-49
전화 092-718-7766
시간 11:00~21:00
휴무 연중무휴
가격 제품마다 다름
홈페이지 www.2ndstreet.jp

23 유니온 3

UNION 3

★★★★ 도보 10분

패션 피플 사이에서 유명한 중고 명품 숍. 상품을 부위별 · 색깔별로 진열해놓았는데, 종류가 아주 다양하고 가격도 부담을 확 줄였다. 무엇보다 보존 상태가 좋아서 손품을 조금만 팔면 만족스러운 물건을 구할 수 있다. 특별히 원하는 것이 있으면 홈페이지에서 원하는 상품을 검색해보고 방문하는 것이 좋다. 남성용이 압도적으로 많다. 직원이 쫓아다니지 않고 대부분 착용해볼 수 있는 점 또한 만족스럽다.

지도 P.072I

찾아가기 아카사카 역 5번 출구에서 도보 10분
주소 福岡県福岡市中央区大名1-10-20
전화 092-737-8997 **시간** 10:00~22:00
휴무 연중무휴
가격 상품마다 다름
홈페이지 http://union3.info

24 베이프

BAPE

★★★ 도보 10분

유명 스트리트 패션 숍. 한국 대비 가격이 저렴하다. 하지만 인기 제품은 출시와 동시에 동이 나는 경우가 허다해 득템하기가 쉽지 않다. 신제품은 주로 토요일에 출시하는데, 문을 열기 전부터 줄을 서 있지 않으면 구입하기 어렵다. (입장한 순서대로 선택 우선권을 준다.) 출시 정보는 인스타그램 등 SNS에서 공지한다. 실내 인테리어도 인상적이다.

1권 P.168 지도 P.072J

찾아가기 아카사카 역 5번 출구에서 도보 10분
주소 福岡県福岡市中央区大名1-11-28
전화 092-732-7735
시간 11:00~19:00
휴무 연중무휴
가격 상품마다 다름
홈페이지 https://bape.com

25 슈프림

Supreme

★★★ 도보 10분

세계적으로 높은 인기를 끄는데도 한국에 정식으로 론칭하지 않아 국내 팬들이 해외 직구에 의존하는 패션 브랜드다. 전 세계에서 딱 네 나라에 정식 매장이 있는데, 그중 우리나라에서 가장 가깝다. 최근 새로운 곳으로 확장 이전해 전보다 살만한 제품이 많아졌다. 면세 불가.

1권 P.168 지도 P.072J

찾아가기 텐진 지하상가 서10 출구로 나와 케고 공원 맞은편의 리솔라(Resola)와 도코모(Docomo) 사이 골목길로 직진. 도보 6분
주소 福岡県福岡市中央区大名1-15-35 247ビル 1F
전화 092-732-5002
시간 11:00~20:00 **휴무** 연중무휴
가격 상품마다 다름
홈페이지 www.supremenewyork.com

26 후즈

HOODS

★★ 도보 10분

스트리트 패션 브랜드. 2층 규모로 1층은 더블탭스(WTAPS), 2층은 네이버후드를 위주로 판매한다. 밖에서 보기에도 좁아 보이는데 실내에 들어가면 더 좁은 느낌. 그 때문인지 상품의 종류가 다양하지 않다.

지도 P.072J

찾아가기 아카사카 역 5번 출구에서 도보 10분
주소 福岡県福岡市中央区中央区大名1-11-27
전화 없음
시간 11:00~20:00
휴무 연중무휴
가격 상품마다 다름
홈페이지 없음

27 캐피탈

kapital

★★ 도보 10분

디자인과 컬러가 유니크한 패션으로 유명한 일본 브랜드. 하나하나 수작업으로 작업해 더욱 특별한 느낌이 난다. 마니아들은 꼭 들르는 곳.

1권 P.169 지도 P.072J

찾아가기 아카사카 역 5번 출구에서 도보 10분
주소 福岡県福岡市中央区大名1-3-42 ローズマンション大名 1F
전화 092-739-7539
시간 11:00~20:00
휴무 부정기
가격 상품마다 다름
홈페이지 https://www.kapital.jp

28 래그태그
Rag tag

파르코 백화점까지 입점된 일본 대표 빈티지 프랜차이즈. 디자이너 브랜드 중심으로 셀렉해 희귀 아이템이 많아 연예인 등 패션피플들도 즐겨 찾는 곳으로 유명하다. 도쿄, 오사카 등에도 지점에 비해서는 규모가 적으나, 여느 편집숍 못지않게 디스플레이 된 점이 장점.

지도 P.072J
찾아가기 텐진 역 2번 출구에서 도보 6분, 나아키 후쿠오카 건너편
주소 福岡県福岡市中央区大名1-15-31
전화 092-738-2555
시간 11:00~08:00
휴무 연중무휴
가격 제품마다 다름
홈페이지 www.ragtag.jp

29 만다라케
MANDARAKE

장난감 박물관이 아닐까 싶을 정도로 입점 제품의 양과 종류 등 모든 면에서 방대하다. 1층에는 피규어와 플라모델 상품이, 2층에는 아이돌 굿즈와 우치와, CD, 구체 관절 인형, 코스튬 상품 등 본격적인 '덕질'을 위한 상품이 가득 진열돼 있다. 5000￥ 이상 구입하면 면세가 가능하며 카드 결제도 된다.

1권 P.205 **지도** P.072F
찾아가기 텐진 역 1번 출구에서 직진. 아카사카 역 방향으로 도보 5분
주소 福岡県福岡市中央区大名2-9-5
전화 092-716-7774
시간 12:00~20:00 **휴무** 부정기
가격 상품마다 다름
홈페이지 www.mandarake.co.jp/shop/index_fko.html

30 Y-3
Y-3

요지 야마모토가 스포츠 브랜드 아디다스와 손을 잡고 론칭한 브랜드숍. 디자이너 특유의 독창적이고 아방가르드한 요소와 미니멀한 개성이 아디다스를 만나 창의적인 디자인과 특유한 섬세함이 깃들여진 스타일을 완성한 것으로 유명하다.

지도 P.072J
찾아가기 이와타야 백화점 뒤 스타벅스와 카페델 솔 사이 골목, 도보 3분
주소 福岡県福岡市中央区中央区大名1-13-19
전화 092-725-1141
시간 11:00~20:00
휴무 부정기
가격 상품마다 다름
홈페이지 https://y-3.com

ZOOM IN

시청 주변

쇼핑몰 텐진 코어 뒤편은 중심가와 분위기가 완전히 다르다. 시청 건물을 중심으로 한적한 공원과 후쿠오카의 대표적인 공연장 아크로스 후쿠오카가 있다. 텐진 중심가에서 쇼핑을 하다가 잠시 쉬어 가기 좋은 지역.

1 아크로스 후쿠오카
アクロス福岡

건축물에 관심이 있다면 반드시 들러야 할 곳이다. 파사드가 계단식으로 구성돼 있어 보는 각도에 따라 그 모습이 다르다. 자연 채광을 활용해 건물 내부의 인공조명을 최대한 줄인 점도 인상적이다. 후쿠오카 문화와 예술의 심장부로 다양한 공연이 상시 열린다.

지도 P.073H
찾아가기 텐진 역 16번 출구와 바로 연결
주소 福岡県福岡市中央区天神1-1-1
전화 092-725-9111
시간 10:00~20:00(시설마다 다름)
휴무 연중무휴
가격 무료 입장
홈페이지 www.acros.or.jp

2 아크로스 후쿠오카 스텝 가든
アクロス福岡 Step Garden

아크로스 후쿠오카의 옥상에 4만 그루의 나무를 심어 근사한 산책로로 만들었다. 한 계단 한 계단 밟아 올라가야 하므로 마음을 단단히 먹어야 하지만 정상에 오르면 텐진과 나카스의 시원한 풍경을 볼 수 있다. 마실 물을 꼭 챙겨 가자.

지도 P.073H
찾아가기 아크로스 텐진 중앙공원 방향 출입구 좌우에 올라가는 계단이 있다.
주소 福岡県福岡市中央区天神1-1-1
전화 092-725-9111
시간 3~4월, 9~10월 09:00~18:00, 5~8월 09:00~18:30, 11~2월 09:00~17:00, 옥상 전망대는 주말과 공휴일 10:00~16:00 개방
휴무 연중무휴 **가격** 무료
홈페이지 없음

3 텐진 중앙공원

★★★ 도보 2분

天神中央公園
덴징 주-오-고-엥

텐진에도 이런 곳이 있었나 싶을 정도로 넓고(3만1000㎡) 녹음이 짙은 공원이다. 쇼핑하다 앉아서 쉬기도 좋고 볕 좋은 날 도시락을 먹으며 자연을 즐기기도 좋다. 봄이나 가을에는 전시회와 이벤트도 열린다.

지도 P.073H
찾아가기 텐진미나미 역 5번 출구로 나와 직진
주소 福岡県福岡市央区天神1-1
전화 092-716-6730
시간 상시 오픈
휴무 연중무휴
가격 무료
홈페이지 http://tenjin-central-park.net

4 아카렌가 문화관

★★ 도보 3분

赤煉瓦文化館
아까렌가 붕까깡

도쿄 역을 설계한 다츠노 긴고가 1909년에 지은 영국풍의 건물로 중요문화재로 지정되었다. 실내에 후쿠오카 근대문학에 관한 자료를 전시하고 있으나 일본 문학에 관심이 없으면 큰 감흥이 없는 것이 사실. 외관만 봐도 충분하다.

지도 P.073D
찾아가기 텐진 역 16번 출구로 나와 아크로스 앞에서 길을 건너 직진
주소 福岡県福岡市中央区天神1-15-30
전화 092-722-4666
시간 09:00~21:00
휴무 월요일
가격 무료 입장
홈페이지 없음

5 후쿠타로

★★★★ 도보 2분

福太郎

멘타이코 요리와 쇼핑을 동시에 즐기고 싶다면 단연 이곳. 절반은 숍으로, 나머지 절반은 카페로 꾸며놓았다. 두 종류의 멘타이코와 갖가지 반찬이 함께 나오는 후쿠타로노멘타이볼이 인기. 멘베이(명란 맛 과자)는 선물용으로 좋다.

1권 P.096 지도 P.073L
찾아가기 텐진미나미 역 6번 출구 바로 옆
주소 福岡県福岡市中央区渡辺通り5-25-18
전화 092-713-4441
시간 09:30~20:00(식사는 11:30~, L.O 19:00)
휴무 연말연시
가격 후쿠타로노멘타이볼 550￥
홈페이지 www.tenjinterra.com

6 로바타 카미나리바시

★★★★★ 도보 1분

炉ばた雷橋

후쿠오카 최고의 야키도리 가게. 현지인들도 예약하기 힘들어 자주 못 갈 정도로 인기가 있는 곳으로 후쿠오카 여행이 확정되자마자 예약하자. 육질이 살아 있고 육즙이 풍부한 데다 굽는 기술까지 받쳐주니 맛이 좋을 수밖에. 한 사람당 2000~3000￥이면 적당히 먹고 마시기 알맞다. 현금 결제만 가능. 주문이 어렵다면 모리아와세(모둠) 메뉴를 주문하자. 자리가 꽉 찼다면 걸어서 3분 거리의 로바타 산코바시(MAP P.073L)으로 가자.

1권 P.129 지도 P.073L
찾아가기 텐진미나미 역 6번 출구에서 도보 1분
주소 福岡県福岡市中央区渡辺通5-24-37
전화 092-751-4110 **시간** 월~토요일 17:00~다음 날 00:30(24:00 L.O), 일요일 17:00~심야
휴무 부정기 **가격** 도리 모리아와세 500￥, 야사이 모리아와세 660￥, 단품 200￥~
홈페이지 없음

7 무사시

★★★★ 도보 3분

やきとり 六三四

저렴한 가격에 보통 이상의 맛과 분위기까지 두루 갖춘 야키도리집. 먹고 마시며 끝장을 봐야겠다 싶은 밤이라면 이곳만 한 곳이 없다. 현금 결제만 가능.

1권 P.129 지도 P.073L
찾아가기 텐진미나미 역 6번 출구에서 도보 3분
주소 福岡県福岡市中央区渡辺通5-3-23-1
전화 050-5868-8243
시간 17:30~다음 날 01:00(L.O 00:30)
휴무 부정기
가격 야키도리 130~230￥, 희소 부위 야키도리 300~480￥, 주류 450~600￥
홈페이지 없음

8 키하루
きはる

도보 5분

일본 국내 500위 안에 드는 이자카야. 물 좋기로 유명한 고토 열도에서 잡힌 고토고등어를 꼭 먹어보자. 어떻게 숙성하고 조리했는지 몰라도 맛이 기가 막히다. 주류 라인업도 탄탄하다. 일주일 전까지 전화 예약 필수.

지도 P.073L
찾아가기 텐진미나미 역에서 도보 5분
주소 福岡県福岡市中央区春吉3-22-7-1プロスペリタ天神1
전화 092-771-3002
시간 17:30~22:00
휴무 일요일
가격 오요기 사바사시 1100¥, 사바노쿤세 600¥
홈페이지 없음

9 멜론북스
Melonbooks

도보 1분

남성 취향 동인지와 잡지, 코믹스 등을 취급하는 만화 전문점. 신간이 빨리 들어오는 편이고 보유한 상품이 다양한 것이 장점. 눈치 보지 않고 구경할 수 있는 분위기다. 최근 인근으로 이전해 전보다 훨씬 넓어졌다. 8층 중고 피규어 매장도 볼 만하다.

지도 P.073H
찾아가기 텐진역 14번 출구로 나와 우회전. 베스트전기 후쿠오카 빌딩 9층
주소 福岡県福岡市中央区天神1-9-1ベスト電器福岡本店
전화 092-739-5505
시간 10:00~21:00
휴무 연중무휴
가격 상품마다 다름
홈페이지 www.melonbooks.co.jp

10 후쿠오카 오픈톱 버스
Fukuoka Opentop Bus

도보 2분

후쿠오카의 대표적인 관광 명소를 2층 버스를 타고 둘러보는 프로그램. 콘셉트별로 여러 개의 코스가 있으며 '시사이드 모모치 코스'와 '하카타 도심 코스'가 인기 있다.

지도 P.073H
찾아가기 텐진미나미 역 5번 출구에서 도보 5분. 후쿠오카 시청 1층에 매표소가 있다.
주소 福岡県福岡市中央区天神1-8-1
전화 0120-489-939
시간 매표소 09:00~19:30
휴무 연중무휴
가격 성인 1570¥, 어린이 790¥
홈페이지 https://fukuokaopentopbus.jp

ZOOM IN

텐진 북부(노스 텐진)

텐진 북부 지역은 인기 관광지는 아니지만 캐릭터·망가 숍을 비롯해 마니아를 겨냥한 숍이 꽤 있어서 덕후들이 일부러 찾아가는 곳. 이 지역 쇼핑몰은 텐진 중심가에 비해 한적해서 여유롭게 둘러보기 좋다.

1 신신 라멘
Shin Shin

도보 2분

아라시, 동방신기 등 인기 연예인들이 후쿠오카에 올 때 마다 일부러 찾는 인기 라멘집. 속이 편안해지는 돈코츠 라멘 국물맛은 라멘 초보자도 꿀떡꿀떡 삼킬 수 있을 정도. 평일 11시부터 오후 2시까지만 판매하는 점심메뉴의 가성비가 좋은데, 그 중 라멘과 밥, 교자가 포함된 C세트가 인기다.

1권 P.115 **지도** P.073C

찾아가기 텐진 지하상가 서1 출구로 나오자마자 우회전. 두 번째 갈림길에서 좌회전. 도보 2분
주소 福岡県福岡市中央区天神3-2-19 1F
전화 092-732-4006 **시간** 11:00~다음날 3:00 **휴무** 일요일(공휴일인 경우 다음날) **가격** 런치 메뉴C 980¥ **홈페이지** www.hakata-shinshin.com

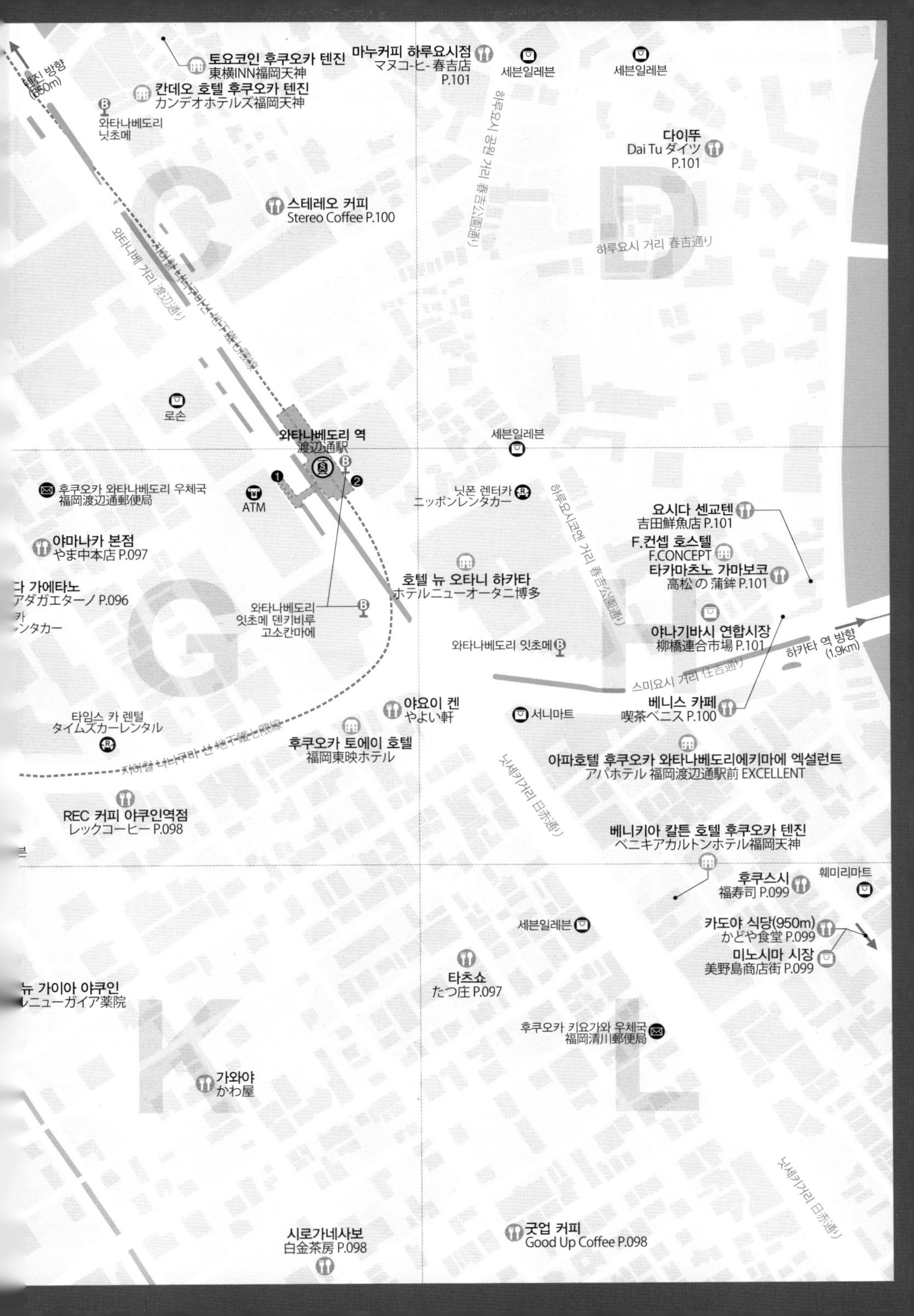

텐진 방향 (650m)
토요코인 후쿠오카 텐진
東横INN福岡天神
칸데오 호텔 후쿠오카 텐진
カンデオホテルズ福岡天神
와타나베도리 닛초메
마누커피 하루요시점
マヌコ-ヒ-春吉店
P.101
세븐일레븐
세븐일레븐
하루요시 공원 거리 春吉公園通り
다이뚜
Dai Tu ダイツ
P.101
스테레오 커피
Stereo Coffee P.100
와타나베 거리 渡辺通り
하루요시 거리 春吉通り
로손
와타나베도리 역
渡辺通駅
세븐일레븐
후쿠오카 와타나베도리 우체국
福岡渡辺通郵便局
ATM
닛폰 렌터카
ニッポンレンタカー
하루요시코엔 거리 春吉公園通り
요시다 센교텐
吉田鮮魚店 P.101
F.컨셉 호스텔
F.CONCEPT
타카마츠노 가마보코
高松の蒲鉾 P.101
야마나카 본점
やま中本店 P.097
호텔 뉴 오타니 하카타
ホテルニューオータニ博多
다 가에타노
アダガエターノ P.096
와타나베도리 잇초메 덴키비루 고소칸마에
야나기바시 연합시장
柳橋連合市場 P.101
하카타 역 방향 (1.9km)
와타나베도리 잇초메
스미요시 거리 住吉通り
야요이 켄
やよい軒
서니마트
베니스 카페
喫茶ベニス P.100
타임스 카 렌털
タイムズカーレンタル
후쿠오카 토에이 호텔
福岡東映ホテル
아파호텔 후쿠오카 와타나베도리에키마에 엑설런트
アパホテル福岡渡辺通駅前 EXCELLENT
닛세키거리 日赤通り
REC 커피 야쿠인역점
レックコーヒー P.098
베니키아 칼튼 호텔 후쿠오카 텐진
ベニキアカルトンホテル福岡天神
후쿠스시
福寿司 P.099
훼미리마트
세븐일레븐
카도야 식당(950m)
かどや食堂 P.099
미노시마 시장
美野島商店街 P.099
타츠쇼
たつ庄 P.097
뉴 가이아 야쿠인
レニューガイア薬院
후쿠오카 키요가와 우체국
福岡清川郵便局
가와야
かわ屋
닛세키거리 日赤通り
시로가네사보
白金茶房 P.098
굿업 커피
Good Up Coffee P.098

ZOOM IN

야쿠인

서울에 청담동이 있다면 후쿠오카에는 야쿠인이 있다. 고급 레스토랑과 분위기 좋은 카페들을 둘러보다 보면 시간 가는 줄 모르는 동네. 텐진과 가까워 일부러 시간을 내 다녀오기도 좋다.

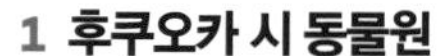

1 후쿠오카 시 동물원

福岡市動物園 후쿠오카시 도오부츠엔

★★★★ 버스 25분

시내 중심에 위치해 있어서 접근성이 좋고, 규모도 무척 크며 가격도 저렴한 편이라 꽤 만족스러운 동물원이다. 호랑이, 코끼리, 기린, 사자, 표범, 오랑우탄 등 인기 동물부터 펭귄, 수달, 일본야생원숭이까지 140종의 동물들이 살고 있다. 바로 옆에는 대규모의 식물원이 있어서 함께 돌아보기 좋다.

1권 P.238 지도 P.094I

찾아가기 하카타 역 앞 버스정류장 B에서 58번 버스를 타고 동물원 정류장에 내린다. **주소** 福岡県福岡市中央区南公園1-1-1 **전화** 092-531-1968 **시간** 09:00~17:00(16:30까지 입장) **휴무** 월요일(공휴일인 경우는 다음날), 12월 29일~1월 1일 **가격** 성인 600¥, 고교생 300¥, 중학생 이하 무료 **홈페이지** http://zoo.city.fukuoka.lg.jp/general/index_ko

2 쇼후엔

松風園

★★★★ 도보 11분

한적한 고급 주택가에 자리 잡은 다실 겸 일본식 정원이다. 1945년 타마야 백화점 창업자 다나카마루 젠파치 씨의 자택으로 지어진 만큼, 고급 주택의 호화스러움을 만나볼 수 있다. 다다미방에 앉아 말차 세트를 마시며 정원을 감상할 수 있다.

1권 P.250 지도 P.094I

찾아가기 야쿠인오도리 역 2번 출구에서 죠스이거리 방면으로 도보 10분 **주소** 福岡市中央区平尾3-28 **전화** 092-524-8264 **시간** 09:00~17:00, 12월 29일~1월 1일 **휴무** 화요일 **가격** 입장료 고등학생 이상 100¥, 중학생 이하 50¥, 말차 세트 500¥ **홈페이지** www.shofuen.net

3 피체리아 다 가에타노

ピッツェリアダガエターノ

★★★★★ 도보 1분

정통 나폴리 피자의 감동을 그대로 옮겨온 피체리아. 나폴리 본점보다 먼저 미슐랭 가이드의 빕구르망에 선정됐는데 피자를 한입 베어물면 단번에 수긍하게 된다. 1인 1피자를 주문하면 알맞다. 유독 영업시간이 짧은 것에 유의하자

지도 P.094F

찾아가기 니시테츠 야쿠인 역 북쪽 출구에서 도보 1분 **주소** 福岡県福岡市中央区渡辺通り2-7-14 **전화** 092-986-8822 **시간** 12:00~13:30, 18:00~23:00(화요일은 저녁에만 영업) **휴무** 월요일, 첫 번째 화요일 **가격** 피자 1700~2200¥ **홈페이지** http://gaetano.jp

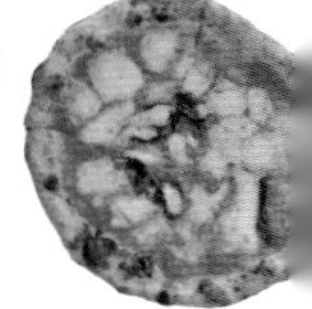

4 야쿠인 야키니쿠 니쿠이치
薬院焼肉 NIKUICHI

TV 방송에 소개되며 인기를 얻은 야키니쿠 집. 예약 없이는 자리에 앉기도 힘들어 핫페퍼(www.hotpepper.jp)에서 예약하는 것을 추천. 조갈비, 네기탄시오 등이 가장 인기 있으며 다양한 부위를 맛볼 수 있는 코스 메뉴들도 가격 대비 만족도가 높다. 1인당 1800¥만 추가하면 2시간 동안 음료를 마음껏 마실 수 있는 '노미호다이'도 즐길 수 있다.

지도 P.094F
찾아가기 야쿠인 역 2번 출구에서 도보 3분
주소 福岡県福岡市中央区薬院3-16-34
전화 092-522-4129
시간 17:00~다음 날 01:00(L.O 00:30)
휴무 부정기 **가격** 조갈비 780¥, 조탄시오 1280¥, 가이노미 1480¥
홈페이지 www.yakiniku-nikuichi.com

5 토리덴
とり田

미슐랭 가이드 빕구르망에 선정된 닭고기 전문점. 닭고기의 무한한 변신을 보고 싶다면 이곳이 제격이다. 미즈타키가 포함된 텐진 코스를 추천. 먹는 방법을 영어로 적은 안내문으로 알려주기 때문에 어렵지 않게 식사할 수 있다. 예산은 1인당 4만원 정도.

1권 P.101 지도 P.094E
찾아가기 야쿠인오도리 역 1번 출구에서 도보 3분 **주소** 福岡市中央区薬院2-3-30
전화 092-716-2202 **시간** 11:30~23:00(L.O 21:30) **휴무** 부정기
가격 텐진 코스 6600¥
홈페이지 www.toriden.com

6 야마나카 본점
やま中本店 야마나까 혼뗑

미슐랭 가이드에 소개된 스시집으로 일왕이 직접 방문할 만큼 창작 스시 분야에서는 독보적이다. 런치 타임에 제공하는 '런치 특상니기리'를 주문하면 한 끼 식사로 알맞다. 이곳 특유의 분위기 덕에 데이트 장소로도 인기. 최소 5일 전에 전화 예약해야 한다.

1권 P.104 지도 P.095G
찾아가기 와타나베도리 역 1번 출구로 나와 도보 5분 **주소** 福岡県福岡市中央区渡辺通2-8- **전화** 092-731-7771 **시간** 11:30~21:30
휴무 일요일 **가격** 런치 중니기리 3850¥, 상니기리 4950¥ **홈페이지** 없음

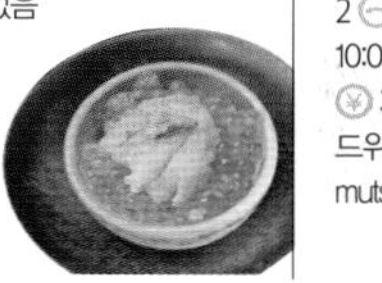

7 무츠카도
むつか堂

말랑말랑한 식빵 하나로 후쿠오카 명소로 자리 잡은 곳. 야쿠인 본점에서는 따로 좌석이 없이 판매만 가능하다. 잼도 함께 판매하고 있으나, 이곳 식빵은 아무 것도 바르지 않고 그냥 찢어 먹는 게 가장 맛있다. 그야말로 닭가슴살 같이 결이 살아 있는 촉촉 부드러운 빵의 신세계를 만날 수 있을 것이다.

1권 P.144 지도 P.094E
130.396243 **찾아가기** 야쿠인오도리 역 1번 출구에서 도보로 3분 **주소** 福岡県福岡市中央区薬院2-15-2 **전화** 092-726-6079 **시간** 10:00~20:00 **휴무** 일요일
가격 식빵(소) 432¥, 과일샌드위치 792¥ **홈페이지** http://mutsukado.jp

8 타츠쇼
たつ庄

미슐랭 가이드 1스타 스시야. 점심 스시 코스를 주문하면 비교적 저렴한 가격으로 질 좋은 스시를 맛볼 수 있다. 제철 재료를 쓰는 것은 기본, 와사비, 간장 등 모든 재료를 손수 만들어 최상의 맛을 낸다.

1권 P.105 지도 P.095L
찾아가기 와타나베도리 역 2번 출구로 나와 직진. 큰 사거리를 건너 서니마트 옆 횡단보도 건너 호토모토 옆 골목길로 들어간다. 골목 끝에서 좌회전
주소 福岡県 福岡市中央区 高砂1-19-28
전화 092-522-3390
시간 11:30~14:00, 18:00~22:00
휴무 일요일
가격 런치 스시 코스 6000¥ **홈페이지** 없음

9 토리가와 스이쿄
とりかわ粋恭

닭껍질 꼬치구이(토리가와)를 전문으로 하는 야키도리집. 블로그를 통해 한국인 여행자에게 알려졌지만 그 명성에 비해 맛은 평범하다. 손님이 많아서인지 이것저것 주문하다 보면 계산서 실수가 잦은 편. 먹은 꼬치의 개수를 세어 계산하면 바가지 쓰는 일이 좀 적긴 하다.

지도 P.094E
찾아가기 야쿠인 역 2번 출구에서 도보 5분
주소 福岡県福岡市中央区薬院1-11-15
전화 092-731-1766
시간 17:00~23:30
휴무 부정기
가격 야키토리 132~242¥, 생맥주 중 사이즈 550¥
홈페이지 없음

10 시로가네사보
白金茶房

일명 '백금 다방'이라는 이름으로 더 유명한 브런치 카페. 작은 정원 안 도서관에 들어온 듯 조용한 분위기에서 브런치를 즐길 수 있다. 팬케이크가 꽤 유명하지만 명성에 비하면 별 맛 없다. 대신 대회 수상 경력이 있는 바리스타가 내린 커피 맛이 끝내준다.

지도 P.095K
찾아가기 구글맵 좌표를 찍어 가는 것을 추천. 야쿠인이나 와타나베도리 역에서 도보 6~10분
주소 福岡市中央区白金1-11-7
전화 092-534-2200
시간 평일 10:00~22:00(L.O 21:00), 토 · 일요일, 공휴일 08:00~22:00(L.O 21:00) **휴무** 연중무휴
가격 브런치 1300~2000¥, 팬케이크 1200~1800¥ **홈페이지** http://s-sabo.com

11 REC 커피 야쿠인역점
レックコーヒー

2016년 월드 바리스타 챔피언십 준우승을 차지한 이와세 요시카즈 씨가 운영하는 카페. 세련된 분위기의 키테 하카타점과 달리 야쿠인 역점은 빈티지한 분위기다. 커피는 다소 산미가 강한 것이 특징.

1권 P.142 **지도** P.095G
찾아가기 야쿠인 역 2번 출구로 나와 직진, 도보 1분 **주소** 福岡県福岡市中央区中央区白金1-1-26 **전화** 092-524-2280 **시간** 평일 08:00~24:00(금요일 01:00까지), 토요일 10:00~(다음 날)01:00, 일요일 10:00~24:00 **휴무** 부정기 **가격** 오늘의 커피(핸드드립) 490¥~, 카페라떼 520¥~, 아메리카노 510¥, 토스트 440¥
홈페이지 www.rec-coffee.com

카페라떼 470¥

12 멘도 하나모코시
麺道はなもこし

미슐랭 가이드에 소개된 라멘 전문점. 오로지 닭고기를 육수 재료와 고명으로 쓰고 있어 훨씬 풍부하고 깔끔한 맛을 내는데, 여성이나 라멘을 처음 접하는 사람들에게 인기가 많다. '토쿠세이 노코토리 소바'추천. 재료가 떨어지면 폐점한다.

지도 P.094E
찾아가기 야쿠인오도리 역 1번 출구로 나와 오른쪽에 있는 골목으로 진입 후 직진
주소 福岡県福岡市中央区薬院2-4-35
전화 092-716-0661
시간 11:45~13:30, 19:00~20:30 **휴무** 일요일 **가격** 토쿠세이노코토리소바 950¥

토쿠세이토리다시 라멘 950¥

13 노 커피
No Coffee

인적 드문 곳에 위치한 작은 커피숍. 게다가 제대로 된 테이블도 없는데 늘 사람들로 북적인다. 인스타그램을 통해 유명해진 카페로, 말차라떼 등 달달한 음료가 인기. 노 커피 굿즈인 티셔츠나 에코백, 머그컵, 텀블러 등을 구경하는 재미도 쏠쏠하다.

1권 P.137 **지도** P.094J
찾아가기 야쿠인오도리 역 2번 출구에서 바로 보이는 골목으로 직진 **주소** 福岡県福岡市中央区平尾3-17-12 **전화** 092-791-4515 **시간** 화~금요일 12:00~19:00, 토 · 일요일 11:00~18:00 **휴무** 월요일 **가격** 아메리카노 450¥, 말차라떼 550¥ **홈페이지** https://nocoffee.net

14 굿 업 커피
Good Up Coffee

주택가 한가운데 자리한 작은 카페. 외진 위치, 앉아 있기 불편한 자리이지만 언제나 만석. 오래 기다리지 않으려면 문을 열기 15분 전부터 줄을 서는 것이 속 편하다. 손수 내린 커피와 집에서 만든 팥앙금을 듬뿍 올린 토스트가 맛있다. 화장실이 없으니 볼일은 미리 보도록.

1권 P.137 **지도** P.095L
찾아가기 와타나베도리 역 1번 출구에서 도보 10분 **주소** 福岡県福岡市中央区高砂1-15-18 **전화** 없음 **시간** 월 · 화 · 금 · 토요일 12:00~20:00, 수 · 일요일 12:00~18:30
휴무 목요일 **가격** 커피 470~580¥, 팥 토스트 670¥
홈페이지 www.facebook.com/Good-up-Coffee-491075361095276

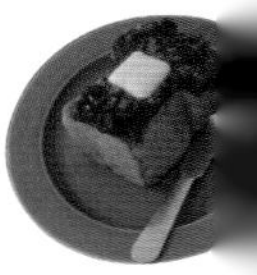

15 카도야 식당
かどや食堂
카도야 쇼쿠도

버스 7분

|장 거리 한가운데에 위치한 카도야 식당은 |려 90년의 역사를 자랑한다. 우동과 돈카츠 |식, 유부초밥 등을 판매하는데, 맛은 가게의 |위기처럼 수수하다.

1권 P.161 **지도** P.095L
찾아가기 하카타 역 하카타 출구 A정류장에서 7, 48번 버스를 타고 미노시마 잇초메 정류장에서 |린 뒤 길 건너 오른쪽 골목으로 직진
주소 福岡市博多区美野島1-17-15
전화 092-451-4653
시간 10:30~19:00(L.O 18:30)
휴무 화요일
가격 돈카츠 정식 500¥, 여름 한정 아이스크림 |¥
홈페이지 www.minochan.com

16 후쿠스시
福寿司

도보 6분

동네 사람들만 알고 있는 '동네 스시집'. 네타(ねた)가 크고 두꺼워 밥보다는 그 위의 사시미를 씹는 재미가 있다. 코스 메뉴 구성이 스시 위주인 만큼 싱싱한 스시를 양껏 먹고 싶은 사람에게 추천. 투박하고 무던한 맛이라 미식가라면 실망할 수 있다.

지도 P.095L
찾아가기 와타나베도리 역 2번 출구에서 도보 6분 **주소** 福岡県 福岡市中央区清川 2-9-3
전화 092-531-3159
시간 14:00~다음 날 02:00
휴무 월요일
가격 조니기리 3500¥, 주니기리 3000¥
홈페이지 없음

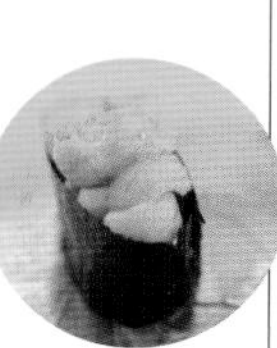

17 미노시마 시장
美野島商店街
미노시마 쇼-뗑가이

버스 7분

원조 '하카타의 부엌'이라 불리는 시장이다. 과일 가게, 슈퍼마켓, 생선 가게, 꽃집, 소박한 식당이나 베이커리 등이 들어서 있다. 활기찬 시장 분위기를 기대한다면 실망할 수 있지만, 길게는 100년 가까이 된 유서 깊은 가게들이 대부분이라 쇼와 시대 분위기를 느낄 수 있다.

1권 P.161 **지도** P.095L
찾아가기 JR 하카타 역 하카타 출구 A정류장에서 47, 48번 버스를 타고 미노시마 잇초메 정류장에서 내린 뒤 길 건너 오른쪽 골목으로 직진 **주소** 福岡市博多区美野島1-17-15 **전화** 없음 **시간** 가게마다 다름 **휴무** 가게마다 다름 **가격** 가게마다 다름 **홈페이지** www.minochan.com

ZOOM IN

|마이즈미

|진과 야쿠인 사이에 있는 주거 지역 |로 번화가임에도 조용한 분위기다. 텐 |의 번화함은 좋지만 조금 조용한 곳 | 찾는다면 이곳이 제격! 텐진과 더 가 |워 지하철 텐진미나미 역을 이용하면 |리하다.

1 피시맨
Fish Man

도보 6분

한국인 여행자가 가장 사랑하는 집이자 로컬 맛집. 퓨전 생선 요리를 선보이는데, 모든 메뉴가 베스트다. 특히 여러가지 회를 계단모양 플레이트에 층층이 쌓아 올린 오사시미모리아와세(お刺身階段盛合せ)와 싱싱한 해산물을 올린 어부동이 가장 인기 있는 메뉴.

지도 P.094B

찾아가기 텐진 지하상가 서12c 출구로 나와 도보 6분 **주소** 福岡県 福岡市中央区 今泉 1-4-23 **전화** 092-717-3571 **시간** 11:30~15:00, 17:30~다음 날 01:00 **휴무** 연중무휴
가격 오사시미모리아와세 1380¥ **홈페이지** www.m-and-co.net/fishman/map.html

2 후쿠신로
福新楼

★★★ 도보 4분

1904년에 개업한 중국 음식점. 후쿠오카 최초로 만들었다는 하카타 사라우동이 유명하다. 양이 많아서 1인 1메뉴만 주문해도 충분하며 고급스러운 실내 분위기 덕에 어르신이나 손님을 모시고 가기에도 좋다.

지도 P.094B
찾아가기 텐진 지하상가 서12a 출구로 나와 애플 스토어 맞은편 골목길로 좌회전한 후 곧바로 좌회전 후 우회전. 도보 4분
주소 福岡市中央区今泉1-17-8
전화 092-771-3141
시간 11:30~22:00
휴무 화요일, 연말연시
가격 하카타 사라우동 1320¥ **홈페이지** www.fuxinlou.co.jp

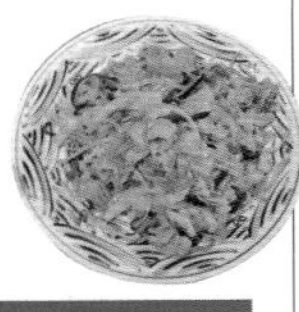

3 헝그리헤븐
ハングリーヘブン

★★★ 도보 4분

요즘 젊은이들 사이에서 인기 있는 수제 햄버거 전문점. 먹기 부담스러울 정도로 두꺼운 버거를 선보이는데 비싸기는 하지만 양이 많은 점을 고려하면 가성비는 괜찮은 편.

지도 P.094B
찾아가기 텐진 지하상가 서12b 출구로 나와 뒤를 돌아 스타벅스 옆 골목길로 들어가 쭉 직진. 도보 4분 **주소** 福岡市中央区今泉1-17-14-1 **전화** 092-205-1111 **시간** 11:30~17:00, 17:00~01:00
휴무 연말연시
가격 에그치즈 버거 1200¥ **홈페이지** www.hungry-haeven.co.jp

4 왓파테이쇼쿠도
天神わっぱ定食堂

★★★ 도보 2분

일본 가정식을 전문으로 하는 음식점. 맛이 정갈하며 대체로 양도 많은 편. 톤지루정식이 부동의 인기메뉴. 새우튀김&치킨난반정식도 맛있다. 구조와 분위기가 혼자서도 식사하기 편안해 혼밥족들이 많이 찾는다. 한국어 메뉴가 있다.

지도 P.094B
찾아가기 텐진 지하상가 서12b 출구로 나와 스타벅스 옆 골목으로 들어간다. 철길 굴다리를 지나 좌회전 후 우회전
주소 福岡市中央区今泉1-11-7
전화 092-771-8822
시간 11:30~22:00 **휴무** 연말연시
가격 톤지루정식 1180¥, 새우튀김&치킨난반정식 1200¥
홈페이지 없음

ZOOM IN

하루요시

나카강을 끼고 있는 하루요시는 상반된 콘셉트의 레스토랑이 많다. 누구나 쉽게 드나들 수 있는 캐주얼한 분위기의 동네 카페부터 왠지 멋있게 차려 입어야만 할 것 같은 고급 레스토랑까지 두루두루 섞여 있다. 취향에 따라 다양한 경험을 선사하는 곳이다.

1 베니스 카페
喫茶ベニス

★★★★★ 도보 5분

인테리어부터 음식까지 제대로 클래식한 옛 모습을 간직한 카페다. 사이폰 커피로 유명하지만 커피를 마시지 않는다면, 메론 소다를 주문해 보자. 팬케이크, 토스트, 나폴리탄 등 간단한 식사도 판매한다. 1960~70년대 분위기를 느낄 수 있어서 방문할 가치가 있다.

1권 P.157 **지도** P.095H
찾아가기 와타나베도리 역 2번 출구로 나와 걷다가 사거리에서 좌회전. 도보 5분
주소 福岡県福岡市中央区春吉1-1-2
전화 092-731-3968 **시간** 11:00~20:00 **휴무** 부정기 **가격** 팬케이크, 커피세트 850¥
홈페이지 없음

2 스테레오 커피
Stereo Coffee

★★★ 도보 5분

음악, 커피, 갤러리가 있는 스탠딩 카페다. 사실 커피보다 건물 외벽이 더 유명한데, 하얀 벽을 배경으로 파란 의자에 앉아 사진을 찍으면 누구든 화보 속 주인공이 된다. 이름에서 느껴지듯 이 집의 가장 큰 무기는 음악. 제법 좋은 스피커를 구비해놓아 귀를 즐겁게 한다. 인근에 레코드 숍 '리빙 스테레오'를 운영하고 있으니, 음악이 마음에 든다면 함께 둘러볼 것.

1권 P.137 **지도** P.095C
찾아가기 텐진미나미 역 동12C 출구에서 직진, 미니스톱 다음 골목으로 들어가면 왼쪽
주소 福岡市中央区渡辺通3-8-3
전화 092-231-8854 **시간** 월~금요일 10:00~21:00, 토~일요일 09:00~21:00 **휴무** 연중무휴 **가격** 아메리카노 400¥, 핸드드립 커피 450¥~
홈페이지 http://stereo.jpn.com/coffee

3 요시다 센교텐
吉田鮮魚店

★★★★ 도보 4분

야나기바시 연합 시장 입구 반대편 동쪽 입구에 위치한 요시다 센교텐(요시다 생선가게)은 이 시장에서 유일하게 식당을 겸하는 곳이다. 회덮밥에 올라간 회는 쫄깃한 식감을 자랑하며, 두툼하면서도 양도 엄청나니 꼭 먹어볼 것.

1권 P.157 지도 P.095H
찾아가기 와나타베도리 역 2번 출구에서 나와 걷다가 사거리에서 좌회전, 도보 4분
주소 福岡県福岡市中央区春吉 1-5-1
전화 092-781-5013
시간 11:00~15:30(식당)
휴무 일요일 · 공휴일
가격 생선튀김과 회덮밥 세트 900¥
홈페이지 yanagibashi-rengo.com

4 마누커피 하루요시점
マヌコーヒー春吉店

★★★★ 도보 6분

후쿠오카 소규모 지역 체인 커피숍인 마누커피 1호점. 한적한 동네 한복판에 위치해 조용히 시간을 보내기 좋다. 무려 새벽 3시까지 운영한다. 프렌치프레스로 진하게 우려낸 커피가 대표 메뉴. 카페라떼나 카푸치노 종류도 무려 16가지나 된다. 모닝커피는 200¥.

1권 P.141 지도 P.095D
찾아가기 텐진미나미 역 6번 출구로 나와 텐진 방향으로 걷다가 프레시니스 버거에서 좌회전 후 직진 주소 福岡市中央区渡辺通 3-11-2 전화 092-736-6011 시간 09:00~ 다음 날 01:00 휴무 부정기 가격 아메리카노 580¥ 홈페이지 www.manu coffee.com

5 타카마츠노 가마보코
高松の蒲鉾

★★★ 도보 5분

JTBC 〈퇴근 길 한 끼〉에서 마츠다 부장이 찾아간 곳. 다양한 재료로 만든 갖가지 어묵을 구경하는 재미가 있다. 양념까지 곁들어 그대로 물에 넣어 끓여 먹어도 좋은 어묵탕 세트가 인기. 간식으로 하나쯤 사 먹어도 좋다.

1권 P.157 지도 P.095H
찾아가기 와타나베도리 역 2번 출구로 나와 걷다가 사거리에서 좌회전, 도보 5분
주소 福岡県福岡市中央区春吉 1-5-1
전화 092-761-0722
시간 06:30~18:30
휴무 일요일 · 공휴일
가격 어묵 35~150¥
홈페이지 http://yanagibashi-rengo.com

6 다이뚜
Dai Tu ダイツ

★★ 도보 7분

하루요시를 걷다 보면 마주치는 동네 카페. 아늑하고 따뜻한 분위기의 실내 인테리어가 특징으로 주인장의 손을 거쳤다. 식사 메뉴로는 주사위 스테이크동을, 디저트는 초코바나나 프렌치토스트를 추천.

지도 P.095D
찾아가기 텐진미나미 역 6번 출구로 나와 바로 골목길로 들어가 좌회전 후 계속 직진. 도보 7분
주소 福岡県福岡市中央区春吉2-13-4
전화 092-724-5105
시간 월~토요일 12:00~다음 날 03:00, 일요일 · 공휴일 12:00~23:00 휴무 부정기
가격 주사위 스테이크동 800¥, 초코 바나나 프렌치토스트 600¥
홈페이지 www.dai-tu.com

7 야나기바시 연합시장
柳橋連合市場
야나기바시 렝고-시죠-

★★★ 도보 5분

규모는 크지 않지만 '하카타의 부엌'이라고 불릴 만큼 현지인들에게 필요한 식재료를 모두 판매하는 시장이다. 신선한 해산물뿐 아니라 식사가 될 만한 초밥이나 손질한 횟감도 판매하는 생선 가게와 종류가 다양해 보는 즐거움이 있는 어묵집 등이 볼거리.

1권 P.157 지도 P.095H
찾아가기 와타나베도리 역 2번 출구로 나와 걷다가 사거리에서 좌회전, 도보 5분
주소 福岡県福岡市中央区春吉 1-5-1
전화 092-761-5717
시간 08:00~18:00
휴무 일요일 · 공휴일
가격 가게마다 다름
홈페이지 http://yanagibashi-rengo.com

AREA

5 OHORI PARK
[大濠公園 오호리 공원]

신비로운 호수의 동네

후쿠오카의 오아시스, 오호리 공원

오호리 공원은 후쿠오카를 언급할 때 빠지지 않는 관광 명소다. 그럼에도 시내에서 떨어져 있고, 볼거리도 몰려 있지 않아 일정에 넣기 쉽지 않다. 그러나 마음먹고 찾아가면 가장 만족도가 높은 지역이 바로 이곳이다. 신비로운 호수와 이야기가 있는 공원 그리고 최고의 커피와 케이크…. 이 지역을 찾아갈 이유가 충분하지 않은가.

후쿠오카의 오아시스 같은 곳

커피를 좋아한다면 맛있는 원두를 구입하자.

후쿠오카에서 가장 맛있는 커피를 맛보자.

현지인이 사는 베드타운. 밤에는 조용하다.

오호리 공원을 둘러보며 잠시 쉬자.

일산 호수공원처럼 조용한 동네다.

103

오호리 공원 교통편

후쿠오카 공항 → 오호리 공원
후쿠오카 공항 국제선 터미널 1번 승차장에서 국내선으로 가는 셔틀버스 탑승 → 국내선 2, 3터미널 앞 지하철 역에서 메이노하마행 열차 탑승, 오호리코엔 역 하차.

시간 45분 **요금** 지하철 성인 300￥, 어린이 150￥

하카타 항 → 오호리 공원
하카타 항 국제터미널에서 55, 80, 151, 152번 버스를 타고 텐진 기타 정류장에서 하차, 지하철 텐진 역 메이노하마행 열차에 탑승해 오호리코엔 역에서 하차.

시간 25분 **요금** 400￥

하카타 역 → 오호리 공원
지하철 메이노하마행에 탑승해 오호리코엔 역에서 하차.

시간 20분 **요금** 성인 260￥

텐진 역 → 오호리 공원
지하철 메이노하마행에 탑승해 오호리코엔 역에서 하차.

시간 12분 **요금** 성인 210￥

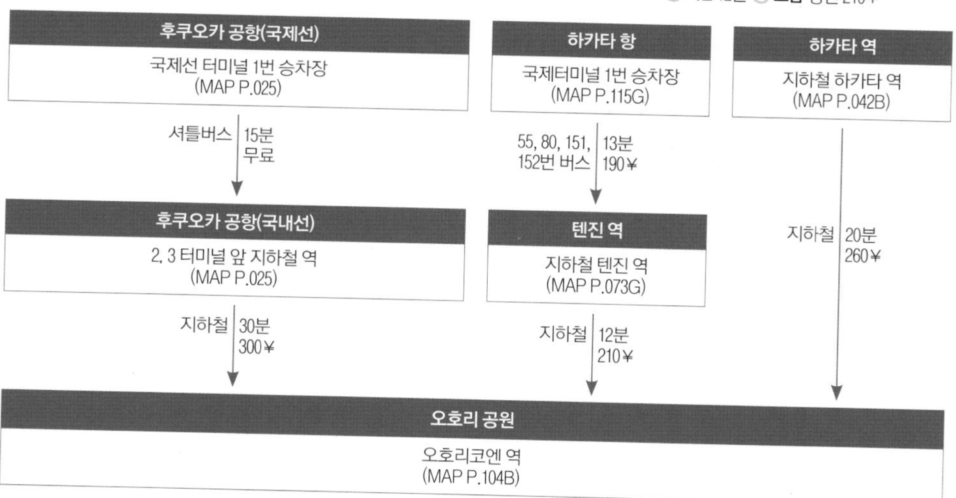

MUST SEE 이것만은 꼭 보자!

No. 1
오호리 공원

No. 2
후쿠오카 성터

MUST EAT 이것만은 꼭 먹자!

No. 1
카페 비미에서 커피

No. 2
쟈크에서
캐러멜 배 케이크

MUST EXPERIENCE 이것만은 꼭 체험하자!

No. 1
츠타야

No. 2
후쿠오카 시 과학관

MAP
오호리 공원 한눈에 보기
N
0
100m
도진마치 역
唐人町駅
쟈크
Jacques P.109
후쿠 커피 파크
Fuk Coffee Parks P.109
오호리코엔 역
大濠公園駅
A
B
E
F
I
J
스타벅스
スターバックスコーヒー
P.109
오호리 공원
大濠公園 P.108
후쿠호카시
미나미토진
초등학교
福岡市立
南当仁小学校
후쿠오카 시 미술관
福岡市美術館 P.110
오호리 공원 일본 정원
大濠公園日本庭園 P.108
조난선 城南線
라 스피가
La spiga P.110
고쿠타이 도로 国体道路
쿠사개 공원
草香江公園
조난선 城南線
히 강 樋井川
롯본마츠 421 六本松42
츠타야 TSUTAYA P.
후쿠오카 시 과학관
福岡市科学館 P.111
롯폰마츠 역
六本松駅
유센테이
友泉亭公

아마무 다코탄
アマム ダコタン

★★★★ 도보 5분

©アマム ダコタン

는 사람은 아는 빵지순례 필수 코스! 소박
고 세련된 분위기에서 전통 케이크, 페이스
리, 샌드위치를 맛볼 수 있는 아늑한 베이
리다. 종류가 다양해서 보는 즐거움 고르는
거움이 있다. 게다가 가격도 합리적이라 한
온 사람은 반드시 다시 오게 된다고.

지도 P.105K
찾아가기 롯폰마쓰 3번 출구에서 도보로 5분
주소 福岡県福岡市中央区六本松3-7-6
전화 092-738-4666
시간 10:00~19:00
휴무 부정기
가격 계절 과일 꿀 토스트 302¥
홈페이지 https://amamdacotan.com

3 바이센야
焙煎屋

★★★ 버스 16분

원두만 판매하는 로스터리숍. 후쿠오카에 이름난 커피전문점이나 레스토랑에 커피 원두를 납품한다. 가장 인기 있는 제품은 느티나무거리 블렌드(けやき通りブレンド). 신맛, 단맛, 쓴맛의 균형이 잘 잡혔다.

1권 P.139 지도 P.105H
찾아가기 하카타 버스터미널 1층에서 12, 113, 114, 200, 201, 203번 버스를 타고 아카사카잇초메에서 내려서, 바로 나오는 골목으로 들어서 직진, 도보 1분 **주소** 福岡県福岡市中央区警固2-10-11
전화 092-751-0066
시간 10:00~20:00
휴무 월요일 **가격** 느티나무거리 블렌드 650¥ **홈페이지** http://member.fukunet.or.jp/baisenya

4 아틀리에 테라타
アトリエてらた

★★ 도보 8분

큐슈를 대표하는 화백인 고(故) 데라다 겐이치로(寺田健一郎) 씨의 아틀리에를 개조한 카페. 그의 가족이 2011년 문을 열었다. 아직 화실로 쓰인다고 해도 믿을 정도로 인테리어가 그때 모습을 고스란히 간직하고 있다.

1권 P.136 지도 P.105K
찾아가기 롯본마츠 역 1번 출구로 나와 직진, 도보 8분
주소 福岡県福岡市中央区六本松3-5-28
전화 092-771-4445
시간 13:00~다음 날 01:00
휴무 일 · 월요일
가격 하트랜드 맥주 680¥, 야호카레 900¥
홈페이지 http://ameblo.jp/secibon

롯폰마츠 421
六本松421

★★★★ 도보 1분

슈대학 자리에 생긴 복합 문화 공간이다.
1'은 이곳의 주소이며, 대학 건물을 그대
사용해 고풍스러운 외관이 특징. 1층은 세
고급 식재료를 모은 슈퍼마켓과 레스토랑,
과점, 커피숍 등이 자리하고 2층은 츠타야,
-6층은 후쿠오카 시 과학관으로 구성돼 있
옥상에는 정원이 있어서 주변을 조망하기
좋다.

지도 P.104J
찾아가기 롯폰마츠 역 1번 출구 바로 앞
주소 福岡県福岡市中央区六本松4-2-1
전화 092-791-2246 **시간** 가게마다 다름
휴무 가게마다 다름
홈페이지 www.jrkbm.co.jp/ropponmatsu421

6 츠타야
TSUTAYA

★★★★ 도보 1분

최근 고객들의 취향을 판매하는 이른바 '큐레이션 플랫폼' 전략으로 주목받고 있는 대형 서점. 책뿐만 아니라 문구, 오피스용품 등도 함께 판매하는데, 관심사에 따라 진열돼 있는 것이 특징. 전망 좋은 창가 쪽은 스타벅스가 입점돼 잠깐 쉬었다 가기도 좋다.

지도 P.104J
찾아가기 롯폰마츠 역 1번 출구 바로 앞. 롯폰마츠 421 건물 2층 **주소** 福岡県福岡市中央区六本松4-2-1 **전화** 092-731-7760
시간 09:00~22:00 **휴무** 부정기
가격 상품마다 다름
홈페이지 https://store.tsite.jp/ropponmatsu

7 후쿠오카 시 과학관
福岡市科学館
후쿠오카시카가쿠칸

★★★★ 도보 1분

©福岡市科学館

로봇부터 가상현실까지 최신 과학기술을 만나볼 수 있는 흥미진진한 과학 체험관이다. 기본 전시실은 우주, 환경, 생활, 생명의 네 가지 테마로 나누어져 있다. 체험형 전시도 많이 열리며, 국제우주정거장의 로봇 팔도 전시돼 있다. 큐슈 최대 규모의 지름 25m '돔 시어터'는 초고해상도 영상으로 밤하늘을 생생하게 재현해낸다.

지도 P.104J
찾아가기 롯폰마츠 역 1번 출구로 나오면 바로 앞 **주소** 福岡県福岡市中央区六本松4-2-1
전화 092-731-2525 **시간** 09:30~21:30
휴무 화요일, 12월 28일~1월 1일 **가격** 5층 전시실 성인 510¥, 고교생 310¥, 초등 · 중학생 200¥, 6층 돔 시어터 성인 510¥, 고교생 310¥, 초등 · 중학생 200¥, 초등학생 이하 무료 **홈페이지** www.fukuokacity-kagakukan.jp

AREA

6 SEASIDE

[シーサイド 시사이드]

바다 내음 가득한 후쿠오카 최대 관광지

후쿠오카에서도 해안 도시의 낭만을 느낄 수 있다.

쇼핑과 식도락을 위해 후쿠오카에 온 관광객들은 생각보다 가까운 곳에 바다가 있다는 사실에 새삼 놀란다. 하카타역과 텐진 거리에서 차로 10분 내외, 걸어도 30분이 채 걸리지 않는 곳에 바다가 펼쳐져 있다. 바다는 둥글게 만을 형성하고 있는데, 이 해안선을 따라 여러 시설이 자리 잡았다. 후쿠오카 도심과 완전히 다른 분위기를 띠는 이 지역에서 후쿠오카의 또 다른 얼굴을 발견할 수 있다. 이것이 후쿠오카 여행의 매력이다.

인기 ★★★★☆

쇼핑 ★★★☆☆

식도락 ★★☆☆☆

나이트라이프 ★★★☆☆

관광지 ★★★★★

혼잡도 ★★★☆☆

후쿠오카에만 있을 생각이라면 반드시 둘러봐야 하는 관광지다.

아웃렛과 대형 마트가 자리 잡았다.

관광지인 만큼 식당은 많으나 유명 맛집은 별로 없다.

바다를 바라보며 맥주를 마시자.

후쿠오카의 대표 관광 명소가 몰려 있는 곳

관광지지만 그리 복잡하지 않다.

후쿠오카 공항 → 시사이드 모모치 해변공원

후쿠오카 공항 국제선 터미널 1번 승차장에서 국내선으로 가는 셔틀버스 탑승 → 국내선 2, 3터미널 방향에 있는 지하철 역에서 공항선 탑승, 니시진 역 하차. 7번 출구로 나와 직진, 도보로 20분

시간 45분 **요금** 공항 셔틀버스 무료, 지하철 성인 300¥, 어린이 150¥

후쿠오카 공항 → 니시진

후쿠오카 공항 국제선 터미널 1번 승차장에서 국내선으로 가는 셔틀버스 탑승 → 국내선 2, 3터미널 방향에 있는 지하철 역에서 공항선 탑승, 니시진 역 하차

시간 25분 **요금** 공항 셔틀버스 무료, 지하철 성인 300¥, 어린이 150¥

후쿠오카 공항 → 하카타 항

후쿠오카 공항 국제선 터미널 1번 승차장에서 국내선으로 가는 셔틀버스 탑승 → 국내선 2, 3터미널 방향에 있는 지하철 역에서 공항선 탑승, 하카타 역 하차. 하카타 역 앞길 건너 F정류장에서 99번 버스 탑승

시간 43분 **요금** 공항 셔틀버스 무료, 지하철 성인 300¥, 어린이 150¥

하카타 항 국제터미널 → 시사이드 모모치 해변공원

44, 151번 버스를 타고 가다 텐진기타 정류장에서 내려 반대편 정류장에서 80, 303번으로 환승해 후쿠오카타워 정류장에서 하차

시간 35분 **요금** 420¥

하카타 항 국제터미널 → 니시진

11번 버스를 타고 가다 고후쿠마치 정류장에서 하차. 지하철 고후쿠마치 역에서 하코자키선 탑승, 니시진 역 하차

시간 35분 **요금** 450¥

하카타 역 → 시사이드 모모치 해변공원

하카타 버스터미널에서 306, 312번 버스를 타고 후쿠오카타워 미나미구치(福岡タワー 南口) 정류장에서 하차

시간 30분 **요금** 230¥

후쿠오카 공항(지하철)
국제선 터미널 1번 승차장에서 국내선으로 가는 셔틀버스 탑승 → 국내선 2, 3터미널 방향 지하철 역 (MAP P.025)

후쿠오카 공항(버스)
국제선 터미널 2번 승차장 (MAP P.025)

↓ 지하철 25분 300¥ (→ 니시진)
↓ 지하철 6분 260¥ (→ 하카타 역)
↓ A버스 18분 260¥ (→ 하카타 역)

니시진
니시진 역 7번 출구 (MAP P.115D)

하카타 역
하카타 출구 건너편 F정류장 (MAP P.042B)

↓ 도보 20분 (니시진 → 시사이드)
↓ 306, 312번 버스 30분, 230¥ (하카타 역 → 시사이드)
↓ 99번 버스 25분 300¥ (하카타 역 → 하카타 항)

시사이드
시사이드 모모치 해변공원 도착 (MAP P.115D)

하카타 항
하카타 항(종점) 하차 (MAP P.115G)

UST SEE 이것만은 꼭 보자!

No. 1
사이드 모모치 해변

No. 2
후쿠오카 타워

No. 3
마린 월드
우미노나카미치

MUST EAT 이것만은 꼭 먹자!

No. 1
하카타 토요이치에서
110¥ 스시

MUST BUY 이것만은 꼭 사자!

No. 1
마리노아시티 아울렛에서
갭(GAP)

MAP
시사이드 한눈에 보기

우미노나카미치 해변공원
海の中道海浜公園 P.121
마린 월드 우미노나카
マリンワールド海の中
P.121
우미나카라인 고속선
우미노나카미치 승선장
高速船うみなかライン
海の中街乗り
A
B
대마도,
부산
노코노시마
아일랜드 파크
のこのしま
アイランドパーク
하 카 타 만
노코노시마
能古島
E
F
노코노시마 페리 터미널
能古島旅客待合所
메이노하마 페리 터미널
姪浜旅客待合所
우미나카라인 고속선 모모치 승선장
高速船うみなかライン ももち(マリゾン)乗り
니시 공원
西公園
마리존
マリゾン P.118
마리노아시티
シーサイドももち
시사이드 모모치
해변공원
海浜公園 P.118
후쿠오카타워
Fukuoka Tower P.118
페이 페이 돔
Pay Payドーム P.119
JR 지쿠히센 筑肥線
지하철 구코센 地下鉄 空港線
1
N
0
500m

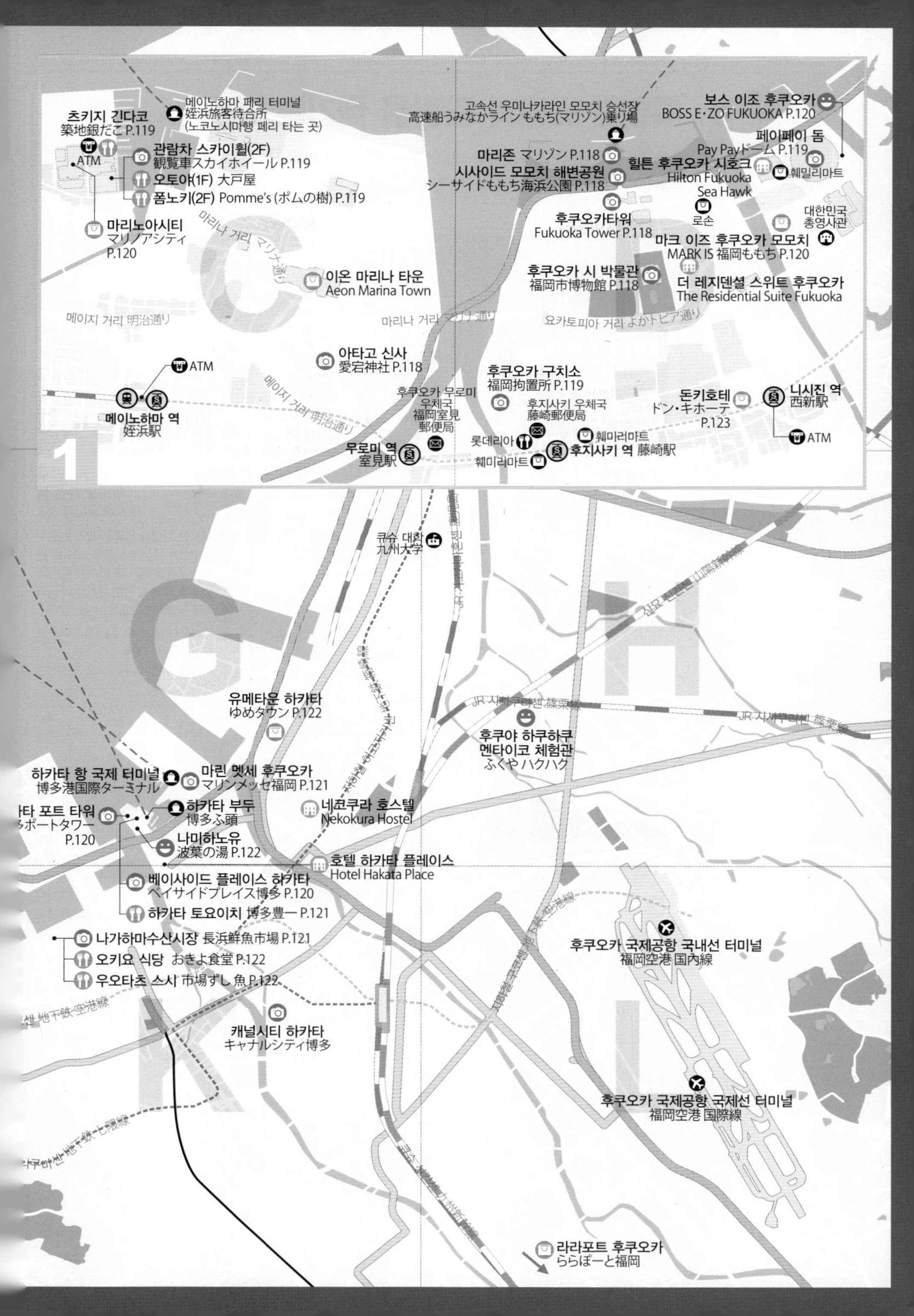
1
츠키지 긴다코
築地銀だこ P.119
ATM
메이노하마 페리 터미널
姪浜旅客待合所
(노코노시마행 페리 타는 곳)
관람차 스카이휠(2F)
観覧車スカイホイール P.119
오토야(1F) 大戸屋
폼노키(2F) Pomme's (ポムの樹) P.119
마리노아시티
マリノアシティ
P.120
마리나 거리 マリナ通り
이온 마리나 타운
Aeon Marina Town
메이지 거리 明治通り
마리나 거리 マリナ通り
아타고 신사
愛宕神社 P.118
ATM
메이지 거리 明治通り
메이노하마 역
姪浜駅
후쿠오카 무로미
우체국
福岡室見
郵便局
무로미 역
室見駅
고속선 우미나카라인 모모치 승선장
高速船うみなかライン ももち(マリゾン)乗り場
보스 이조 후쿠오카
BOSS E・ZO FUKUOKA P.120
페이페이 돔
Pay Payドーム P.119
마리존 マリゾン P.118
시사이드 모모치 해변공원
シーサイドももち海浜公園 P.118
힐튼 후쿠오카 시호크
Hilton Fukuoka
Sea Hawk
훼밀리마트
로손
후쿠오카타워
Fukuoka Tower P.118
대한민국
총영사관
마크 이즈 후쿠오카 모모치
MARK IS 福岡ももち P.120
후쿠오카 시 박물관
福岡市博物館 P.118
더 레지덴셜 스위트 후쿠오카
The Residential Suite Fukuoka
요카토피아 거리 よかトピア通り
후쿠오카 구치소
福岡拘置所 P.119
후지사키 우체국
藤崎郵便局
훼미리마트
롯데리아
후지사키 역 藤崎駅
훼미리마트
돈키호테
ドン・キホーテ
P.123
니시진 역
西新駅
ATM
큐슈 대학
九州大学
산요 신칸센 山陽新幹線
JR 사사구리선 篠栗線
유메타운 하카타
ゆめタウン P.122
후쿠야 하쿠하쿠
멘타이코 체험관
ふくや ハクハク
하카타 항 국제 터미널
博多港国際ターミナル
마린 멧세 후쿠오카
マリンメッセ福岡 P.121
하카타 부두
博多ふ頭
네코쿠라 호스텔
Nekokura Hostel
하카타 포트 타워
博多ポートタワー
P.120
나미하노유
波葉の湯 P.122
호텔 하카타 플레이스
Hotel Hakata Place
베이사이드 플레이스 하카타
ベイサイドプレイス博多 P.120
하카타 토요이치 博多豊一 P.121
나가하마수산시장 長浜鮮魚市場 P.121
오키요 식당 おきよ食堂 P.122
우오타츠 스시 市場ずし 魚 P.122
지하철 구코선 地下鉄 空港線
캐널시티 하카타
キャナルシティ博多
지하철 나나쿠마선 地下鉄 七隈線
후쿠오카 국제공항 국내선 터미널
福岡空港 国内線
후쿠오카 국제공항 국제선 터미널
福岡空港 国際線
규슈 신칸센 九州新幹線
라라포트 후쿠오카
ららぽーと福岡

COURSE 1

특별한 쇼핑과 관광을 즐기는 코스

후쿠오카 주요 관광 명소도 들르고 특별한 쇼핑 스폿도 거치는 코스다. 다만 걷는 구간이 길어 체력이 받쳐주어야 완주할 수 있다. 운동화 끈 단단히 묶고 떠나보자!

START

니시진 역

→ 지하철 니시진 역 4번 출구로 나온다. (1분)

1 니시진중앙상점가 西新中央商店街

규모가 큰 시장이다. 거리 중앙에는 리어카 매대가 들어서 있고 반찬 가게, 과일 가게, 옷 가게 등이 줄지어 있으며 일본 드러그스토어 브랜드가 거의 다 있다.

시간 가게마다 다름

→ 입구에서 1분만 걸어 들어가면 줄이 늘어선 상점이 눈에 띈다. (1분)

2 호라쿠 만주 후쿠오카 본점 蜂楽饅頭 福岡本店

니시진 시장의 명물인 호라쿠 만주 후쿠오카 본점이다. 흰팥 소가 든 만주와 검은팥 소가 든 만주 두 종류가 있는데, 흰팥 소 만주 인기가 더 좋아 저녁 무렵이면 다 팔리는 날이 많다.

시간 10:00~19:00 **휴무** 화요일
가격 만주 100¥

→ 다시 시장 입구로 나와 좌회전한 뒤 직진 (15분)

3 후쿠오카 시 박물관 福岡市博物館

후쿠오카 시의 역사가 담긴 곳으로, 1층에는 정보 서비스 센터와 뮤지엄 숍이, 2층에는 전시실, 전망 로비 등이 있다. 관광객이라면 내부보다는 널찍한 정원에 더 끌릴 것.

시간 09:00~17:30 **휴무** 월요일
가격 성인 200¥, 고등학생 150¥, 중학생 이하 무료

→ 바닷가 쪽으로 조금만 더 걸어가자. (7분)

4 후쿠오카타워 福岡タワー

후쿠오카 랜드마크 건물. 지상 123m 높이의 전망층에 서면 페이 페이 돔과 마리존, 모모치 해변 등 대표적인 명소가 한눈에 들어온다.

시간 09:30~22:00(마지막 입장 21:30) **가격** 성인 800¥, 초·중학생 500¥, 4세 이상 200¥, 65세 이상 500¥

→ 타워를 나오면 바로 (4분)

5 시사이드 모모치 해변공원 シーサイドももち海浜公園

하카타 만에 접한 인공 해변인 모모치 해변공원은 약 2.5km에 걸쳐 흰 모래사장이 이어져 있어 해안 도시의 낭만을 즐기기에 충분하다.

시간 24시간

→ 바다 위에 떠 있는 건물이 바로 마리존이다. (1분)

츠키지 긴다코 築地銀だこ
ATM
7
관람차 스카이휠(2F) 観覧車スカイホイール
오토야(1F) 大戸屋
8 폼노키(2F) Pomme's (ポムの樹)
마리나 거리 マリノア通り
마리노아시티 マリノアシティ
메이지 거리 明治通り
메이노하마 역 姪浜駅
메이지 거리 明治通り
후쿠오카 무로미 우체국 福岡室見郵便局
지하철 무로미 역 室見駅

6 **마리존** マリゾン

시사이드 모모치 해변의 바다 위에 세워진 그림 같은 리조트. 여름철에는 해수욕과 수상 스포츠를 즐길 수 있다. 이국적인 풍광을 배경으로 사진을 찍기에도 좋다.

시간 11:00~22:00

→ 왔던 길을 되돌아 나와 후쿠오카 시 박물관 건너편 하쿠부츠칸 미나미구치 정류장에서 333번 버스를 타고 종점에서 내린다. (23분)

7 **마리노아시티** マリノアシティ

모모치 해변에서 차로 20~25분 거리의 해안가에 있는 아울렛이다. 시내에서 가기는 다소 멀지만 모모치 해변에서 간다면 부담이 없다.

시간 10:00~20:00

→ 아울렛 마리나사이드동 2층 폼노키를 찾아간다. (4분)

8 **폼노키** Pomme's ポムの樹

산지 직송 달걀로 만든 오므라이스를 전문으로 하는 집. 50여 가지에 달하는 메뉴를 양에 따라 주문할 수 있는 점이 독특하다. 관람차 스카이휠을 볼 수 있는 창가 자리가 인기. 일명 '폼 케첩'이 맛있기로 유명한데 구입할 수도 있다(250¥).

시간 11:00~21:00

가격 오므라이스 미디엄 사이즈 1220¥~

→ 303번 버스를 타고 텐진 역으로 돌아간다. (30분)

START

S. 니시진 역
10m, 도보 1분
1. 니시진중앙상점가
110m, 도보 1분
2. 호라쿠 만주 후쿠오카 본점
1.2km, 도보 15분
3. 후쿠오카 시 박물관
500m, 도보 7분
4. 후쿠오카타워
210m, 도보 4분
5. 시사이드 모모치 해변공원
80m, 도보 1분
6. 마리존
4.2km, 도보 12분, 버스 11분
7. 마리노아시티
210m, 도보 4분
8. 폼노키
8.2km, 버스 30분
F. 텐진 역

FINISH

텐진 역

시사이드 모모치 해변공원 인근

후쿠오카 관광지는 이 지역에 모두 몰려 있다! 게다가 바닷가 주변이 번화하지 않아서 더 좋다. 여유 있게 산책하며 돌아보면 좋을 스폿들.

1 후쿠오카타워

★★★★★ 버스 25분

福岡タワー

후쿠오카 최고 높이의 전망 타워. 지상 123m 높이의 전망층에 서면 페이 페이 돔과 마리존, 대표적인 명소를 볼 수 있다. 계절별로 야간 경관 조명이 바뀐다. 여권을 제시하면 입장료 할인.

1권 P.037 **지도** P.115D
찾아가기 JR 하카타 역에서 302번 버스를 타고 가다 후쿠오카타워 미나미구치에서 하차. 25분 소요 **주소** 福岡県福岡市早良区百道浜2-3-26
전화 092-823-0234 **시간** 09:30~22:00(마지막 입장 21:30) **휴무** 6월 마지막 주 월·화요일 **가격** 성인 800¥, 초등·중학생 500¥, 4세 이상 200¥, 65세 이상 720¥ **홈페이지** www.fukuokatower.co.jp

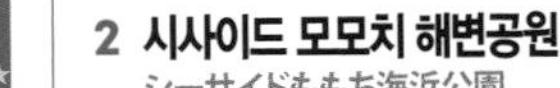

2 시사이드 모모치 해변공원

★★★★ 버스 25분

シーサイドももち海浜公園
시사이도 모모찌 가이힝고-엥

하카타 만에 면한 인공 해변인 모모치 해변공원은 약 2.5km에 걸쳐 흰 모래사장이 이어져 있으며, 백사장 중앙의 마리존에는 레스토랑과 쇼핑몰 등이 들어서 있어 해안 도시의 낭만을 즐기기 충분하다. 이곳에서 노을이 지는 풍경을 감상한 다음 후쿠오카타워에 오르면 좋다.

지도 P.115D
찾아가기 하카타 역에서 306, 312번 버스를 타고 후쿠오카타워 미나미구치에서 하차. 25분 소요. 또는 지하철 니시진 역 1번 출구에서 도보 20분
주소 福岡県福岡市早良区百道浜2-4丁目地先 **전화** 092-822-8141 **시간** 24시간
휴무 연중무휴 **가격** 무료
홈페이지 http://marizon-kankyo.jp

3 마리존

★★★★ 버스 25분

マリゾン

바다 위에 세운 그림 같은 리조트. 교회처럼 보이는 유럽풍 건물은 결혼식장이다. 여름철에는 해수욕과 수상 스포츠를 즐길 수 있으며, 이곳 선착장에서 우미노나카미치로 가는 배를 탈 수 있다. 이국적인 풍광을 배경으로 사진을 찍기에도 좋다.

지도 P.115D
찾아가기 하카타 역 A정류장에서 302, 306번 버스를 타고 가다 하쿠부츠칸 미나미구치에서 내려서 직진
주소 福岡県福岡市早良区百道浜2-902-1
전화 092-845-1400
시간 11:00~22:00
휴무 연중무휴
가격 무료
홈페이지 http://marizon.co.jp

4 후쿠오카 시 박물관

★★★ 버스 25분

福岡市博物館
후꾸오까시 하꾸부쯔깡

1989년 아시아 태평양 박람회 당시 테마관으로 사용했던 건물을 박물관으로 만들었다. 후쿠오카 시의 역사가 담긴 곳으로, 1층에는 정보 서비스 센터와 뮤지엄 숍이, 2층에는 전시실, 전망 로비 등이 있다. 관광객이라면 내부보다는 널찍한 정원에 더 끌릴 것.

지도 P.115D
찾아가기 하카타 역 A정류장에서 300, 301번 버스를 타고 가다 하쿠부츠칸 미나미구치에서 내리면 바로 **주소** 福岡県福岡市早良区百道浜3-1-1
전화 092-845-5011 **시간** 09:30~17:30
휴무 월요일 **가격** 성인 200¥, 고등학생 150¥, 중학생 이하 무료
홈페이지 http://museum.city.fukuoka.jp

5 아타고 신사

★★★ 도보 20분

愛宕神社 아따고 진쟈

일본 3대 아타고 신사 중 한 곳. 신사에서 후쿠오카 최고라고 해도 손색없을 정도로 주변 관광지가 한눈에 들어온다. 항상 강풍이 부는 곳이니 걸칠 수 있는 긴소매 옷이 필수.

지도 P.115C
찾아가기 무로미 역 1번 출구로 나와 직진. 다리를 건너면 고가도로가 보이는데, 사거리 신호등을 건너면 오른편에 안내 표지판이 있다. 이후 꽤 급한 경사로를 따라 20분 정도 걸어 올라가야 한다.
주소 福岡県福岡市西区愛宕2-7-1
전화 092-881-0103
시간 24시간
휴무 연중무휴 **가격** 무료
홈페이지 http://atagojinjya.com

6 니시 공원

西公園 니시 고-엥

★★ 도보 13분

서울의 남산과 같은 곳이다. 오래전부터 아름다운 경치로 사랑받아왔다. 전망대에서는 동쪽으로 후쿠오카 시가지, 북쪽으로 하카타 만과 우미노나카미치, 시카노시마 등을 감상할 수 있다. 특히 공원 내에 약 1300그루의 벚나무가 심어져 있어 봄이면 관광객의 발길이 끊이지 않는다.

지도 P.114J
찾아가기 오호리코엔 역 1번 출구로 나와 오호리 공원 입구 반대편으로 직진. 도보 13분
주소 福岡県福岡市中央区大濠公園1-2
전화 092-741-2004
시간 24시간
휴무 연중무휴
가격 무료
홈페이지 http://nishikouen.jp

7 후쿠오카 구치소

福岡拘置所 후꾸오까 고-찌쇼

★ 도보 4분

일본 유학 중 조선어로 시를 썼다는 이유로 후쿠오카 형무소에 수감된 윤동주 시인이 투옥된 지 10개월 만에 옥사한 장소. 그의 죽음을 둘러싸고 추측이 난무하지만 큐슈 대학의 생체 실험에 희생됐다는 의견이 지배적이다. 그가 죽어간 형무소는 이미 사라지고 지금은 구치소가 자리해 있다. 구치소 내부는 출입 불가. 윤동주 관련 TV방송, 책, 영화 등을 여행 전에 미리 접하고 가면 가슴에 더 와닿는다.

1권 P.077 **지도** P.115D
찾아가기 후지사키 역 2번 출구로 나와 직진. 세 번째 골목길로 우회전하면 정면에 보인다.
주소 福岡県福岡市早良区百道2-16-10 福岡拘置所

8 페이 페이 돔

PayPayドーム

★★★★ 버스 20분

로마의 콜로세움을 본떠 만든 일본 최초의 개폐식 돔 구장. 한때 이대호 선수가 몸담기도 했던 소프트뱅크 호크스의 홈구장으로 사용되고 있으며 굵직굵직한 콘서트나 각종 이벤트가 많이 개최된다. 1권을 참고해서 응원법을 숙지하고 가면 도움이 된다.

1권 P.259 **지도** P.115D
찾아가기 하카타 버스터미널 1층 6번 승차장에서 306번 버스를 타거나 텐진버스센터마에 1A 정류장에서 W1번 버스를 타고 가다 큐슈의료센터에서 하차 **주소** 福岡県福岡市中央区地行浜2-2-2 **전화** 092-847-1006
시간 경기에 따라 다름 **휴무** 경기에 따라 다름
가격 1000~1500¥(시즌, 요일, 좌석별로 가격이 다름) **홈페이지** www.softbankhawks.co.jp

9 관람차 스카이휠

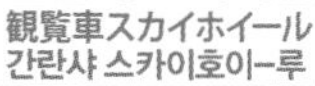

観覧車スカイホイール
간란샤 스카이호이-루

★ 버스 40분

마리노아시티의 상징이자 후쿠오카 유일의 관람차. 후쿠오카타워와 페이 페이 돔, 노코노시마, 니시진 일대가 한눈에 들어온다. 바람이 세게 부는 날은 관람차가 많이 흔들리니 바람이 불지 않는 날에 타자.

지도 P.115C
찾아가기 하카타 역 A정류장에서 303번 버스를 타고 가다 종점인 마리노아시티 후쿠오카에서 내리면 바로 **주소** 福岡県福岡市西区小戸2-12-30 **전화** 092-892-8700 **시간** 10:00~23:00(마지막 탑승 22:45) **휴무** 연중무휴
가격 성인 500¥, 초등학생 200¥
홈페이지 www.marinoacity.com

10 츠키지 긴다코

築地銀だこ

★★ 버스 40분

니시진 일대의 탁 트인 풍경을 정면으로 바라볼 수 있는 레스토랑으로 타코야키를 전문으로 한다. 들어가는 재료에 따라 네기(파), 치즈 등으로 나뉜다. 겉은 바삭하고 속은 보들보들한 식감이 매력적인 크루아상 다이야키도 인기 있다. 테이크아웃 가능.

지도 P.115C
찾아가기 마리노아시티 마리나사이드동 2층
주소 福岡県福岡市福岡県福岡市西区小戸2-12-30 マリナサイド2F **전화** 092-892-8617
시간 11:00~23:00(L.O 22:00)
휴무 연중무휴
가격 타코야키 550~660¥, 크루아상 210¥
홈페이지 www.gindaco.com

타코야키 550~660¥

11 폼노키

Pomme's ポムの樹

★★ 버스 40분

산지 직송 달걀로 만든 오므라이스를 전문으로 하는 집. 50여 가지에 달하는 메뉴를 양에 따라 주문할 수 있는 점이 독특하다. 관람차 스카이휠을 볼 수 있는 창가 자리가 인기. 일명 '폼케첩'이 맛있기로 유명한데 구입할 수도 있다(250¥).

지도 P.115C
찾아가기 하카타 역 A정류장에서 303번 버스를 타고 가다 종점인 마리노아시티 후쿠오카에서 내리면 바로. 마리아노시티 후쿠오카 마리나사이드동 2층 **주소** 福岡県福岡市西区小戸2-12-30マリナサイド2F
전화 092-892-8645
시간 11:00~20:00
휴무 부정기
가격 오므라이스 미디엄 사이즈 1220¥~
홈페이지 www.pomunoki.com

12 마리노아시티
マリノアシティ

텐진에서 차로 30여 분 떨어진 해안가에 있는 아울렛이다. 규모가 크고 다양한 브랜드의 숍이 자리 잡고 있으며, 대관람차와 각종 식당 등이 함께 있어서 쇼핑과 관광을 동시에 즐기기에 좋다. 인기 브랜드는 갭. 계절이 바뀔 때에는 좋은 상품을 아주 싼값에 구입할 수 있다.

지도 P.115C
찾아가기 하카타 역 A정류장에서 303번 버스를 타고 가다 종점인 마리노아시티 후쿠오카에서 내리면 바로 **주소** 福岡県福岡市西区小戸2-12-30 **전화** 092-892-8700 **시간** 10:00~20:00 **휴무** 연중무휴 **가격** 가게마다 다름 **홈페이지** www.marinoacity.com

13 마크 이즈 후쿠오카 모모치
MARK IS 福岡ももち

니시진 주민들이 많이 찾는 쇼핑몰. 츠타야 서점, 드러그 스토어, 슈퍼마켓, 푸드코트 등이 입점돼 있으며 큐슈 최초로 선보이는 브랜드 숍도 다양하다. 한가지 단점이 있다면 면세 혜택이 있는 숍이 많지 않다는 것. 지역 주민들의 일상을 보고 싶은 사람에게 추천한다.

지도 P.115D
찾아가기 하카타 버스터미널 1층 6번 승차장에서 306번 버스를 타거나 텐진버스센터마에 1A 정류장에서 W1번 버스를 타고 가다 큐슈의료센터에서 하차 **주소** 福岡県福岡市中央区地行浜2-2-1 **전화** 092-407-1345 **시간** 10:00~21:00 **휴무** 없음 **홈페이지** https://www.mec-markis.jp/fukuoka-momochi/

14 보스 이조 후쿠오카
BOSS E・ZO FUKUOKA

후쿠오카 소프트뱅크 호크스가 운영하는 엔터테인먼트 시설. 팀랩의 디지털 아트 전시 '후쿠오카 팀랩 포레스트', VR 체험 시설 'V-월드 에리어' 등이 들어섰다. 바다를 바라보며 즐길 수 있는 세 종류의 어트랙션 중 높이 40m에서 벽을 타고 내려오는 슬라이더인 수베조는 스릴 만점. 야구팬이라면 '오 사다하루 베이스볼 뮤지엄'도 둘러보자.

1권 P.032 지도 P.115D
찾아가기 하카타 버스터미널 1층 6번 승차장에서 306번 버스를 타거나 텐진버스센터마에 1A 정류장에서 W1번 버스를 타고 가다 큐슈의료센터에서 하차 **주소** 福岡県福岡市中央区地行浜2-2-6 **전화** 092-400-0515 **시간** 11:00~22:00(시설마다 다름) **휴무** 시설마다 다름 **가격** 팀랩 포레스트 성인 2200¥, 어린이(4~15세) 800¥ **홈페이지** https://e-zofukuoka.com

하카타 항

배를 타고 입국하거나 다른 섬으로 이동하는 사람들에게는 필수 코스. 그러나 관광 목적이라면 실망하기 쉽다. 대신 노천탕이 훌륭한 온천이 있으며, 저렴하고 푸짐한 회덮밥과 스시를 맛볼 수 있는 시장이 있다.

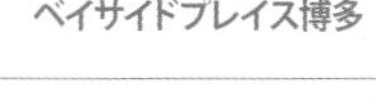

1 베이사이드 플레이스 하카타
ベイサイドプレイス博多

하카타 항 인근에 있는 종합 쇼핑센터다. 사실 쇼핑센터라는 이름이 무색할 정도로 쇼핑할 공간이 작지만 1층에 스시 뷔페가 있어서 가볼 만하다. 우미노나카미치 해변공원이나 노코시마 등으로 가는 선박이 이곳에서 출발하니, 그곳에 갈 계획이라면 꼭 들러보자.

지도 P.115G
찾아가기 하카타 역 맞은편 정류장 F에서 99번 버스를 타고 가다 종점 하차
주소 福岡県福岡市博多区築港本町13-6
전화 092-281-7701 **시간** 가게마다 다름
휴무 가게마다 다름 **가격** 가게마다 다름
홈페이지 www.baysideplace.jp

2 하카타 포트 타워
博多ポートタワー

후쿠오카 항만에 서 있는 전망 타워. 항만과 하카타 만의 풍경을 볼 수는 있지만 유리창에 격자무늬가 있어 제대로 된 사진을 건지는 것은 포기해야 한다. 배편으로 후쿠오카를 드나드는 여행자가 아니라면 굳이 가볼 필요는 없다.

지도 P.115G
찾아가기 JR 하카타 역 하카타 출구로 나와 길을 건넌다. 버스정류장 E에서 99번이나 46번 버스를 타고 가다 하카타후토(博多ふ頭)에서 하차 15~25분 소요, 230¥ **주소** 福岡県福岡市博多区築港本町14-1 **전화** 092-291-0573
시간 10:00~17:00(마지막 입장 16:40)
휴무 연중무휴 **가격** 무료
홈페이지 http://port-of-hakata.city.fukuoka.lg.jp

125

후쿠오카 공항 → 다자이후

후쿠오카 공항 국제선 터미널 2번 승차장에서 다자이후행 버스에 탑승

시간 25분 요금 510￥

텐진 역 → 다자이후

니시테츠 후쿠오카(텐진) 역 1~3번 플랫폼에서 급행(특급)열차에 탑승해 니시테츠 후츠카이치 역에서 하차, 1, 4번 플랫폼에서 다자이후행 열차로 환승.

시간 약 35분(환승 포함) 요금 420￥

> **PLUS INFO**
> JR 북큐슈 레일패스로는 탑승할 수 없다.

하카타 역 → 다자이후

버스 하카타 버스터미널 1층 11번 승차장에서 다자이후행 버스에 탑승해 종점에서 하차. 산큐패스 사용 가능.

시간 약 40분 요금 610￥

> **PLUS INFO**
> 예약 불가. 평일 08:10~16:00 24편 운행. 토·일요일과 공휴일에는 08:10~17:50 41편 운행

기차 JR 하카타 역 5번 플랫폼에서 가고시마본선 쾌속을 타고 JR 후츠카이치 역(二日市駅)에서 하차. 안내에 따라 11분 가량 걸어간 후 니시테츠 후츠카이치 역에서 다자이후행 열차로 환승. 시간 45분 요금 450￥

> **PLUS INFO**
> 매우 복잡하므로 JR 북큐슈 레일패스 소지자가 아니라면 이용하지 않는 것이 좋다.

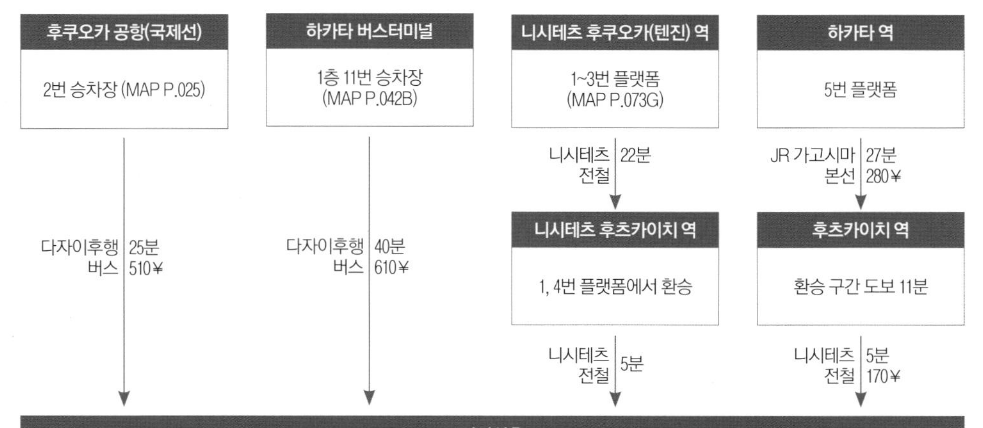

MUST SEE 이것만은 꼭 보자!

No. 1 다자이후 텐만구

No. 2 큐슈 국립박물관

MUST EAT 이것만은 꼭 먹자!

No. 1 참배길에 우메가에모찌

MUST BUY 이것만은 꼭 사자!

No. 1 피리새 기우소

No. 2 합격 부적

MAP
다자이후 한눈에 보기

N
0 50m

P 주차장 밀집 지역

35번 현도 県道3

사이후 우동
기무라 제면소
さいふうどん
木村製麺所 P.131

다자이후텐만구마에 우체국
太宰府天満宮前郵便局

스시에이
寿し栄 P.131

대형 주차장 P

로손 M

다자이후 버거 치쿠시안 본점
筑紫庵本店 P.130

Starbu

카사노
かさの家 P.1

후쿠오카 공항,
하카타 역 방향
버스 타는 곳

P

니시테츠 다자이후 역
太宰府駅

P

P

P

카페 란칸
珈琲蘭館 P.131

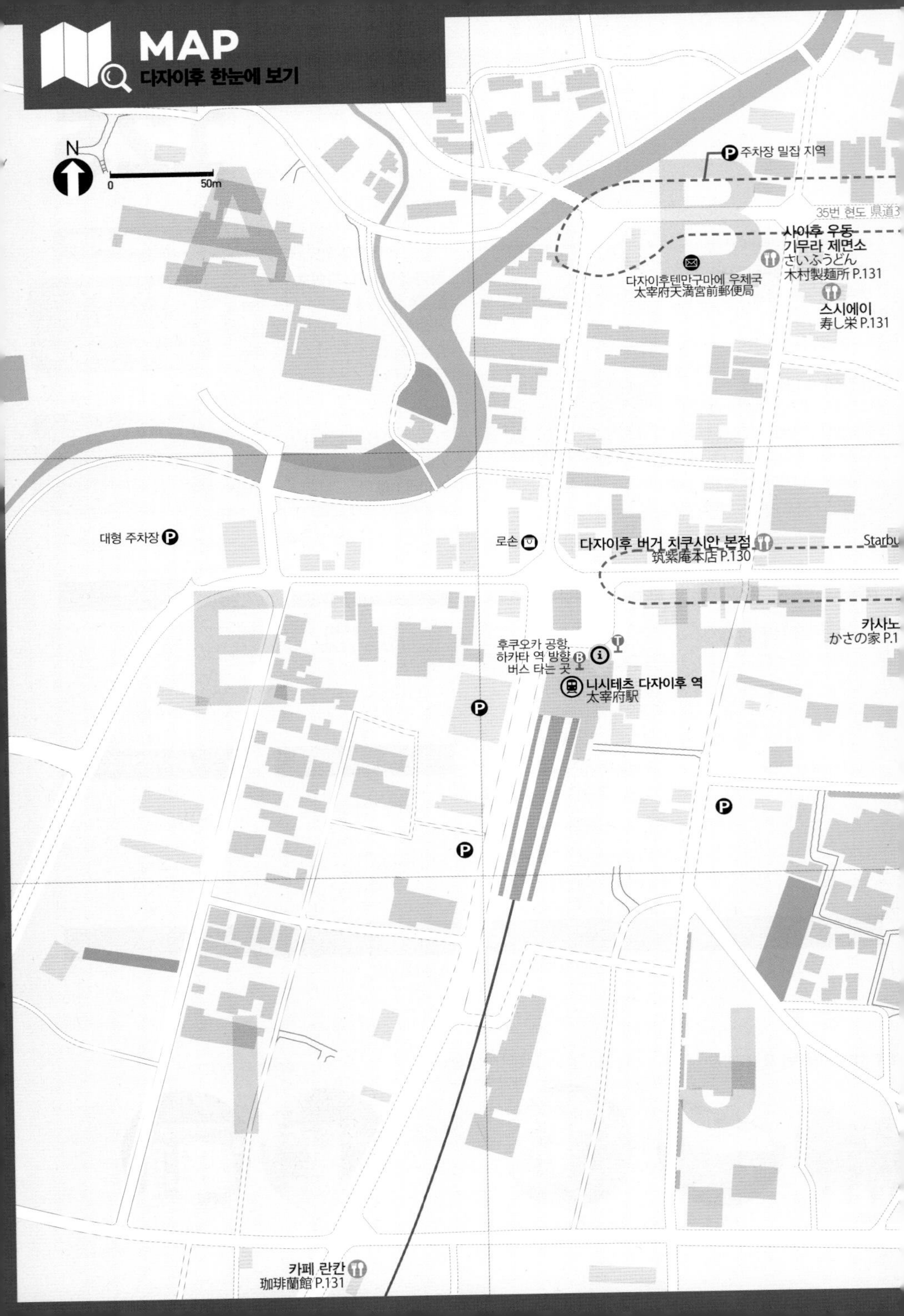

다자이후 텐만구
太宰府天満宮 P.130
혼텐 本殿
도비우메
飛梅
다자이후 유원지
だざいふ遊園地 P.130
기린동상
麒麟
다자이후텐만구 보물전
太宰府天満宮宝物殿
쇼부이케
菖蒲池
다이코바시
太鼓橋
신지이케
心字池
무지개 터널
텐만구산도 太宰府天満宮参道
신규 동상
神牛
배길
고묘젠지(임시 휴업)
光明禅寺 P.130
큐슈 국립박물관
九州国立博物館 P.130

다자이후 반나절 산책 코스

COURSE 1

역사적인 유적이 많은 지역이지만, 걷기에는 무리가 있거나 일본인이 아니라면 굳이 찾아갈 필요가 없는 곳이 대부분. 다자이후 텐만구를 중심으로 반나절 동안 산책하며 돌아볼 수 있는 코스를 소개한다.

START

니시테츠 다자이후 역

니시테츠 다자이후 역에서 내리면 오른쪽에서부터 다자이후 텐만구 참배길이 시작된다.

→ 이 길을 따라 직진한다. (3분)

1 카사노야 かさの家

참배길 상점가에서 가장 붐비는 우메가에모찌 판매점. 부담 없이 하나 먹어보자.

시간 09:00~18:00 가격 우메가에모찌 130￥, 말차 세트 650￥

→ 참배길을 따라 직진한다. (1분)

4 스시에이 寿し栄

스타벅스 Starbucks

다자이후 버거 치쿠시안 본점 筑紫庵本店

카사노야 かさの家

니시테츠 다자이후 역 太宰府駅 S·F

2 다자이후 텐만구 太宰府天満宮

일본의 유명한 학자이자 정치가인 '학문의 신' 스가와라노 미치자네를 모시는 신사. 합격을 소망하는 일이 없더라도, 경내가 워낙 아름다워 산책하는 것만으로 좋다.

시간 06:00~19:00(계절에 따라 변동)

휴무 1월 4일(상황에 따라 변경)

→ 다자이후 텐만구 입구 오른쪽 길에 있는 에스컬레이터를 타고 올라간다. (4분)

3 큐슈 국립박물관 九州国立博物館

일본에서 네 번째로 설립한 국립박물관으로, 일본의 역사와 문화를 알기 쉽게 소개한다. 굳이 입장하지 않고 1층 입구에 설치된 야마카사(山笠)나 박물관 외부만 감상해도 충분하다.

시간 09:30~17:00(마지막 입장 16:30)

→ 다시 오던 길을 돌아와 기차 역쪽으로 걷다가 다자이후 버거 치쿠시안 본점에서 우회전한다. (12분)

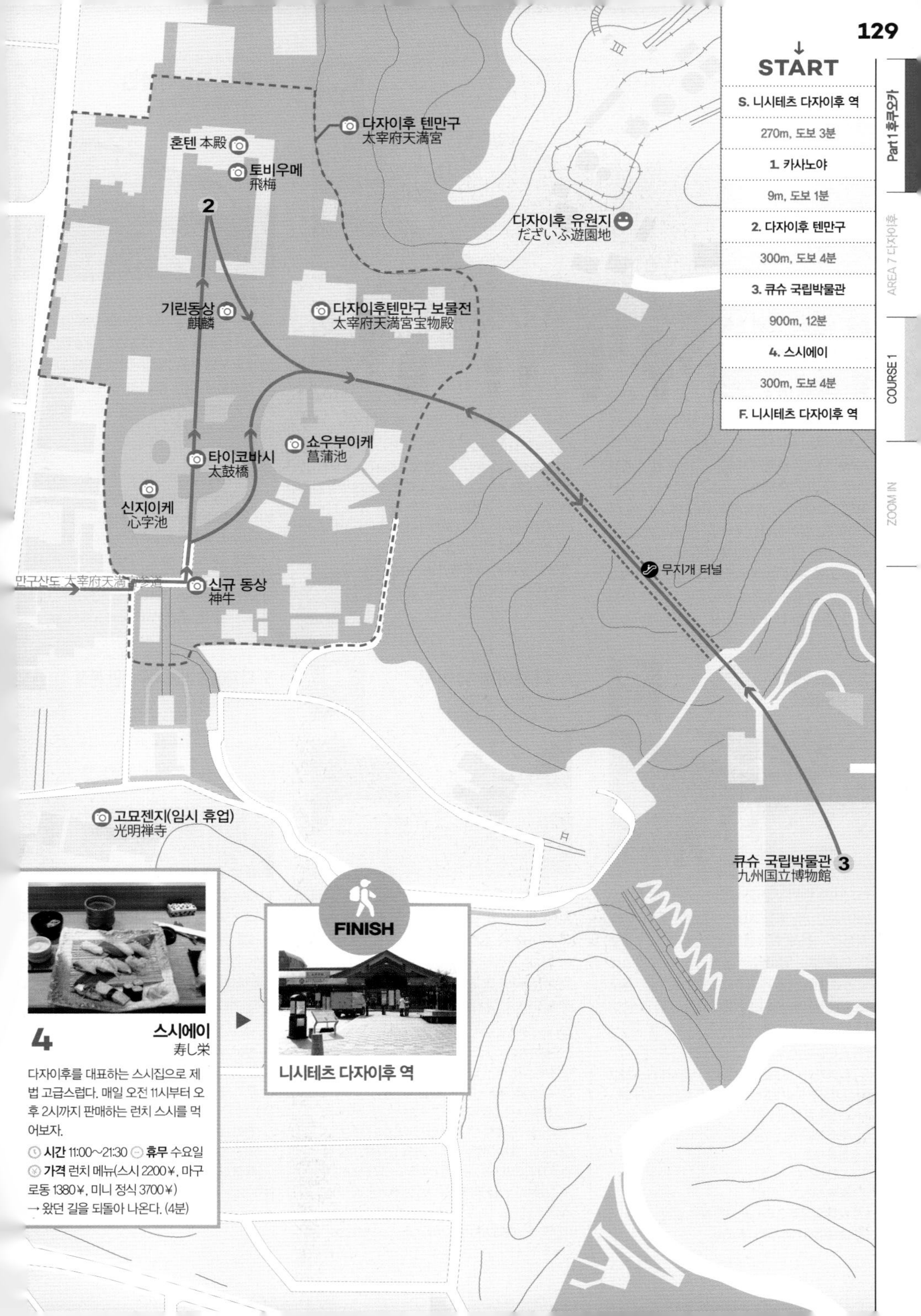

START

- **S. 니시테츠 다자이후 역**
- 270m, 도보 3분
- **1. 카사노야**
- 9m, 도보 1분
- **2. 다자이후 텐만구**
- 300m, 도보 4분
- **3. 큐슈 국립박물관**
- 900m, 12분
- **4. 스시에이**
- 300m, 도보 4분
- **F. 니시테츠 다자이후 역**

4 스시에이
寿し栄

다자이후를 대표하는 스시집으로 제법 고급스럽다. 매일 오전 11시부터 오후 2시까지 판매하는 런치 스시를 먹어보자.

시간 11:00~21:30 **휴무** 수요일
가격 런치 메뉴(스시 2200￥, 마구로동 1380￥, 미니 정식 3700￥)
→ 왔던 길을 되돌아 나온다. (4분)

1 다자이후 텐만구(2026년까지 공사중)
太宰府天満宮

★★★★★ 도보 5분

일본의 학자이자 정치가로 유명한 '학문의 신' 스가와라노 미치자네를 모시는 신사. 한 해 700만 명이 이곳을 다녀간다. 본전 옆의 매화나무 '도비우메(飛梅)'는 스가와라노가 다자이후로 좌천되자 교토에서 하룻밤 사이에 다자이후로 날아왔다는 전설을 품고 있는데, 신사에 있는 많은 매화나무 가운데 가장 먼저 꽃을 피워 봄을 알린다고 한다. 신사 내부에서 합격을 비는 소망을 담은 제비나 부적 등을 볼 수 있으며, 입구에 머리를 쓰다듬으면 합격할 수 있다는 속설이 있는 소 동상이 있다.

1권 P.041 지도 P.127C
찾아가기 니시테츠 다자이후 역에서 나와 오른쪽 참배길을 따라 도보 5분 **주소** 福岡県太宰府市宰府4-7-1 **전화** 092-922-8225
시간 06:00~19:00(계절에 따라 변동) **휴무** 1월 4일(상황에 따라 변동)
가격 무료 입장 **홈페이지** www.dazaifutenmangu.or.jp

2 큐슈 국립박물관
九州国立博物館
규-슈- 고구리쯔하꾸부쯔깡

★★★ 도보 8분

현대적인 외관과 압도적인 규모가 다자이후의 전통적인 분위기와 대비를 이룬다. 일본 역사와 문화를 알기 쉽게 소개해놓았으며, 절마다 특별전도 개최하며, 관내에 레스토랑과 기념품을 파는 뮤지엄 숍도 있다. 일요일 오후 2시에는 가이드의 안내로 박물관 무대 뒤를 엿볼 수 있다.

지도 P.127H
찾아가기 니시테츠 다자이후 역에서 나와 오른쪽 참배길을 따라 걷다가 다자이후 텐만구 입구 오른쪽 길에 있는 에스컬레이터를 타고 올라가면 바로 **주소** 福岡県太宰府市宰府4-7-14
전화 092-918-2807 **시간** 09:30~17:00(마지막 입장 16:30) **휴무** 월요일(공휴일인 경우 다음 날) **가격** 성인 700￥(대학생 350￥), 고등학생 이하 무료 **홈페이지** www.kyuhaku.jp

3 고묘젠지
光明禅寺

★★★ 도보 6분

다자이후 텐만구 인근에 자리 잡은 절. 가레산스이(枯山水, 물을 사용하지 않고 돌과 모래, 지형을 이용해 산수를 표현하는 방식)의 정원이 아름답다. 앞마당은 돌을 '光' 자 모양으로 배열했으며 안뜰은 푸른 이끼로 육지를, 흰모래로 넓은 바다를 표현했다. (임시 휴업 중이니 확인하고 방문할 것)

지도 P.127G
찾아가기 니시테츠 다자이후 역에서 나와 오른쪽 참배길을 따라 걷다가 다자이후 텐만구 입구에서 오른쪽 길 끝에 위치
주소 福岡県太宰府市宰府2-16-1
전화 092-921-2121
시간 08:00~17:00
휴무 부정기
가격 입장료 200￥, 정원은 무료 입장
홈페이지 http://dazaifu.org

4 다자이후 유원지
だざいふ遊園地
다자이후 유-엔찌

★★ 도보 8분

다자이후 텐만구 바로 옆에 있는 가족 유원지. 롤러코스터, 수상 코스터, 유령의 집, 스카이 사이클 등 스펙터클한 놀이 기구부터 어린이 기차, 코끼리 가족, 인디언 카누, 호빵맨 열차, 회전목마 등 온 가족이 즐길 수 있는 가벼운 놀이 시설까지 다양하게 갖추고 있다.

지도 P.127D
찾아가기 니시테츠 다자이후 역에서 나와 오른쪽 참배길로 직진, 다자이후 텐만구 오른쪽 길
주소 福岡県太宰府市宰府4-7-8
전화 092-922-3551 **시간** 10:30~16:00(토·일요일·공휴일 ~17:00, 마지막 입장은 폐장 30분 전) **휴무** 연중무휴 **가격** 중학생 이상 성인 600￥, 65세 이상 노인 500￥, 3세~초등학생 400￥, 신용카드 사용 불가 자유이용권 2900￥, 2인 이상 2000￥
(1인당) **홈페이지** http://dazaifuyuuenchi.com

5 다자이후 버거 치쿠시안 본점
筑紫庵本店

★★★★ 도보 3분

'다자이후 버거'라 불리는 치쿠시안 본점이다. TV나 잡지 등 매체를 통해 특별한 버거로 유명세를 탔다. 다자이후 버거에는 쇠고기 패티 대신 일본식 닭튀김인 가라아게가 들어가고 소스에는 새콤한 매실 과육이 들어 있는 것이 특징. 가라아게도 따로 판매한다.

1권 P.045 지도 P.126F
찾아가기 니시테츠 다자이후 역에서 나와 오른쪽 참배길에서 첫 번째 보이는 왼쪽 골목으로 우회전, 우측 세 번째 건물 **주소** 福岡県太宰府市宰府3-2-2
전화 092-921-8781
시간 10:00~18:00
휴무 부정기 **가격** 전 메뉴 810￥

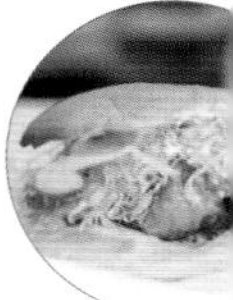

6 사이후 우동 기무라 제면소

さいふうどん 木村製麺所
사이후 우동 기무라 세이지멘죠

★★★ 도보 4분

기무라 제면소에서 직영으로 운영하는 우동집. 제면소에서 생산하는 면을 사용해 면발이 부드러운 것이 특징이다(면발에 대해서는 호불호가 갈릴 수 있다). 기본 우동에 불고기나 명란튀김 등 토핑을 선택할 수 있다.

1권 P.045 지도 P.126B
찾아가기 니시테츠 다자이후 역에서 나와 오른쪽 참배길로 올라가다가 첫 번째 사거리에서 좌회전해 직진 **주소** 福岡県太宰府市宰府 3-4-31 **전화** 092-922-0573 **시간** 11:00~16:00 **휴무** 화요일 **가격** 기본 우동 600¥(면 추가 100¥), 불고기 토핑 300¥, 명란 튀김 380¥, 새우튀김 250¥ **홈페이지** http://kimura-saifuudon.wixsite.com/saifuudon

기본 우동 600¥, 명란튀김 토핑 380¥

7 카페 란칸

珈琲蘭館

★★★★ 도보 6분

1978년부터 2대째 운영하는 로스터리 카페. 주인 테루키요 타하라 씨는 큐슈에서 처음으로 스페셜티 인증(SCAA)을 받았고, 각종 세계대회를 석권했다. 고풍스러운 인테리어와 다양한 다기가 커피만큼이나 만족스럽다. 모든 커피는 융 드립으로 추출하지만, 컵 오브 엑설런스 커피는 프렌치 프레스로 진하게 우려낸다.

1권 P.045, 143 지도 P.126I
찾아가기 니시테츠 다자이후 역 출구 반대편 길을 따라 직진 **주소** 福岡県太宰府市五条1-15-10 **전화** 092-925-7503 **시간** 10:00~18:00 **휴무** 수·목요일 **가격** 마일드 블렌드 커피 580¥, 컵 오브 엑설런스 1080¥ **홈페이지** http://rankan.jp

마일드 블렌드 커피 580¥

8 카사노야

かさの家

★★★★★ 도보 3분

다자이후 텐만구 참배길에 많은 우메가에모찌 가게가 있지만 이곳만 늘 인파가 몰린다. 1922년에 문을 연 집으로, 홋카이도산 팥을 사용해 은은한 단맛을 낸다. 가게 안쪽으로 들어가면 말차 세트나 단팥죽 같은 디저트와 쇼카도벤토(松花堂弁当) 등 식사 메뉴도 판매한다.

1권 P.045 지도 P.126F
찾아가기 니시테츠 다자이후 역에서 나와 오른쪽 참배길의 중간, 스타벅스 맞은 편 **주소** 福岡県太宰府市宰府2-7-24 **전화** 092-922-1010 **시간** 09:00~18:00 **휴무** 연중무휴 **가격** 우메가에모찌 130¥, 말차 세트 650¥ **홈페이지** www.kasanoya.com

우메가에모찌 130¥

9 스시에이

寿し栄

★★★★ 도보 4분

다자이후를 대표하는 스시집으로 제법 고급스럽다. 매일 오전 11시부터 오후 2시까지 판매하는 점심 메뉴는 한참 기다려야 먹을 수 있을 정도로 인기인데, 런치 스시가 가격 대비 훌륭하다. 자완무시를 내려온 뒤 스시와 미니 김초밥을 미소 된장국과 함께 제공한다.

1권 P.045 지도 P.126B
찾아가기 니시테츠 다자이후 역에서 다자이후 텐만구 참배길로 올라가다가 나오는 첫 번째 사거리에서 좌회전 **주소** 福岡県太宰府市宰府3-3-6 **전화** 092-922-3089 **시간** 11:00~21:30 **휴무** 수요일 **가격** 런치 메뉴(스시 2200¥, 마구로동 1380¥, 미니 정식 3700¥) **홈페이지** http://sushiei.net

런치 메뉴 스시 2200¥

10 스타벅스

スターバックス

★★★★ 도보 3분

일본 내 스타벅스의 14개 콘셉트 스토어 중 하나. 목조 구조물이 입구부터 내부 벽면과 천장을 장식하고 있어 멀리서도 눈에 띈다. 일본의 유명 건축가 구마 겐고(隈研吾)가 '자연 소재를 이용한 전통과 현대의 융합'이라는 콘셉트로 모두 2000여 개의 나무 막대기를 활용해 완성했다. 내부는 좁아서 늘 북적이니, 건물 앞에서 인증 사진만 남기자.

1권 P.045 지도 P.126F
찾아가기 니시테츠 다자이후 역에서 다자이후 참배길로 올라가다가 왼쪽
주소 福岡県太宰府市宰府3-2-43
전화 092-919-5690 **시간** 08:00~20:00
휴무 부정기 **가격** 커피 300~400¥
홈페이지 www.starbucks.co.jp/store/concept/dazaifu

N
0 50m

현도 216호선 県道216号線

ATM

현도 216호선 県道216号線

미
ミルヒ P

에이코프
Aコープ

코토코토야
ジャム工房ことことや P.148

돈구리
どんぐりの

넨린 ねんりん P.142

커피집 페퍼
珈琲屋 pepper P.143

현도 617호선 県道617号線

시치린야키 와사쿠
七厘焼き和作 P.142

비스피크
B-Speak P.146

쁘띠카페 꽃
プチカフェ華木

유후인 버거 P.143
ゆふいんバーガー

오토마루 온천관
乙丸温泉館 P.143

유후마부시 신
由布まぶし 心 P.142

버짓 렌터카
バジェットレンタカー

JR 유후인 역

유후후
ゆふふ P.143

긴노이로도리
銀の彩 P.143

유후인 버스터미널
Yufuin Bus Terminal

타케오
たけお P.142

로손

현도 617호선 県道617号線

맥스밸류
マックスバリュ P.143

닛산 렌터카
日産レンタカー

야마다야
やまだ屋

유후인 고토부키 하나노쇼 호텔
花の庄

현도 617호선 県道617号線

오야도 우라쿠
お宿 有楽

유후인 산스이칸
ゆふいん山水館

료소 마키바노이에
旅荘 牧場の家

산쇼로
山椒郎 P.142

유후인료칸 노기쿠
湯布院旅館のぎく

유후인 건강온천관
由布市湯布院健康温泉館 P.144

산스이칸 맥주관
山水館 麦酒館

유후인 한눈에 보기

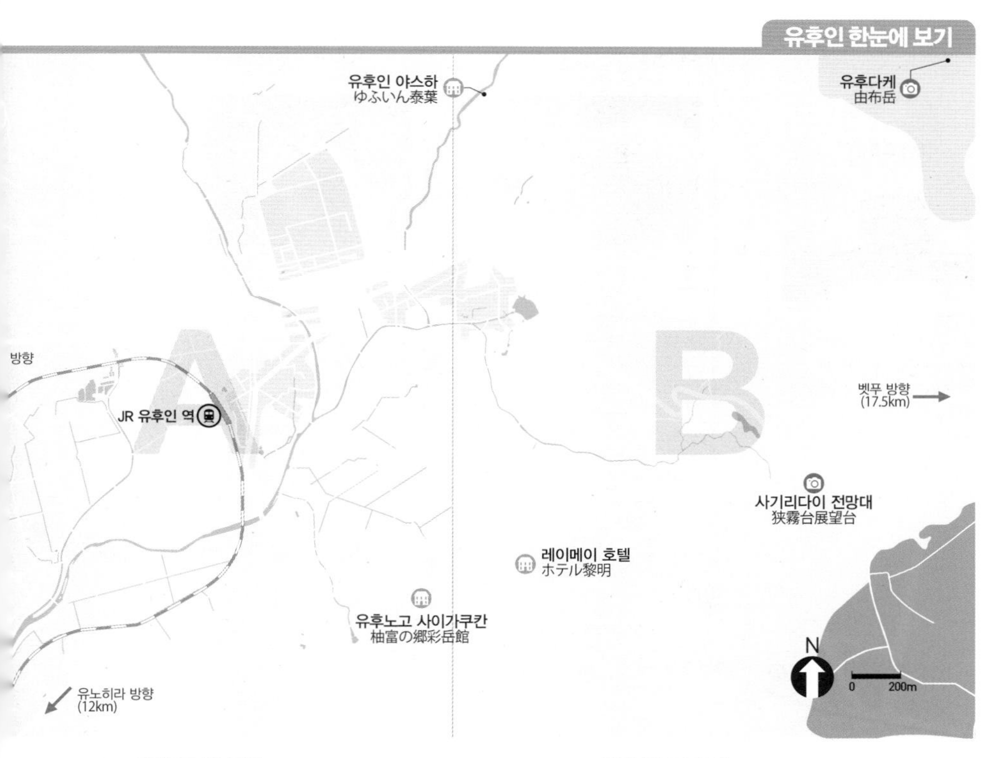

MUST SEE 이것만은 꼭 보자!

No. 1
긴린코 호수

No. 2
유노츠보 거리

MUST EAT 이것만은 꼭 먹자!

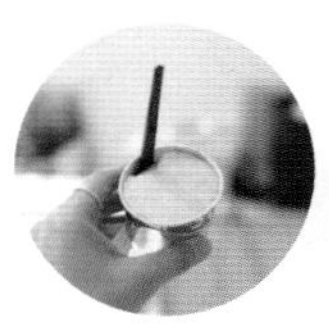
No. 1
미르히의 핫 치즈 케이크

No. 2
이즈미 소바

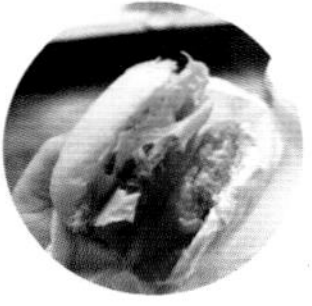
No. 3
유후인 버거

MUST EXPERIENCE 이것만은 꼭 체험하자!

No. 1
당일치기 온천욕

No. 2
료칸 숙박

No. 3
작은 미술관 순례

PLUS TIP
유노츠보 거리를 포함한 유후인 대부분의 상점가는 오후 5~6시에 폐점하는 것이 보통이다. 저녁시간에 식사나 쇼핑을 할 만한 곳이 많지 않으니 유의하자.

온천과 음식, 산책의 힐링 코스

유후인 여행은 료칸에 머물며 온천과 가이세키를 즐기며 푹 쉬는 것이 정석! 그러나 유후인 내 료칸은 비싸고 그 수도 많지 않다. 이런 현실을 감안해 후쿠오카나 벳푸에 숙소를 정하고 한나절 천천히 돌아보는 것도 나쁘지 않다.

JR 유후인 역

전국 어디에서 출발하는 버스나 기차를 타든 모두 이곳에서 하차한다.

→ 하차 후 유후다케가 보이는 방향으로 10분 정도 직진한다. (10분)

1 비스피크 B Speak

유후인을 대표하는 롤케이크를 파는 곳. 작은 사이즈를 사려면 줄을 서야 하므로 미리 사두자.

시간 10:00~17:00 가격 롤케이크 1520¥(대), 540¥(소)

→ 오른쪽 도로로 들어서면 바로 유노츠보 거리가 시작된다. (3분)

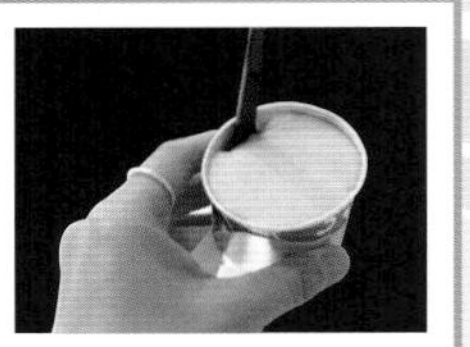

2 미르히 Milch ミルヒ

문을 연 지 얼마 안 돼 유노츠보 거리의 대세가 된 치즈 케이크 전문점. 갓 구운 뜨끈뜨끈한 치즈 케이크가 푸딩처럼 부드럽다.

시간 09:30~17:30

가격 치즈 케이크 120¥(1개)

→ 유노츠보 거리를 구경하며 좀 더 걸어가자. 작은 개울을 가로지르는 다리를 건너면 바로 (3분)

3 야스라기유노츠보요코초 やすらぎ湯の坪横丁

유노츠보 거리 내 또 하나의 작은 거리로, 옛 민가풍 건물이 인상적인 상점 14곳이 모여 있다.

시간 가게마다 다름

→ 거리를 따라 2분간 걸어가면 왼쪽에 유리로 만든 건물이 보인다. (2분)

4 크래프트칸 하치노스 クラフト館蜂の巣

유리와 나무로 지은 건물 자체가 작품인 공방이다. 유리와 나무를 소재로 한 식기, 문구, 장식품, 액세서리 등 다양한 상품을 볼 수 있다.

시간 09:30~17:00 휴무 수요일

→ 길 건너편에 동화 같은 마을인 유후인 플로럴 빌리지가 있다. (1분)

5 유후인 플로럴 빌리지 湯布院フローラルビレッジ

영국의 코츠월드(Cotsword)를 재현한 작은 테마파크다. 수공예품을 파는 아기자기한 상점이 모여 있으며 정원에는 오리와 토끼들이 뛰논다.

시간 09:30~17:30

→ 길을 따라 가다보면 긴린코 호수가 보인다. (5분)

6 긴린코 호수
金鱗湖

후인 한가운데 자리한 작은 호수. 호를 한 바퀴 돌면서 산책하기에 좋다. 근에 작은 신사도 있다.

시간 24시간

긴린코 호수 옆에 검은 외관의 유후 샤갈 미술관이 있다. (1분)

7 샤갈 미술관
シャガール美術館

샤갈 미술관에는 서커스를 주제로 한 샤갈의 작품 40여 점이 전시돼 있다. 관람료가 부담스럽다면 1층 뮤지엄 숍과 카페만 둘러보자.

시간 09:00~17:30(마지막 입장 17:00) **휴무** 토 · 일요일 **가격** 성인 600¥, 중고등 · 대학생 500¥, 초등학생 400¥

→ 왔던 길을 되돌아 나가면 사거리에 누루카와 온천이 보인다. (2분)

8 누루카와 온천
ぬるかわ温泉

이제 온천을 본격적으로 즐길 차례. 료칸에 머물지 않아도 전세 탕을 이용할 수 있는 누루카와 온천을 추천한다.

시간 08:00~20:00 **가격** 가족탕(2인) 1시간 1650¥(실내), 2200¥(노천), 1명 추가 시 성인 430¥, 어린이 220¥

→ 왔던 길을 되돌아 나가다보면 긴린코 호수 입구에 이즈미가 있다. (2분)

START

S. JR 유후인 역
550m, 도보 10분
1. 비스피크
260m, 도보 3분
2. 미르히
260m, 도보 3분
3. 야스라기유노츠보요코초
100m, 도보 2분
4. 크래프트칸 하치노스
20m, 도보 1분
5. 유후인 플로럴 빌리지
400m, 도보 5분
6. 긴린코 호수
100m, 도보 1분
7. 샤갈 미술관
150m, 도보 2분
8. 누루카와 온천
140m, 도보 2분
9. 이즈미
50m, 도보 1분
10. 카라반 커피
1.5km, 도보 20분
F. JR 유후인 역

카페 듀오 カフェデュオ Cafe Duo
카안 庵
현도 216호선 県道216号線
코하루 우동 こはるうどん
크래프트칸 하치노스 クラフト館 蜂の巣 4
야스라기유노츠보요코초 やすらぎ湯の坪横丁 3
가라스노모리 ガラスの森
카제노마치 風の街
로손
캐릭터 숍 헤라클레스 キャラクターショップ ヘラクレス
스누피차야 SNOOPY 茶屋
비 허니 bee honey
5 유후인 플로럴 빌리지 湯布院フローラルビレッジ
금상 고로케 金賞コロッケ
카라반 커피 キャラバン珈琲
유후료치쿠 由府両築
누루카와 온천 ぬるかわ温泉 8
샤갈 미술관 シャガール美術館 7
오야도 나카야 御宿 なか屋
주와리소바 누루카와 十割蕎麦 温川
10
노유 の湯温泉
갓파쇼쿠도 かっぱ食堂
유후인 코스모스 由布院 草庵秋桜
유후인 산토칸 湯布院山灯館
9 이즈미 古式手打ちそば泉
시탄유 온천 下ん湯温泉
6 긴린코 호수 金鱗湖

9 이즈미
古式手打ちそば泉

식 수타 소바 전문점. 유후인의 지를 직접 끌어올려 숯으로 여과한 반죽하니 면발이 좋을 수밖에.

간 11:00~15:00 **가격** 세이로 1260¥(오모리 1890¥), 오로시소 0¥, 오니기리 150¥

나편 오솔길로 들어서면 별장 같 물에 카라반 커피가 있다. (1분)

10 카라반 커피
キャラバン珈琲

비밀의 화원이나 산장 같은 분위기의 카페. 주문 즉시 사이펀으로 추출하는 커피는 깔끔하고 산뜻한 맛이 난다.

시간 09:30~18:00(일몰까지)

가격 블렌드 커피 500¥, 비엔나 커피 750¥, 카스텔라 250¥

→ JR 유후인 역으로 돌아간다. (20분)

FINISH

JR 유후인 역

ZOOM IN

JR 유후인 역 인근

역 인근부터 관광지 분위기가 물씬 풍기지만 유노츠보 거리나 긴린코 호수 쪽과 사뭇 다르다. 소위 관광버스 부대는 이 부근에 올 일이 없기 때문. 상대적으로 덜 복잡하고 주민을 위한 시설이 눈에 띈다.

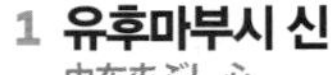
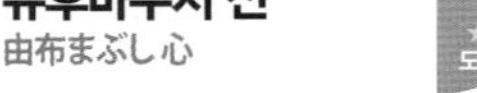

1 유후마부시 신
由布まぶし心

★★★ 도보 1분

마부시(비벼 먹는 덮밥)를 전문으로 하는 곳. 들어가는 재료에 따라 분고규와 유후인 장어, 토종 군계의 세 가지 마부시가 있는데 분고규의 인기가 압도적이다. 맛에 대한 호불호가 갈린다. 현금 결제만 가능.

지도 P.132
찾아가기 JR 유후인 역에서 나와 직진하다 버스 센터 바로 옆 건물 2층. 역에서 도보 1분
주소 大分県由布市湯布院町川北5-3
전화 097-784-5825 **시간** 11:00~16:00(L.O 15:30), 17:30~21:00(L.O 20:00) **휴무** 목요일, 공휴일인 경우 정상 영업 **가격** 분고규 마부시 2565¥ **홈페이지** http://ichiba.geocities.jp/ggkbh080

2 산쇼로
山椒郎

★★★★ 도보 8분

교외의 한적한 논밭 사이에 자리 잡아 조용하게 식사할 수 있는 고급 레스토랑. 런치 메뉴 중 인기 있는 요리는 아와세바코 도시락. 500¥을 추가하면 오늘의 디저트 플레이트까지 풀코스로 즐길 수 있다.

1권 P.104 지도 P.132
찾아가기 JR 유후인 역 앞 오거리에서 2시 방향 도리이 입구 길로 직진
주소 大分県由布市湯布院町川上田中2850-5
전화 097-784-5315
시간 11:00~15:00(L.O 14:00), 17:00~22:00(L.O 21:00)
휴무 수요일
가격 아와세바코 런치 도시락 2500¥
홈페이지 www.facebook.com/sansyourou

3 시치린야키 와사쿠
七厘焼き 和作

★★★ 도보 3분

현지인에게 인기 있는 고깃집. 여러 부위를 함께 맛볼 수 있는 일종의 세트 메뉴인 모리아와세가 가장 인기 있는데 갈비, 등심, 우설이 포함된 시코노규사미가 가격 대비 특히 훌륭하다. SKT 멤버십 혜택도 있다.

1권 P.119 지도 P.132
찾아가기 JR 유후인 역에서 긴린코 방향으로 617번 도로를 따라 도보 3분. 유후인 역 앞 오거리를 지나 왼편 **주소** 大分県由布市湯布院町川上3064-4
전화 097-785-2848
시간 17:30~23:00(L.O 22:30)
휴무 목요일
가격 시코노규사미 1980¥ **홈페이지** www.yufuin-wasaku.com

4 타케오
たけお

★★★ 도보 4분

이층집을 개조해 만든 가게로 일본 가정집 분위기가 난다. 대표 메뉴는 타케오동(たけお丼). 우리나라의 비빔밥과 비슷한데 쌀밥 위에 소고기, 송어, 명란, 각종 채소, 김치, 달걀, 김 가루를 올려 내온다.

지도 P.132
찾아가기 JR 유후인 역에서 유노츠보 거리 쪽으로 직진하다 오거리에서 2시 방향 도리이 입구에서 바로 **주소** 大分県由布市湯布院町川上2931-2 **전화** 097-784-5385 **시간** 11:30~14:30, 17:00~20:00 **휴무** 월요일(공휴일인 경우 다음 날) **가격** 타케오동 1200¥, 소바샐러드 750¥, 돼지고기 직화구이 900¥
홈페이지 없음

타케오동 1200¥

5 넨린
ねんりん

★★★ 도보 5분

가벼운 가이세키를 원한다면 좋은 대안이 될 수 있다. 내부가 꽤 넓은 편이라 단체 손님이 주를 이루지만 분위기와 음식이 괜찮다. 꽃으로 장식된 바구니에 음식이 담겨 나오는 하나카고 벤토가 인기. 회, 튀김, 샐러드, 주먹밥, 조림, 과일에, 달걀찜과 미소된장국이 곁들여 나온다.

지도 P.132
찾아가기 유후인 역에서 유노츠보 거리 방면으로 직진 **주소** 大分県由布市湯布院町川上3055 25 **전화** 0977-84-5313 **시간** 11:00~21:00 **휴무** 목요일 **가격** 하나카고 벤토 1700¥, 쇼카도벤토 2160¥ **홈페이지** www.nenrin.jp

6 유후인 버거
ゆふいんバーガー

도보 4분

이름이 일단 유혹적이다. 유후인의 명물 음식이 아닐까 싶겠지만 글쎄? 달콤한 소스가 입맛을 자극하긴 하나 흔히 먹을 수 있는 수제버거와 크게 다르지 않은 맛이다. 한 끼 간단하게 먹고 싶을 때 선택하기 좋다. 실내가 협소해 식사 시간에는 조금 기다려야 하는 경우도 있다.

지도 P.132
찾아가기 JR 유후인 역에서 직진해 오거리에서 2분쯤 더 걸으면 왼편에 보인다.
주소 大分県由布市湯布院町川上3053-4 **전화** 097-785-5220
시간 11:00~17:30
휴무 수요일
가격 유후인 버거 980¥
홈페이지 없음

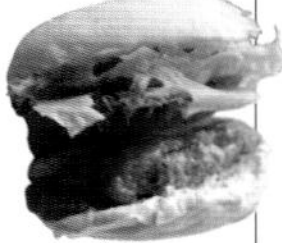

7 긴노이로도리
銀の彩

'은색'이라는 뜻의 이름을 가진 디저트 전문 카페. 제철 과일을 비롯해 큐슈에서 나는 식재료로 에클레르, 케이크, 쿠키 등 다양한 디저트를 만들어 판다. 특히 인기 있는 것이 에클레르. 녹차 맛, 크림 맛, 초콜릿 맛, 과일 맛 등 다양한 에클레르를 맛볼 수 있다.

1권 P.148 지도 P.132
찾아가기 유후인 역 앞 오거리 도리이 입구에서 바로 **주소** 大分県由布市湯布院町川上2935-3
전화 097-776-5783
시간 11:00~18:00(수 · 목요일 17:00까지)
휴무 월 · 화요일
가격 에클레르 200~250¥, 음료 에클레르 세트 400¥, 커피 250¥
홈페이지 www.ginnoirodori.jp

8 유후후
ゆふふ

도보 2분

푸딩 & 롤케이크 전문점. 롤케이크보다 보들보들한 식감의 유후고원 부드러운 푸딩(由布高原なめらかプリン)이 인기 있다. 유후인 역에서 가까워 잠깐 들르기에 좋다. 불친절하다는 후기가 많으니 참고하자.

1권 P.057 지도 P.132
찾아가기 JR 유후인 역에서 도보 2분
주소 大分県由布市湯布院町川北2-1
전화 097-785-5839
시간 10:00~18:00 **휴무** 부정기
가격 푸딩 450¥
홈페이지 www.yufufu.com

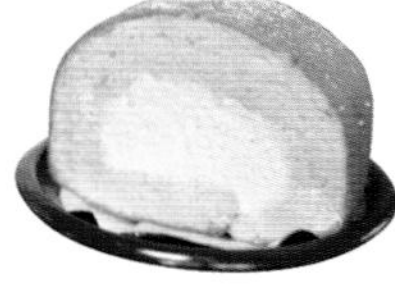

9 커피집 페퍼
珈琲屋 pepper 코히-야 페파

도보 5분

색소폰 연주자 아트 페퍼의 이름을 따서 만든 재즈 카페. 유명한 재즈 뮤지션들의 LP판이 진열돼 있고, 재즈 선율이 흘러 재즈 팬들의 마음을 흔든다. 주문 즉시 드립으로 내려주는 커피 맛도 좋다. 버스터미널 옆에 위치해 버스 도착까지 시간을 보내기 적당하다.

지도 P.132
찾아가기 JR 유후인 역에서 나와 직진, 도보 5분
주소 大分県由布市湯布院町川上3053-10
전화 097-784-7277
시간 10:30~16:30
휴무 수 · 목요일
가격 블랜드커피 520¥, 드립커피 500¥부터, 한 잔 추가 시 200¥ 할인된 가격으로 제공
홈페이지 없음

10 맥스밸류
マックスバリュ 막꾸스바류

도보 6분

오후 5~6시면 장사를 접는 것이 불문율인 유후인에서 드물게 밤늦도록 문을 여는 대형 마트. 상품이 다양하고 가격도 저렴한 편이라 야식을 먹고 싶거나 쇼핑할 때 들르기 좋다. 특히 유후인산 특산품도 저렴한 가격에 만나볼 수 있다.

지도 P.132
찾아가기 JR 유후인 역에서 나와 직진하다 오거리가 나오면 2시 방향 도로로 진입. 두 번째 갈림길로 우회전
주소 大分県由布市湯布院町川上2924-1
전화 097-785-3411
시간 08:00~21:00 **휴무** 연중무휴
가격 상품마다 다름
홈페이지 www.mv-kyushu.co.jp

11 오토마루 온천관
乙丸温泉館

도보 4분

그야말로 시골 동네 온천. 탈의실과 수온이 다른 두 개의 내탕이 전부다. 그러나 물이 좋고 요금이 족욕탕 수준으로 저렴해 시설을 기대하지 않으면 만족스럽다. 유후인 역 인근에 있어 기차를 타기 전 잠시 들러 피로를 풀기 좋다. 비누와 샴푸, 수건 등은 비치되어 있지 않다.

지도 P.132
찾아가기 JR 유후인 역에서 나와 직진하다 유후인 커피 옆 골목에 들어서면 바로, 도보 4분
주소 大分県由布市湯布院町川上2946-1
전화 097-784-3573
시간 06:30~22:00
휴무 연중무휴
가격 입욕비 200¥
홈페이지 www.city.yufu.oita.jp/kankou/onsen/otomaru

12 유후인 건강온천관
湯布院健康温泉館

지역민을 위한 건강 센터. 온천뿐 아니라 독일식 수영장, 헬스 기구, 안마의자 등 현대식 시설을 갖춰놓았다. 온천은 내탕과 노천탕이 있으며, 노천탕은 선베드까지 갖춘 정원으로 이어져 온천욕을 느긋하게 즐기기 좋다.

지도 P.132
찾아가기 JR 유후인 역 앞 오거리에서 도리이를 지나 직진하다 다리 건너 오른쪽, 도보 7분
주소 大分県由布市湯布院町川上2863
전화 097-784-4881
시간 10:00~21:30(마지막 입장 21:00)
휴무 둘째 · 넷째 주 목요일(공휴일인 경우 다음 날) **가격** 목욕만 520￥, 모든 시설 이용료 성인 830￥, 소인 620￥(중학생까지)
홈페이지 www.city.yufu.oita.jp

ZOOM IN

긴린코·유노츠보 거리

관광객이 몰려드는 유후인의 주요 관광지다. 유후인을 대표하는 먹을거리를 파는 가게를 비롯해 온갖 상점이 자리 잡고 있다. 워낙 유명해 지나치게 상업화된 것이 흠. 무엇보다 주민들이 살고 있는 동네이므로 조심히 둘러봐야 한다.

1 텐소 신사
天祖神社

호수 위에 떠 있는 듯한 도리이로 유명한 신사. 작지만 소박한 아름다움마저 갖추고 있어서 사진 찍는 사람이라면 반드시 찾아가야 하는 명소다. 긴린코 호수와 인접해 있지만 유노츠보 거리와 정반대에 있어서 인적이 드물어 조용히 시간을 보내기 좋다.

1권 P.058 **지도** P.133
찾아가기 긴린코 호수 남쪽 **주소** 大分県由布市湯布院町川上
전화 없음 **시간** 24시간
휴무 연중무휴 **가격** 무료 **홈페이지** 없음

2 긴린코 호수
金鱗湖

유후인 한가운데에 자리한 작은 호수. '긴린(金鱗)'이란 금빛 비늘이라는 뜻으로, 메이지 시대에 한 학자가 호수에서 헤엄치는 물고기의 비늘이 석양을 받아 황금색으로 빛나는 모습을 보고 긴린코라는 이름을 붙였다고 전해진다. 호수 바닥에서 따뜻한 온천수가 뿜어져 나와 일정한 수온을 유지하는 덕분에 얼지 않는데, 특히 겨울철 새벽에는 물안개가 짙게 껴 몽환적인 풍경을 연출하는 것으로 유명하다.

1권 P.058 **지도** P.133
찾아가기 유후인 역에서 유노츠보 거리 방면으로 도보 18분 **주소** 大分県由布市湯布院町川上
전화 097-784-3111(내선 514) **시간** 24시간
휴무 연중무휴 **가격** 무료 **홈페이지** www.city.yufu.oita.jp/kankou/kankou/kinrinko

3 붓산지
佛山寺

무려 1000년 전에 지어진 신사. 원래 유후다케 산 중턱에 있었으나 약 500년 전 대지진으로 인해 지금의 자리로 이전해 왔다. 억새 지붕으로 만든 문이 인상적이다. 굳이 찾아갈 필요는 없으나 긴린코 호수 뒤편으로 이어지는 길이 한적하고 아름다워 산책 코스로 최고다.

1권 P.058 **지도** P.133
찾아가기 긴린코 호수 뒤편 자동차 길을 따라 도보 5분 **주소** 大分県由布市湯布院町川上1879
전화 0977-84-2714 **시간** 24시간
휴무 연중무휴 **가격** 무료 **홈페이지** 없음

스페셜 페이지 벳푸 교통, 이곳만 알면 해결된다!

1. JR 벳푸 역 JR別府駅 (MAP P.162J)

JR 열차가 서는 기차역이자 벳푸 교통의 중심지다. 동쪽 출구와 서쪽 출구로 나뉘며 각각 다른 노선버스 정류장이 있다. 스기노이 호텔 무료 셔틀버스도 벳푸 역 서쪽 출구에서 출발한다.

2. 간나와 버스터미널 ① 鉄輪バスターミナル①(MAP P.175G)

간나와 지역 교통의 중심지. 간나와 지역까지 운행하는 주요 노선버스는 이곳을 거쳐 간다. JR 벳푸 역, 기타하마 방향 시내버스가 정차한다.

3. 간나와 버스터미널 ② 鉄輪バスターミナル②(MAP P.175C)

유후인행 유후린 버스, 후쿠오카와 후쿠오카 공항으로 가는 고속버스, 지노이케지고쿠(피의 연못 지옥) 및 묘반, 아프리칸 사파리로 가는 시내버스를 탈 수 있다. 코인 로커, 짐 보관, 짐 배송 서비스를 하고 있으며 화장실도 깔끔하다.

4. 간나와구치(고속버스 정류장) 鉄輪口(MAP P.175G)

나가사키로 가는 고속버스가 서는 정류장. 무인 정류장이기 때문에 요금은 버스에 탑승해 지불해야 한다. 반대편에는 벳푸 역행 유후린 버스 정류장과 고속버스 하차 전용 정류장이 있다.

5. 기타하마 버스센터 北浜バスセンター(MAP P.162B)

버스 회사에 따라 2개의 건물로 나뉘어 있고 버스정류장도 1번부터 5번까지 5군데로 나뉘어 있으므로 잘 찾아가야 한다.

① 가메노이 기타하마 버스센터(3번 버스 정류장)

유후린 버스, 노베오카·미야자키행 고속버스 탑승/ 나가사키·후쿠오카에서 온 고속버스 하차와 인포메이션, 후쿠오카·후쿠오카 공항, 나가사키행 버스 티켓도 구입할 수 있다.

② 오이타 교통 벳푸 기타하마 버스정류장(4번 버스 정류장)

우미타마고·다카사키야마, 오이타 방향 시내버스 탑승과 인포메이션

③ 2번 버스정류장

오이타 공항행 에어라이너 버스, 후쿠오카·나가사키 등으로 가는 고속버스와 일반 버스 정류장

AREA

1 BEPPU STATION

[別府駅 & 近郊 벳푸 역 주변 & 근교]

츠루미다케를 비롯한 화산이 감싸 안은 벳푸 시가지

이 별난 도시의 매력

몽실몽실 피어오르는 새하얀 온천 증기를 헤치고 벳푸 만의 푸른 푸근함을 지나 언덕길을 따라 위태롭게 서 있는 낮은 건물들 사이를 가로지르면 도시의 한가운데에 다다른다. 비록 유후인의 화려함에 가려져 활력을 잃었지만 세계에서 가장 많은 온천수가 도시 전체를 뜨겁게 달구는 곳. 그 이름마저 별난[別] 마을[府], '벳푸(別府)'다.

인기 ★★★★★

교통의 중심지이자 벳푸 여행의 시작점

쇼핑 ★★★☆☆

호텔 로비의 기념품점을 잘 살펴보자.

식도락 ★★★★★

유명 맛집은 여기 다 모여 있다.

나이트라이프 ★★☆☆☆

이자카야를 제외하곤 밤에 다닐 만한 곳이 제한적.

관광지 ★★★☆☆

근교에 관광지가 흩어져 있다.

혼잡도 ★☆☆☆☆

소도시이다 보니 시내라도 조용하다.

오이타 공항 → 벳푸 역

공항 특급 에어라이너 버스에 탑승해 JR 벳푸 역 또는 기타하마(北浜)에서 하차.
시간 51분 요금 1500¥(왕복 2600¥)

벳푸 주요 지역 → 벳푸 역

간나와 간나와 버스터미널에서 벳푸 역(別府駅) 방향 2, 5, 7, 20, 24, 25, 41번 등의 노선버스에 탑승해 벳푸 역에서 하차
시간 약 26분 요금 330¥~

묘반 묘반 버스정류장에서 5, 24, 41번 버스에 탑승해 벳푸 역이나 기타하마에서 하차 시간 약 35분 요금 190¥

이시가키 벳푸 국제관광항 페리 선플라워마에(別府国際観光港・フェリーさんふらわあ前)나 미나미스가 이리구치(南須賀入口) 버스정류장에서 벳푸 역이나 오이타(大分) 방향 AS54, AS70, AS71번 버스에 탑승해 벳푸 역이나 기타하마에서 하차 시간 약 10분 요금 190¥

오이타 공항	간나와	묘반	이시가키
건물 밖 1번 또는 2번 승차장	간나와 버스터미널 (MAP P.175G)	묘반 버스정류장 (MAP P.183)	벳푸 국제관광항 페리 선플라워마에 (別府国際観光港・フェリーさんふらわあ前) 또는 미나미스가 이리구치(南須賀入口) 버스정류장 (MAP P.187)
특급 에어라이너 / 51분 1500¥	5, 7, 20, 24, 25, 41번 버스 / 26분 330¥	5, 24, 41번 버스 / 35분 190¥	AS54, AS70, AS71번 버스 / 10분 190¥

벳푸 역
벳푸 역이나 기타하마 정류장 (MAP P.162J, 162B)

MUST SEE 이것만은 꼭 보자!

No. 1 벳푸타워

No. 2 우미타마고

MUST EAT 이것만은 꼭 먹자!

No. 1 토요츠네 본점의 텐동

No. 2 분고차야의 도리텐동 정식

MUST EXPERIENCE 이것만은 꼭 체험하자!

No. 1 스기노이 호텔의 타나유

No. 2 다케가와라 온천의 스나유

No. 3 가족 여행, 효도 여행 시에는 스기노이 호텔

No. 4 커플이나 여자끼리 여행할 때는 하나 벳푸

No. 5 온천수를 따진다면 이곳! 호텔 시라기쿠

MAP
벳푸 역 주변 & 근교 한눈에 보기
세키야
割烹旅館 関屋
세이카이소 료칸
清海荘
토요츠네 본점
とよ常 本店 P.16
세븐일레븐
가메노이 기타하마 버스센터
亀の井北浜バスセンター
벳푸타워
別府タワー P.166
벳푸타워마에
니시테츠인
西鉄リゾートイン別府
B3
B4
0
30m
고쿠라가이 가도 小倉街道
고쿠라가이 도로 小倉街道
스타벅스
B2
토키하 백화점
トキハ P.169
훼미리마트
나카마 거리 (中間通り)
가스가 거리 春日通り
벳푸 기타하마 우체국
別府北浜局
ATM
다이리쿠 라멘
大陸ラーメン P.168
게스트하우스 단란
ゲストハウス 団欒
가이몬지 온천
海門寺温泉
에키마에 거리(駅前通り)
게스트하우스
Guesthouse
아부라야 구마하치 동상
油屋熊八の銅像 P.166
벳푸 스테이
別府ステー
분고차야
豊後茶屋 P.167
호텔 시웨이
ホテルシー
別府
스기노이 호텔
인포메이션 센터
동쪽 출구
(東口)
코인라커
그린 스폿(550m)
グリーンスポット P.168
스기노이 호텔
무료 셔틀버스 정류장
인포메이션
B
타임스 카 렌털
Time's Car Rental
JR 벳푸 역(別府駅)
서쪽 출구(西口)
B1
B2
B3
하나 벳푸
花べっぷ
호텔 시라기쿠
ホテル白菊
토요타 렌털
トヨタレンタリー

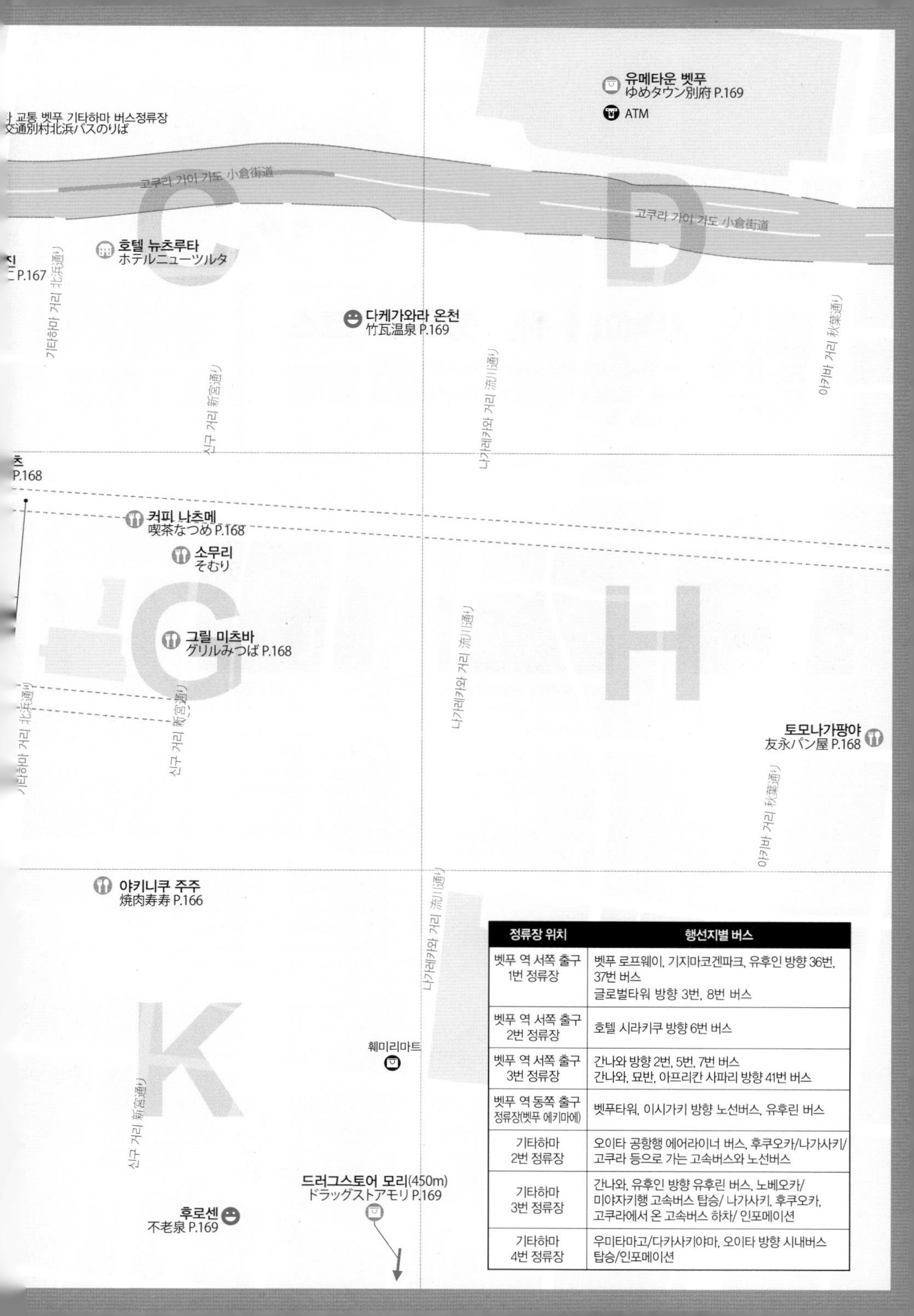

정류장 위치	행선지별 버스
벳푸 역 서쪽 출구 1번 정류장	벳푸 로프웨이, 기지마코겐파크, 유후인 방향 36번, 37번 버스 글로벌타워 방향 3번, 8번 버스
벳푸 역 서쪽 출구 2번 정류장	호텔 시라키쿠 방향 6번 버스
벳푸 역 서쪽 출구 3번 정류장	간나와 방향 2번, 5번, 7번 버스 간나와, 묘반, 아프리칸 사파리 방향 41번 버스
벳푸 역 동쪽 출구 정류장(벳푸 에키마에)	벳푸타워, 이시가키 방향 노선버스, 유후린 버스
기타하마 2번 정류장	오이타 공항행 에어라이너 버스, 후쿠오카/나가사키/고쿠라 등으로 가는 고속버스와 노선버스
기타하마 3번 정류장	간나와, 유후인 방향 유후린 버스, 노베오카/미야자키행 고속버스 탑승/ 나가사키, 후쿠오카, 고쿠라에서 온 고속버스 하차/ 인포메이션
기타하마 4번 정류장	우미타마고/다카사키야마, 오이타 방향 시내버스 탑승/인포메이션

스타벅스
B2
토키하 백화점 トキハ別府店
B1
다이리쿠 라멘 大陸ラーメン
인포메이션

COURSE 1 뚜벅이를 위한 벳푸 1일 코스

한정된 시간에 벳푸를 제대로 둘러보고 싶은 여행자에게 적합한 벳푸 핵심 코스를 추천한다. 꽤 많이 걸어야 하므로 편한 신발과 마실 물 정도는 준비하자.

START

JR 벳푸 역

벳푸 역 1층에 있는 관광안내소에서 '몽키마린 티켓(2450¥)'을 구입한다.

시간 08:30~17:30

→ 동쪽 출구로 나오면 보인다. (1분)

1 아부라야 구마하치 동상 油屋熊八の銅像

벳푸 여행 온 티를 팍팍 내고 싶다면 벳푸 관광의 아버지 아부라야 구하마치가 익살스러운 동작을 취하고 있는 동상 앞에서 인증 사진을 찍자.

시간 24시간

→ 큰길(에키마에거리)을 따라 직진. 토키하 백화점 사거리에서 좌회전 (10분)

©셀럽 김정민

2 토요츠네 본점 とよ常本店

큼지막한 덴푸라(튀김)를 올린 텐동으로 유명한 집. 유명한 만큼 오래 기다려야 맛볼 수 있다. 오픈 시간 전에 미리 도착해 대기 시간을 최소화하는 것이 포인트.

시간 11:00~14:00, 17:00~22:00

휴무 수요일 가격 특상 텐동 860¥(새우튀김 추가 시 320¥ 추가), 도리텐 650¥, 생맥주(소) 430¥

→ 큰길로 나와 좌회전. (1분) → 오이타 교통 버스정류장에서 오이타 방향 AS60번이나 AS61번 버스를 타고 가다 다카사키야마 자연동물원 앞에서 하차 (9분)

에키마에 거리 駅前通り

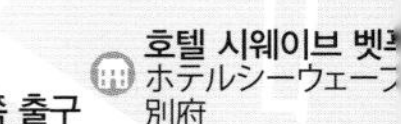

아부라야 구마하치 동상 油屋熊八の銅像
그린 스폿(550m) グリーンスポット
호텔 시웨이브 벳푸 ホテルシーウェーブ別府
분고차야 豊後茶屋
1
동쪽 출구(東口)
코인라커
스기노이 호텔 인포메이션 센터
스기노이 호텔 무료 셔틀버스 정류장
인포메이션
B
타임스 카 렌털 Time's Car Rental
JR 벳푸 역(別府駅)
서쪽 출구(西口)
B1
B2
B3
하나 벳푸 花べっぷ
호텔 시라기쿠 ホテル白菊
토요타 렌털 トヨタレンタリース

6 유메타운 벳푸
ゆめタウン別府
ATM

교통 벳푸 기타하마 버스정류장
通別村北浜バスのりば

3 4 방향

고쿠라 가이 가도 小倉街道

호텔 뉴츠루타
ホテルニューツルタ

다케가와라 온천 5
竹瓦温泉

START

S. JR 벳푸 역
70m, 도보 1분
1. 아부라야 구마하치 동상
700m, 도보 10분
2. 토요츠네 본점
4.3km, 도보 1분 + 버스 9분
3. 우미타마고
300m, 도보 5분
4. 다카사키야마 자연동물원
3.9km, 도보 3분 + 버스 9분
5. 다케가와라 온천
240m, 도보 3분
6. 유메타운 벳푸
400m, 도보 6분
F. 로바타진

3 우미타마고
うみたまご

관광객의 시선을 사로잡는 쇼와 볼거리가 가득한 체험형 수족관. 입장하자마자 쇼타임을 숙지해서 둘러보는 것이 중요하다.

시간 09:00~17:00(성수기에는 ...00까지) 휴무 연중무휴 가격 ...인 2200¥, 초등 · 중학생 1100¥, 어...이 700¥, 만 4세 미만 700¥, 70세 ...상 1800¥

→ 수족관 건물 앞 육교를 건넌다. (5...

4 다카사키야마 자연동물원
高崎山自然動物園

다카사키 산을 터전 삼아 살아가는 야생 원숭이들을 만날 수 있는 곳. 원숭이에게 먹이를 주는 시간대에 맞춰 찾아가면 색다른 볼거리가 많다.

시간 08:30~17:00(마지막 입장 16:30) 가격 성인 510¥, 초등 · 중학생 250¥

→ 동물원 출구로 나와 길을 건너지 말고 왼편 버스정류장으로 간다. (3분) → 벳푸 방향 AS60번이나 AS61 버스를 타고 나가레카와 유메타운마에 정류장에서 하차 (9분) → 정류장 바로 옆 샛길로 들어가면 주차장 맞은편에 위치

5 다케가와라 온천
竹瓦温泉

일반 온천도 좋지만 여행자들에게 인기 있는 것은 '스나유(모래찜질)'. 검은 모래 속에 파묻혀 잠시 땀을 뺐을 뿐인데, 몸이 한결 가벼워진다. 수건을 챙겨 가는 것이 좋다.

시간 모래찜질 08:00~22:30(마지막 입장 21:30) 휴무 모래찜질 셋째 주 수요일(공휴일인 경우 다음 날) 가격 모래찜질 1030¥

→ 큰길로 나와 길을 건넌다. (3분)

토모나가팡야
友永パン屋

아키바 거리 秋葉通り

야키니쿠 주주
焼肉寿寿

6 유메타운 벳푸
ゆめタウン別府

...마트, 식당가, ATM 기기 등을 갖...원스톱 쇼핑이 가능하다.

...시간 09:30~22:00

...큰길을 따라 기타하마 방향으로 직...다 토키하 백화점 사거리에서 좌... (6분)

FINISH

F 로바타진
ろばた仁

벳푸에서 가장 인기 있는 이자카야로 해산물 요리가 특히 신선하다. 주말에는 예약이 꽉 차 있을 수 있으니 식사 시간을 조금 피해서 가자.

시간 17:00~23:30 휴무 연말연시 가격 모둠 사시미 1000¥

ZOOM IN

JR 벳푸 역~ 기타하마

벳푸 교통의 중심지. 버스를 이용하든 열차를 이용하든 이곳을 거칠 수밖에 없다. 볼거리가 많지는 않지만 역사가 오래된 온천, 쇼핑 스폿, 유명 맛집들이 역 주변에 흩어져 있어 한 번 이상 들르게 되는 곳이다. 저렴한 호텔과 게스트하우스가 모여 있어 배낭여행자에겐 그야말로 축복의 땅으로 통한다.

1 벳푸타워
別府タワー

★★★ 도보 10분

벳푸를 상징하는 랜드마크 타워. 높이 90m의 전망 층에서는 벳푸의 중심지와 벳푸만 풍경을 360도 파노라마로 감상할 수 있다. 입장료가 저렴하지만 그만큼 시설물 관리 상태가 허술해 사진을 찍기에 좋은 환경은 아니다. 1층 티켓 자판기에서 표를 구입한 후 입장한다.

지도 P.162A
찾아가기 JR 벳푸 역 동쪽 출구로 나와 직진. 도보 10분
주소 大分県別府市北浜3-10-2
전화 097-721-3939
시간 09:00~22:00
휴무 수요일, 12월 31일
가격 성인 200¥, 초등 · 중학생 100¥
홈페이지 http://beppputower.co.jp/ko

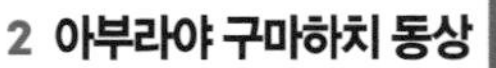

2 아부라야 구마하치 동상
油屋熊八の銅像
아부라야 구마하찌노 도-조

★★ 도보 1분

온천 마크와 벳푸 지옥 순례를 탄생시켜 벳푸 관광의 아버지라 불리는 남자가 있다. 아부라야 구마하치(1863~1935)다. 훗날 그의 업적을 기리기 위해 벳푸 시가 나서서 건립한 동상으로 벳푸의 마스코트로 자리 잡았다. 동상 뒤에는 누구나 무료로 이용할 수 있는 수족탕이 마련돼 있다.

1권 P.055 지도 P.162J
찾아가기 JR 벳푸 역 동쪽 출구로 나오자마자 보인다.
시간 24시간

3 글로벌 타워
グローバルタワー

★★★★★ 버스 8분

비콘 플라자 컨벤션 센터에 딸린 부속 전망대. 지상 100m 높이의 전망대에 올라가면 벳푸 시가지와 벳푸만의 푸르른 바다가 두 눈 가득 펼쳐진다. 밤에는 아무것도 보이지 않으니 날씨 좋은 날 오후에 올라가보자.

지도 P.150
찾아가기 JR 벳푸 역 서쪽 출구 버스정류장에서 3, 36번 버스를 타고 호텔 시라기쿠 마에 또는 비콘 플라자에서 하차 주소 大分県別府市山の手町12-1 전화 097-726-7111
시간 3~11월 09:00~21:00, 12~2월 09:00~19:00 휴무 부정기(악천후에는 휴무)
가격 고등학생 이상 300¥, 초등 · 중학생 200¥, 어린이 무료 홈페이지 www.b-conplaza.jp/global_tower

4 야키니쿠 주주
焼肉寿寿

★★★★ 도보 5분

일반 야키니쿠집과 다르게 호르몬(내장) 부위와 희귀 부위, 프리미엄 육우에 좀 더 치중한다. 특히 프리토로 호르몬을 비롯한 호르몬 메뉴가 가장 인기 있으며 구로게 와규도 여성들에게 호평받고 있다. 관광객보다 현지인이 많다는 것도 장점.

지도 P.163K
찾아가기 JR 벳푸 역 동쪽 출구로 나와 32번 도로를 따라 직진하다 도로가 굽어지는 사거리에서 우회전. 신구도리(新宮通り) 가기 전 삼거리 코너에 위치. 역에서 도보 5분 주소 大分県別府市駅前町 7-17 전화 097-723-9993
시간 17:30~23:30(L.O 22:30) 휴무 월요일
가격 프리토로 호르몬 590¥, 구로게 와규 숙... 프리미엄 히레 2380¥ 홈페이지 없음

5 토요츠네 본점

とよ常本店 도요쯔네 혼뗀

도보 9분

© 셀럽 김정민

창업한 지 90년이 넘은 일식 전문점으로 특상 텐동(特上天丼)의 인기가 독보적이다. 개점 시간 직후에 가면 기다리는 일 없이 자리를 잡을 수 있다. 한국어 메뉴가 있다.

1권 P.093 지도 P.162B

찾아가기 JR 벳푸 역 동쪽 출구로 나와 직진. 토키하 백화점 앞 사거리에서 지하도로 들어가 반대편으로 나와 오이타교통 옆 골목으로 들어간다.

주소 大分県別府市北浜2-12-24 **전화** 097-722-3274 **시간** 11:00~14:00, 17:00~22:00

휴무 수요일

가격 특상 텐동 950¥(새우튀김 추가 시 360¥ 추가), 도리텐 650¥, 생맥주(소) 500¥ **홈페이지** www.toyotsune.com

6 분고차야

豊後茶屋

도보 1분

오이타 현의 향토 요리를 전문으로 하는 곳으로 위치가 좋아서 여행자가 들르기에 딱 좋다. 도리텐동 정식과 분고 정식이 특히 인기 있다. 정식 주문 시 밥 곱빼기는 무료. 입구의 대기자 리스트에 이름과 인원수를 적은 후 기다려야 한다.

1권 P.095 지도 P.162J

찾아가기 JR 벳푸 역 1층 훼미리마트 옆 B-Passage 내에 위치 **주소** 大分県別府市駅前町12-13 **전화** 097-725-1800

시간 10:00~22:00

휴무 연중무휴

가격 도리텐동 정식 980¥, 분고 정식 1100¥, 오코사마 세트 470¥

홈페이지 없음

7 소무리

そむり

도보 6분

분고규 스테이크가 유명한 집. 육질이 4등급 이상의 최고급 분고규만 사용해 최상의 맛을 낸다. 비싼 가격이 부담이라면 점심시간(11:30~13:30)에만 주문할 수 있는 '스테이크 런치(ステーキランチ)' 메뉴를 주문하자. 미디엄 사이즈 스테이크와 수프, 샐러드, 커피가 포함된 세트 메뉴로 가성비가 가장 좋다.

1권 P.120 지도 P.163G

찾아가기 JR 벳푸 역에서 도보 6분 **주소** 大分県別府市北浜1-4-28 **전화** 097-724-6830 **시간** 화~일요일 11:30~14:00(L.O 13:30), 17:30~21:30(L.O 20:30)

휴무 월요일 **가격** 스테이크 런치 미디엄 사이즈 2500¥ **홈페이지** www.somuri.net

8 로바타진

ろばた仁

도보 7분

사시미나 해산물 요리가 특히 맛있는 음식점이다. 질 좋은 해산물을 그날그날 들여온다니 당연한 일일 터. 가격대가 저렴한 편이고 인근에 맛집이 몰려 있어 2차, 3차 직행하기에 제격이다. 주말에는 빈자리가 없을 만큼 붐비니 조금 이른 시간에 방문하자. 한국어 메뉴가 있다.

1권 P.132 지도 P.162B

찾아가기 JR 벳푸 역 동쪽 출구로 나와 직진. 토키하 백화점 맞은편. 도보 7분

주소 大分県別府市北浜1-15-7

전화 097-721-1768 **시간** 17:00~23:30

휴무 연말연시 **가격** 모둠 사시미 1000¥

홈페이지 http://robata-jin.com

사시미 모리아와세 1000¥

분고규 스테이크 1650¥

7 토모나가팡야
友永パン屋

★★★★ 도보 12분

개업한 지 100년이 넘은 유서 깊은 빵집. 모든 빵이 베스트셀러일 정도로 맛을 인정받는데 그중에서도 팥빵이 유독 인기가 많다. 속에 든 소에 따라 통팥을 넣은 오구라앙(小倉餡)과 팥을 완전히 으깨 넣어 보들보들한 식감이 매력적인 고시안(漉し餡)으로 종류가 나뉜다.

지도 P.163H
찾아가기 JR 벳푸 역 동쪽 출구로 나와 도보 12분. 주택가에 있으므로 구글맵 등을 참고하자.
주소 大分県別府市千代町2-29
전화 097-723-0969
시간 08:30~ 18:00
휴무 일요일, 공휴일 가격 빵 90~200¥
홈페이지 없음

9 그릴 미츠바
グリルみつば

★★★ 도보 5분

벳푸의 역사와 함께해온 전통 양식집. 분고규로 만든 스테이크가 이 집의 효자 메뉴다. 튀김 빵가루는 토모나가팡야의 식빵을 건조해 빻아서 이용하며, 육수는 닭뼈를 우린 '도리가라'를 기본으로 해 부드러운 맛이 특징이다.

1권 P.120 지도 P.163G
찾아가기 JR 벳푸 역 동쪽 출구에서 도보 5분
주소 大分県別府市北浜1-4-31
전화 097-723-2887
시간 11:30~14:00, 18:00~21:00
휴무 화요일, 부정기 가격 분고규 로스런치 5300¥ 홈페이지 http://mituba.info

10 고게츠
湖月

★★★ 도보 5분

작게 빚은 교자 하나에 주력하는 집인데 주문을 받으면 바로 구워 내오니 맛이 없을 수 없다. 여기에 시원한 맥주 한 잔을 곁들이면 게임 끝. 이 작은 식당에 왜 단골손님이 그토록 많은지 알 것 같다. 현금 결제만 가능하다.

지도 P.163G
찾아가기 JR 벳푸 역 동쪽 출구로 나와 직진. B-MAX 건물 옆 솔파세오 긴자(ソルパセオ銀座) 쇼핑가 바로 옆 골목길로 들어가 왼편. 도보 5분
주소 大分県別府市北浜1-9-4
전화 097-721-0226
시간 14:00~20:00 휴무 월~목요일
가격 야키교자 600¥, 병맥주 600¥
홈페이지 없음

12 다이리쿠 라멘
大陸ラーメン

★★ 도보 4분

1952년에 문을 연 전통 있는 냉면 전문점. 주문하면 바로 면을 뽑는데 면발이 두툼하고 탱글탱글한 것이 특징이다. 늦은 시간까지 문을 여는 점 또한 여행자에게 반갑다. 냉면 외에도 메뉴가 상당히 다양하다.

지도 P.162F
찾아가기 JR 벳푸 역 동쪽 출구에서 직진, 도보 4분
주소 大分県別府市北浜1-10-21
전화 097-723-2657
시간 11:00~20:00
휴무 화요일
가격 대륙특제냉면 750¥
홈페이지 없음

13 그린 스폿
グリーンスポットグリーンスポット

★★ 도보 13분

'일왕이 즐겨 마시던 커피'로 유명한 카페로, 접근성이 좋진 않지만 벳푸에 가면 꼭 찾아가야 할 곳이다. 대표 메뉴는 더치커피인 '호박의 여왕(琥珀の女王)'. 48시간 동안 워터 드립으로 내린 커피를 다시 48시간 동안 숙성하는데, 여기에 고운 우유 거품을 올려 내온다.

1권 P.143 지도 P.162I
찾아가기 벳푸 역 서쪽 출구로 나와 도보 13분, 벳푸 공원 오른편 시오야 코포 빌딩 1층 주소 大分県別府市西野口町15-10
전화 097-725-2079
시간 10:00~18:00
휴무 화요일 가격 호박의 여왕 커피 900¥, 카페오레 840¥
홈페이지 greenspot-sara.com

호박의 여왕 커피 900¥

14 커피 나츠메
喫茶なつめ

★★ 도보 7분

온천수로 만든, 일명 '온천커피(温泉コーヒー)'를 판매하는 커피숍으로 55년이 넘는 역사를 자랑한다. 엄선한 생두를 이 집만의 방식으로 자가배전(커피콩을 직접 볶는 것)해 내리는 것이 원칙. 간카이지(観海寺) 온천 지역의 온천물로 만들어 입맛을 돋우고 피부 미용에도 좋다고 한다.

1권 P.136 지도 P.163G
찾아가기 JR 벳푸 역에서 도보 7분
주소 大分県別府市北浜1-4-23
전화 097-721-5713
시간 11:00~17:00
휴무 수요일
가격 온천커피 550¥
홈페이지 없음

15 드러그스토어 모리
ドラッグストアモリ

벳푸 역에서 가장 가까운 대형 드러그스토어. 규모에 걸맞게 다양한 상품을 구비하고 있으며 가격도 저렴해서 의외의 상품을 득템할 수 있다. 특히 파스류는 후쿠오카 돈키호테보다 저렴한 제품이 많으니 참고하자. 면세 가능.

지도 P.163K
찾아가기 JR 벳푸 역 동쪽 출구에서 도보 10분
주소 大分県別府市上田の湯町2121-1
전화 097-726-5667
시간 10:00~24:00
휴무 연중무휴
가격 상품마다 다름
홈페이지 www.doramori.co.jp

16 유메타운 벳푸
ゆめタウン別府

★★★★
도보 11분

대형 쇼핑센터로 일단 없는 것이 없다. 하지만 이거다 싶은 것도 없다는 것이 흠. 유니클로, 다이소, 지유(GU), 빌리지 뱅가드 등이 대표적인 숍. 시내에서 가깝고 대형 마트도 입점해 있어 장을 보기에도 좋다. 1층 ATM 코너에는 재팬 포스트 ATM 기기가 설치되어 있다.

지도 P.163D
찾아가기 JR 벳푸 역에서 도보 11분
주소 大分県別府市楠町382-7
전화 097-726-3333
시간 09:30~21:00
휴무 연중무휴
가격 가게마다 다름
홈페이지 www.izumi.jp/beppu

17 토키하 백화점
トキハ 도끼하 데빠−또

무지, 무인양품, 세리아, 벳푸 유일의 스타벅스 매장이 들어선 백화점. 지하에는 넓은 식품 코너가 자리 잡고 있다. 라이프스타일 숍을 제외하고는 근처의 유메타운 벳푸에 가는 편이 훨씬 낫다. 건물이 오래되어 백화점보다는 대형 쇼핑몰 같은 느낌이다.

지도 P.162B
찾아가기 JR 벳푸 역 동쪽 출구에서 도보 7분
주소 大分県別府市北浜2-9-1
전화 097-723-1111
시간 10:00~19:00
휴무 부정기
가격 가게마다 다름
홈페이지 www.tokiwa-dept.co.jp/beppu/index.php

19 다케가와라 온천
竹瓦温泉 다께가와라 온셍

★★★★★
도보 10분

1878년부터 무려 140년 가까이 영업해온 터줏대감 온천. 건물은 1938년에 지어진 것으로 근대산업 문화유산으로 지정된 문화재라는 사실이 놀랍다. 일본 분위기 물씬 풍기는 건물 안에서 온천욕을 하기 위해 여행자들이 몰려드는데, 일반 온천보다 '스나유(모래찜질)'의 인기가 대단하다.

1권 P.231 지도 P.163C
찾아가기 JR 벳푸 역 동쪽 출구로 나와 직진하다 토키하 백화점 정문 맞은편 골목길로 들어가 네 번째 골목으로 우회전. 도보 10분 **주소** 大分県別府市元町16-23 **전화** 097-723-1585 **시간** 모래찜질 08:00~22:30(마지막 입장 21:30) **휴무** 모래찜질 셋째 주 수요일(공휴일인 경우 다음 날) **가격** 모래찜질 1500¥ **홈페이지** www.city.beppu.oita.jp/sisetu/shieionsen/detail4.html

20 후로센
不老泉

★★
도보 5분

최근 리노베이션을 마친 시영 온천. 탕은 42℃의 온탕(ぬる湯)과 44℃의 열탕(あつ湯)으로 이뤄져 있는데 시영 온천 중 탕이 가장 넓고 쾌적한 편이다. 동네 주민들이 대부분이지만 주변 게스트하우스 등에서 찾아오는 여행자들이 늘어나고 있다.

지도 P.163K
찾아가기 JR 벳푸 역 동쪽 출구로 나와 우회전해 주차장 건물이 끝나는 지점에서 신구도리 방향으로 직진. 역에서 도보 5분
주소 大分県別府市中央町7-16
전화 097-721-0253 **시간** 06:30~22:30
휴무 연말연시, 부정기 **가격** 입욕료 250¥ / 코인로커 대형 200¥, 소형 100¥ / 수건 230¥
홈페이지 www.city.beppu.oita.jp/sisetu/shieionsen/detail5.html

ZOOM IN

벳푸 근교

높은 산에 둘러싸인 지형적 특성상 경치 좋은 곳은 교외에 흩어져 있다. 둘러보는 데 시간이 제법 걸리지만 '진짜' 벳푸를 만날 수 있는 곳이니 시간이 허락하는 범위 안에서 둘러보자. 대부분은 JR 벳푸 역이나 기타하마에서 출발하는 직행버스가 있다.

1 벳푸 로프웨이

別府ロープウェイ

★★★★★ 버스 25분

1300m의 츠루미다케 정상까지 단숨에 올라가는 케이블카. 다섯 군데의 정상 전망소에서 보는 풍경이 압권이다. 모두 둘러보는 데 최소 40분, 넉넉잡아 1시간 정도 걸린다. 홈페이지에서 할인 쿠폰을 출력해 가면 100¥ 할인 혜택이 있다.

지도 P.150
찾아가기 JR 벳푸 역 서쪽 출구 1번 버스 승차장에서 36, 37번 버스를 타고 25분. 1시간에 1~2대꼴로 운행. 요금 420¥
주소 大分県別府市大字南立石字寒原10-7
전화 097-722-2278 **시간** 09:00~17:00 20분 간격 운행(11월 15일~3월 14일은 16:30까지)
휴무 연중무휴 **가격** 성인 왕복 1600¥, 어린이(만 4세~초등학생) 800¥
홈페이지 www.beppu-ropeway.co.jp

2 아프리칸 사파리

African Safari

★★★ 버스 50분

일본 최대 규모의 사파리. 집게로 먹이를 집어 창밖으로 내밀면 득달같이 달려와 먹이를 받아 먹는 야생동물을 관찰할 수 있는 정글버스가 인기다. 단 동물들과 교감하는 시간은 10초 이내라 큰 기대는 금물.

지도 P.150
찾아가기 JR 벳푸 역 서쪽 출구 앞 2번 버스 승차장에서 아프리칸 사파리행 41번 버스 승차
주소 大分県宇佐市安心院町南畑2-1755-1
전화 097-848-2331 **시간** 3~10월 09:00~17:00, 11월~다음 해 2월 10:00~16:00
휴무 연중무휴(폭설, 폭우 등 악천후 시 폐장)
가격 입장료 성인 2600¥, 어린이(만 4세~중학생) 1500¥ / 정글버스 성인(만 15세 이상) 1100¥, 어린이(만 4세 이상) 900¥ *입장료와 정글버스 요금은 별도 **홈페이지** www.africansafari.co.jp

3 우미타마고

うみたまご

★★★★ 버스 15분

벳푸 교외에 있는 수족관. 볼거리가 풍부해 가족 단위 여행객이 많이 찾는 관광 명소가 됐다. 5가지 쇼만 챙겨 봐도 입장료가 아깝지 않을 정도이니 쇼타임을 확인하고 가자. 우미타마고와 다카사키야마 자연동물원 입장권, 왕복 버스 요금이 포함된 '몽키마린 티켓'을 구입하면 훨씬 저렴하게 다녀올 수 있다.

1권 P.240 **지도** P.150
찾아가기 벳푸 역 동쪽 출구로 나와 650m 직진. 토키하 백화점 맞은편의 기타하마 정류장에서 AS60번이나 AS61 버스를 타고 다카사키야마 시젠도부츠엔마에에서 하차 **주소** 大分市大字神崎字ウト3078-22 **전화** 097-285-3020 **시간** 09:00~17:00(성수기에는 21:00까지) **휴무** 연중무휴 **가격** 성인 2600¥, 초등·중학생 1300¥, 어린이 850¥, 만 4세 미만 700¥, 70세 이상 2000¥ **홈페이지** www.umitamago.jp/kr

4 다카사키야마 자연동물원

高崎山自然動物園
다까사끼야마 시젠도-부쯔엥

★★★ 버스 15분

1500마리가 넘는 야생 원숭이가 지배하는 땅. 산의 메인 광장 격인 사루요세바(サル寄せ場)를 두 원숭이 무리가 교대로 이용하는데, 교다 시간을 전후해 '감자 먹이 주기 행사'가 열린다. 이때가 되면 원숭이 울음소리가 온 산에 울려 퍼지는 진풍경이 펼쳐진다.

1권 P.241 **지도** P.150 **찾아가기** 기타하마 4번 버스 정류장에서 A560번 또는 A561번 버스로 15분 **주소** 大分県大分市神崎3098-1 **전화** 097-532-5010 **시간** 08:30~17:00(마지막 입장 16:30) **휴무** 연중무휴
가격 성인 520¥, 초등·중학생 260¥ **홈페이지** www.takasakiyama.jp/takasakiyama

5 스기노이 호텔
杉乃井ホテル

★★★★★ 버스 12분

호텔이라기보다는 벳푸 여행에서 빼놓을 수 없는 랜드마크. 가장 큰 온천 규모를 자랑하는데 1200평 규모의 '다나유온천'과 야외 온천 수영장인 '아쿠아 가든'에서는 벳푸 최고의 전망이 발아래 펼쳐진다. 숙박객이 아니어도 입욕료를 내면 이용 가능하다.

1권 P.212 지도 P.150

찾아가기 JR 벳푸 역 서쪽 출구 타임스 카 렌털(노란색 간판) 바로 옆에서 무료 셔틀버스를 운행한다. **주소** 大分県別府市観海寺1 **전화** 097-778-8888
시간 다나유 투숙객 05:00~24:00, 비투숙객 09:00~23:00 **휴무** 연중무휴
가격 숙박객은 입욕료 무료. 요일별, 시기별로 입장료에 차이가 있다. 성인 1200~2500¥, 만 3세~초등학생 700~1500¥
홈페이지 www.suginoi-hotel.com

6 지사이유야도 스이호오구라
慈菜湯宿 粋房おぐら
지자이유야도 스이호-오구라

★★★★ 자동차 20분

일본인들에게 인기 있는 전세 온천. 귤을 띄워 피부에 활력을 불어넣는 '신유', 자쿠지가 설치된 '해빙유', 낙수 마사지가 가능한 '오칸유'가 인기다. 다른 곳보다 이용 시간이 짧은 대신 입욕료가 저렴한 것이 장점.

1권 P.227 지도 P.150

찾아가기 벳푸IC에서 간나와 방향으로 11번 도로를 타고 가다가 로손 편의점이 보이면 언덕길로 좌회전해 1.3km 지점
주소 大分県別府市小倉1-3
전화 097-721-6123
시간 10:30~21:00 **휴무** 연중무휴
가격 3명 45분 이용 1500~2000¥, 1인 추가 또는 15분 초과 이용 시 500¥ 추가
홈페이지 www.suihouogura.com

7 무겐노사토 · 슌카슈토
夢幻の里・春夏秋冬

★★★★★ 자동차 17분

인적 드문 곳에 자리한 온천. 계절에 따라 온천 분위기와 입욕감이 확연히 달라지는 것이 이곳만의 특징. 남녀 공용탕과 다섯 가지 전세탕을 보유하고 있는데 이곳에서 유일하게 원천이 두 개인 호타루노유와 폭포 바로 앞에서 온천을 즐길 수 있는 타키노유가 인기 있다.

1권 P.227 지도 P.150

찾아가기 렌터카 없이는 찾아가기 힘들다. 가는 길이 복잡해 네비게이션의 도움을 받는 것이 편하다. **주소** 大分県別府市堀田6組 **전화** 097-725-1126 **시간** 10:00~ 18:00(마지막 접수 17:00) **휴무** 부정기(악천후 및 정비일) **가격** 타키노유 3000¥, 게츠노유 2800¥, 호타루노유 2500¥(모든 전세탕은 4명 정원, 60분 사용), 공용탕 성인 700¥ **홈페이지** http://mugen-no-sato.com

8 호리타 온천
堀田温泉 호리따 온셍

★ 자동차 15분

물 좋기로 소문나 벳푸 시민들도 일부러 찾아오는 곳이다. 온천수를 계속 보충하는 가케나가시(かけ流し)형 온천이라 수질이 잘 유지되고 있다. 휠체어를 탄 채 입욕할 수 있어 어르신들을 모시고 가기에 좋다.

지도 P.150

찾아가기 렌터카가 없으면 찾아가기 힘들다. 네비게이션 전호번호 검색 기능을 이용하자.
주소 大分県別府市堀田2組
전화 097-724-9418
시간 06:30~22:30
휴무 첫째 주 수요일(공휴일인 경우 다음 날)
가격 입욕료 성인 300¥, 어린이 100¥/코인로커 100¥
홈페이지 www.city.beppu.oita.jp/sisetu/shieionsen/detail16.html

AREA

2 KANNAWA
[鉄輪 간나와]

여덟 지옥 온천 중 가장 인기 있는 가마솥 지옥

천국과 지옥의 경계

그 옛날, 사람이 도저히 살 수 없던 불모지가 완전히 달라졌다. 온천을 보고 즐기기 위한 '온천 순례자'들이 모여들면서 변화가 시작된 것. 이제는 조용한 마을 골목길도, 쉴 새 없이 솟아오르는 온천 증기도 모두 여행자의 몫이 됐지만, 동네를 조금만 벗어나면 여전히 온천 증기에 가려 보이지 않던 소박한 시골 촌락이 여행자를 품어준다. 이 멋진 '치유의 땅'이 한때 '지옥의 땅, 쓸모없는 땅'이라 불렸으니 얼마나 억울했을까?

인기 ★★★★★

벳푸 관광의 하이라이트

쇼핑 ★★★☆☆

지옥 온천 기념품점을 주목하자.

식도락 ★☆☆☆☆

벳푸 역에서 끼니를 해결하고 오는 것이 속 편하다.

나이트라이프 ★★★☆☆

밤하늘을 올려다보며 노천욕을 하는 것만큼 운치 있는 일이 또 있을까.

관광지 ★★★★☆

걸어 다닐 만하다.

혼잡도 ★★★☆☆

패키지 여행자들로 붐비는 시간만 피하면 한산하다.

오이타 공항 → 간나와

STEP 1 공항 특급 에어라이너 버스에 탑승해 JR 벳푸 역에서 하차

시간 51분 **요금** 1500¥

STEP 2 JR 벳푸 역 서쪽 출구 2번 버스 승차장에서 2, 5, 7, 41번 버스에 탑승해 간나와 버스터미널에서 하차

시간 약 26분 **요금** 330¥

후쿠오카 공항 → 간나와

공항 국제선 터미널 건물 밖 2번 승차장에서 벳푸행 고속버스에 탑승해 간나와구치(鉄輪口) 버스승차장에서 하차

시간 09:42~21:42 1시간에 1대꼴로 운행. 약 2시간 소요 **요금** 3250¥

벳푸 주요 지역 / 유후인 → 간나와

JR 벳푸 역 JR 벳푸 역 서쪽 출구 2번 버스승차장에서 2, 5, 7, 41번 노선버스에 탑승해 간나와 버스터미널에서 하차

시간 약 26분 **요금** 330¥

묘반 묘반(明礬)이나 지조유마에(地蔵湯前) 버스승차장에서 벳푸 역 방향 5, 24, 41번 버스를 타고 가다 간나와 버스터미널에서 하차

시간 약 10분 **요금** 140¥

유후인 유후인 버스터미널에서 유후린(ゆふりん) 버스에 탑승해 간나와구치(鉄輪口) 정류장에서 하차. 09:30부터 16:45까지 1시간~1시간 30분 간격으로 6회 운행

시간 약 42분 **요금** 880¥

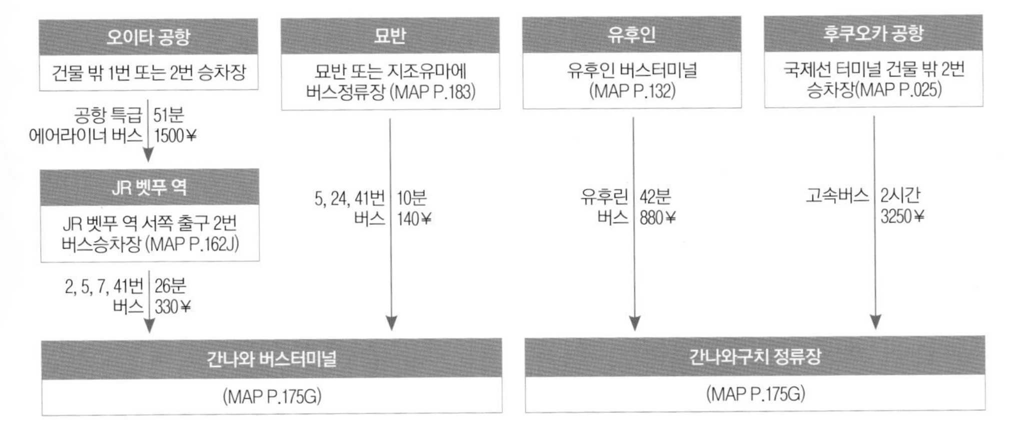

MUST SEE 이것만은 꼭 보자!

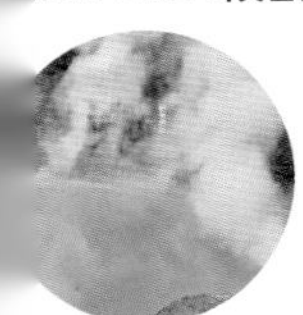
No. 1 바다 지옥

No. 2 가마솥 지옥

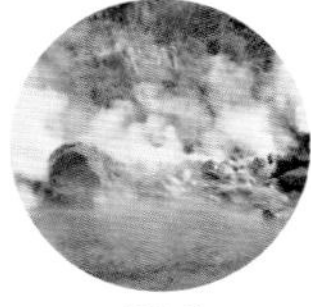
No. 3 산 지옥

MUST EXPERIENCE 이것만은 꼭 체험하자!

No. 1 효탄 온천

No. 2 간나와무시유

No. 3 오니이시노유

MAP
간나와 한눈에 보기
N
0
50m
A
B
E
F
I
J
바다 지옥
海地獄 P.179
입구
간나와엔
山荘 神和苑
가마솥 지옥
かまど地獄 P.178
입구
산 지옥
山地獄 P.178
입구
오니이시노유
鬼石の湯 P.181
스님 머리 지옥
鬼石坊主地獄
P.178
입구
우미지고쿠마에
海地獄前
바다 지옥 버스정류장
벳푸역 방향
유후린버스 타는 곳
바다 지옥
버스정류장
오니야마 호텔
おにやまホテル
규슈 횡단도로 九州横断道路

피의 연못 지옥
血の池地獄(2km)
P.179
소용돌이 지옥
龍巻地獄(2km)
P.179
유케무리 전망대
湯けむり展望台(900m)
P.180
이야시노야도 이로하
癒しの宿 彩葉
오이타 현 218번 도로 県道218号線
간나와 유노카
かんなわ ゆの香
피의 연못 지옥/소용돌이 지옥 방향
16, 16A번 버스 타는 곳
유후인 방향 유후린 버스 타는 곳
로커
간나와 버스터미널②
鉄輪バスターミナル
간나와무시유
鉄輪むし湯 P.181
온센카쿠
温泉閣
기라쿠
きらく
시부노유
渋の湯 P.181
이데유자카 いでゆ坂
로커
간나와 버스터미널①
鉄輪バスターミナル
미유키야
みゆき屋
무료 족욕장
足蒸し
미유키자카 みゆき坂
이데유자카 いでゆ坂
지고쿠무시코보 간나와
地獄蒸し工房 鉄輪 P.180
유케무리 도로 ゆけむり通り
료칸 쿠니사키소우
旅館国東荘
오이타 현 218번 도로 県道218号線
미유키노유
みゆきの湯
P.181
호텔 간나와
ホテル鉄輪
유케무리 도로 ゆけむり通り
효탄 온천
ひょうたん温泉
P.181
호텔 후게츠 해먼드
ホテル風月HAMMOND
큐슈 횡단도로 九州横断道路
호텔 산스이칸
ホテル山水館
유메타마테바코
夢たまて筥
큐슈 횡단도로 九州横断道路
마루쇼쿠
マルショク P.180
벳푸 간나와 우체국
別府鉄輪郵便局
ATM
오이타 현 218번 도로 県道218号線
큐슈 횡단도로 九州横断道路
맥도날드
아마미차야 甘味茶屋
(450m) P.180
가메쇼쿠루쿠루즈시 亀正くるくる寿し
(700m) P.180

핵심 당일치기 코스

시간은 한정적이고 보고 싶은 것은 많은 사람이나 벳푸 여행이 처음인 사람에게 적극 추천하는 코스다. 걷는 구간이 대부분이므로 간단한 먹을거리를 챙기는 것이 좋다.

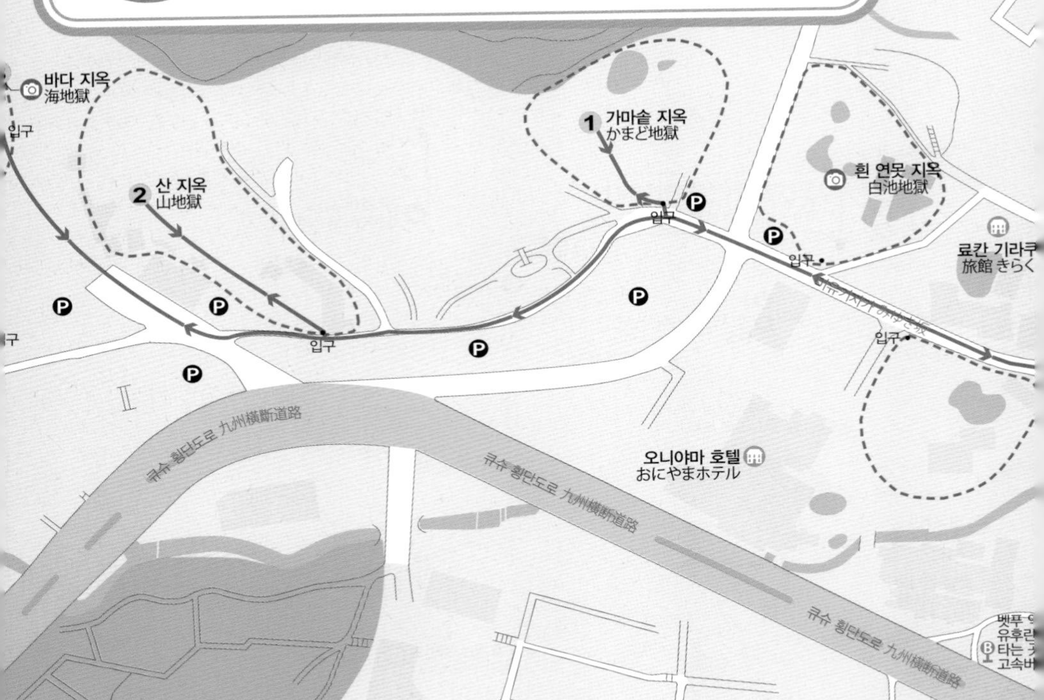

간나와 버스터미널
→ 버스터미널 맞은편의 미유키자카 언덕길을 오른다. (5분)

1 가마솥 지옥 かまど地獄

볼거리와 체험할 거리가 가장 많은 지옥 온천이다. 단체 여행자가 많으니 이른 시간에 가자. 특히 온천 증기로 삶은 달걀과 호빵, 무료 족욕장을 놓치지 말자.

시간 08:00~17:00
가격 성인 400¥
→ 출구로 나와 우회전한 후 주차장을 왼편에 끼고 직진한다. (4분)

2 산 지옥 山地獄

커다란 온천 웅덩이가 있는 다른 지옥 온천과 달리 지표에서 보글보글 뿜어져 나오는 온천을 구경할 수 있다.

시간 08:00~17:00
가격 성인 400¥
→ 출구로 나와 오른쪽 방향으로 직진한다. (2분)

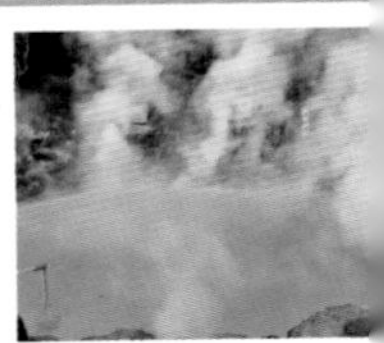

3 바다 海

벳푸 지옥 온천의 하이라이트,
빛 지옥 연못과 가시연꽃으로
연못 등 볼거리가 가장 많다. 기
에서는 이곳의 온천수로 찐 푸딩
두, 바다 지옥의 온천수를 분말화
입욕제 등을 눈여겨보자.

시간 08:00~17:00 **가격** 성인
→ 출구로 나와 왔던 길로 돌
미유키자카와 이데유자카 도로
나는 교차로에 위치한다. (8분)

4 지고쿠무시코보 간나와
地獄蒸し工房 鉄輪

비싸지만 온천 증기를 이용해 다양한 식재료를 직접 쪄 먹을 수 있는 곳이다. 식사 후에는 무료 족욕장에서 족욕을 하는 것으로 마무리.

시간 09:00~21:00(L.O 20:00)
휴무 셋째 주 수요일 **가격** 찜통 기본 임대료(30분/소) 510￥, 세트 메뉴 1200~1300￥, 단품 300~800￥
→ 인포메이션 방향 출구로 나와 언덕길을 내려가다 보도블록이 끝나는 지점에서 우회전한다. (5분)

5 효탄 온천
ひょうたん温泉

일본 유일의 미슐랭 가이드 3스타 온천으로 벳푸에서 한국인이 가장 많이 찾아가는 곳이다. 그 명성만큼이나 온천 시설이 다양해 온천만 즐기기에도 하루가 모자랄 정도다.

시간 09:00~다음 날 01:00
가격 입욕료 성인 750￥, 초등학생 320￥ / 스나유(모래찜질) 330￥ / 가족탕 3명 1시간 2150￥
→ 출구로 나와 우회전한다. (2분)

6 마루쇼쿠
マルショク

간나와 지역에서 가장 큰 마트. 특히 호로요이와 맥주 등 주류가 저렴한 편이라 일부러라도 찾아갈 만하다.

시간 10:00~24:00
→ 큐슈 횡단도로를 따라 언덕을 오른다. (10분)

START

S. 간나와 버스터미널
300m, 도보 5분
1. 가마솥 지옥
200m, 도보 4분
2. 산 지옥
100m, 도보 2분
3. 바다 지옥
650m, 도보 8분
4. 지고쿠무시코보 간나와
400m, 도보 5분
5. 효탄 온천
120m, 도보 2분
6. 마루쇼쿠
600m, 도보 10분
F. 간나와 버스터미널

간나와무시유 鉄輪むし湯
시부노유 渋の湯
S·F 간나와 버스 터미널 鉄輪バスターミナル
무료 족욕장 足蒸し
4 지고쿠무시코보 간나와 地獄蒸し工房 鉄輪
미유키야 みゆき屋
유케무리 도로 ゆけむり通り
이데유자카 いでゆ坂
호텔 후게츠 해먼드 ホテル風月HAMMOND
효탄 온천 ひょうたん温泉 5
큐슈 횡단도로 九州横断道路
마루쇼쿠 マルショク 6

FINISH
간나와 버스터미널

아마미차야 甘味茶屋 450m
가메쇼쿠루쿠루즈시 亀正くるくる寿し 700m

ZOOM IN

지옥 순례

테마와 특성이 다른 여덟 곳의 지옥 온천을 둘러보는 일정을 '지옥 순례'라고 한다. 모두 둘러볼 필요는 없고 두세 군데만 가보면 족하다. 가마솥 지옥, 바다 지옥, 흰 연못 지옥이 특히 인기 있는 지옥 온천. 나머지 다섯 군데는 시간이 넉넉하다면 둘러보자.

가격

	성인	중학생	초등학생
개별 티켓 (지옥 한 곳당)	450¥	250¥	200¥
통합 티켓 (지옥 일곱 곳 통합)	2200¥	1000¥	900¥

* 산 지옥은 별도 입장권 필요

1 스님 머리 지옥

鬼石坊主地獄 오니이시보-즈지고꾸

★★ 도보 9분

보글보글 뜨거운 진흙이 끓어오르는 모습이 흡사 스님의 머리 같다고 해서 이런 이름이 붙었다. 생각보다 규모가 작고 스님의 머리도(?) 작아서 크게 기대했다가는 실망할 수도 있다. 무료 족욕장을 갖추고 있다.

1권 P.054 지도 P.174E
찾아가기 간나와 버스터미널에서 도보 9분
주소 大分県別府市大字鉄輪559-1
전화 097-727-6655
시간 08:00~17:00
휴무 연중무휴
가격 성인 450¥
홈페이지 www.beppu-jigoku.com

2 산 지옥

山地獄 야마지고꾸

★★★ 도보 8분

산 중턱에서 온천 증기가 기둥처럼 피어오르는 지옥. 온천 자체보다 온천 증기를 이용해 키우는 다양한 동물이 볼거리인데 굳이 시간 들이고 돈 써가며 볼 만한 가치는 없다. 아이와 동행한다면 한 번쯤 들를 만하다.

1권 P.053 지도 P.174E
찾아가기 간나와 버스터미널에서 도보 8분
주소 大分県別府市大字鉄輪559-1
전화 097-766-1577
시간 08:00~17:00
휴무 연중무휴
가격 성인 500¥, 초·중·고등학생 300¥
홈페이지 www.beppu-jigoku.com

3 가마솥 지옥

かまど地獄 가마도지고꾸

★★★★★ 도보 5분

지역 토속 신인 '가마도 하치만'의 제사 때에 올릴 밥을 90℃가 넘는 이곳 온천 증기로 지었다고 해서 '부뚜막 지옥'이라고 불리던 지옥 온천. 거대한 솥과 가마도 도깨비 조형물, 온도에 따라 코발트빛과 에메랄드빛, 주황색 등으로 색이 다른 온천이 주요 볼거리. 매점과 무료 족욕장도 갖추고 있다.

1권 P.052 지도 P.174B
찾아가기 간나와 버스터미널에서 도보 5분
주소 大分県別府市大字鉄輪621
전화 097-766-0178
시간 08:00~17:00 휴무 연중무휴
가격 성인 450¥
홈페이지 www.beppu-jigoku.com

4 흰 연못 지옥

白池地獄 시라이께지고꾸

★★★ 도보 3분

다른 곳과 다르게 지옥 온천의 물이 흰색이다. 온천수가 분출될 때에는 무색이지만 온도와 압력의 차에 따라 점차 흰색과 청백색으로 변하는 것으로 그 과학적 가치를 인정받아 국가 명승지로 지정됐다. 온천수의 색깔이 조금씩 변해가는 모습을 지켜볼 만하다.

1권 P.054 지도 P.174B
찾아가기 간나와 버스터미널에서 도보 3분
주소 大分県別府市大字鉄輪278
전화 097-766-0530
시간 08:00~17:00
휴무 연중무휴
가격 성인 450¥
홈페이지 www.beppu-jigoku.com

5 바다 지옥
海地獄 우미지고꾸

★★★★★
도보 9분

자꾸 보면 바다인 줄 착각하게 되는 코발트빛 지옥 연못과 여름이면 가시연꽃으로 뒤덮이는 연못 풍경이 아름다운 지옥 온천. 8개 지옥 온천 중 볼거리가 가장 많으며 일본 국가 명승지로 지정되어 있다. 기념품점이 지옥 온천 중 가장 규모가 커 쇼핑을 하기도 좋다. 무료 족욕장도 있다.

1권 P.053 **지도** P.174A
찾아가기 간나와 버스터미널에서 도보 9분
주소 大分県別府市大字鉄輪559-1
전화 097-766-0121 **시간** 08:00~17:00
휴무 연중무휴 **가격** 성인 450¥
홈페이지 www.beppu-jigoku.com

6 도깨비 산 지옥
鬼山地獄 오니야마지고꾸

★★★
도보 4분

1923년 일본 최초로 온천 열기를 이용해 악어 사육을 시작했다고 해서 '악어 지옥'이라고도 불린다. 수온 99℃의 지옥 연못을 중심으로 70여 마리의 악어들이 살고 있으며 악어에게 먹이를 주는 모습을 볼 수도 있다.

1권 P.054 **지도** P.174F
찾아가기 간나와 버스터미널에서 도보 4분
주소 大分県別府市大字鉄輪625
전화 097-767-1500
시간 08:00~17:00
휴무 연중무휴
가격 성인 450¥
홈페이지 www.beppu-jigoku.com

7 소용돌이 지옥
龍巻地獄 다쯔마끼지고꾸

★★★
버스 6분

30~40분 간격으로 온천수가 치솟는 광경을 볼 수 있다. 볼거리가 많지 않지만 8개 지옥 온천 중 유일한 간헐천이라는 점에서 가볼 만한 가치가 충분하다.

1권 P.055 **지도** P.175D
찾아가기 간나와 버스터미널②에서 16번 또는 16A, 29번 버스를 타고 6분 **주소** 大分県別府市野田782 **전화** 097-766-1854 **시간** 08:00~17:00 **휴무** 연중무휴 **가격** 성인 450¥ **홈페이지** www.beppu-jigoku.com

8 피의 연못 지옥
血の池地獄 치노이케지고꾸

★★★
버스 6분

피와 지옥. 무시무시한 단어 두 개가 합쳐지니 이름만으로도 살벌하다. 원천 부근의 점토층이 온천수와 섞이며 피바다(?)를 이루어 이런 이름이 붙었는데, 맑은 날에는 실제로 온천수의 색깔이 피와 비슷해 보인다.

1권 P.055 **지도** P.175D
찾아가기 간나와 버스터미널②에서 16번 또는 16A, 29번 버스를 타고 6분
주소 大分県別府市野田778
전화 097-766-1191
시간 08:00~17:00
휴무 연중무휴
가격 성인 450¥
홈페이지 www.beppu-jigoku.com

ZOOM IN

간나와 버스터미널 주변

중 · 소규모 온천 호텔과 료칸이 밀집한 지역. 밀려드는 관광객 수에 비해 편의시설이 적어 식사를 할 만한 곳도, 쇼핑 스폿도 한정돼 있다. 그 대신 벳푸 시에서 운영하는 시영온천이나 유료 온천이 매우 다양해 온천욕만 해도 하루가 금방 간다. 오르막 길이 많아 걷기에는 조금 힘들 수 있는데, 언덕 위에서 걸어 내려오면서 구경하는 것으로 일정을 정하면 수월하다.

1 유케무리 전망대

湯けむり展望台
유께무리 뎀보다이

★★ 도보 17분

벳푸 간나와 지역을 한눈에 볼 수 있는 곳. 산 중턱의 전망 좋은 곳에 불과하기 때문에 나뭇가지 등이 시야를 가리며, 온천의 증기량도 시기에 따라 차이가 많아 운이 좋아야 멋진 풍광을 접할 수 있다. 대체로 겨울 풍경이 더 멋지다.

지도 P.175D
찾아가기 렌터카를 대여하지 않으면 찾아가기 어렵다. 간나와 버스터미널 건물을 등지고 우회전해 218번 도로를 따라 15~20분 걸으면 기후네 성(貴船城)으로 가는 진입로가 나오는데, 그다음 오른쪽 갈림길로 들어서면 된다.
가격 무료 입장

2 가메쇼쿠루쿠루즈시

亀正くるくる寿し

★★★★ 버스 20분

벳푸에서 가장 인기 있는 스시집. 재료가 아주 신선하고 맛도 훌륭하다. 스시 종류가 70여 가지에 이르고 디저트와 사이드 디시 메뉴도 다양해 늘 손님들로 북적이는 곳이다. 예약이 불가능하기 때문에 직접 가서 대기자 명단에 이름을 올리고 기다려야 한다.

1권 P.091 **지도** P.175L
찾아가기 벳푸역 동쪽 출구 버스 정류장에서 24번 버스를 타고 20분 또는 간나와 버스터미널에서 24번 버스를 타고 5분, 유노카와구치(湯の川口) 정류장에서 하차. 1시간에 한 대 꼴로 운행
주소 大分県別府市北中7組
전화 097-766-5225
시간 11:00~21:00(L.O 20:30)
휴무 수요일(공휴일인 경우 목요일)
가격 스시 165~450¥ **홈페이지** 없음

3 아마미차야

甘味茶屋

★★★★ 자동차 10분

예쁘게 꾸민 디저트 카페로 젊은 여성이 많이 찾는다. 오이타 지역 명물 음식과 전통 다과류를 주로 파는데 식사로는 당고지루 정식을, 간식으로는 젠자이나 말차 파르페를 추천한다. 사실 뭘 먹어도 분위기 덕에 더 맛있게 느껴지는 경향이 있다.

지도 P.175L
찾아가기 간나와 지역에서 자동차로 5~10분 거리. 택시를 타면 기본요금에서 크게 벗어나지 않지만 돌아갈 때 택시를 잡기가 번거롭다. 렌터카를 빌리지 않으면 사실상 찾아가기가 쉽지 않다.
주소 大分県別府市実相寺1-4
전화 097-767-6024 **시간** 10:00~21:00 **휴무** 12월 31일, 1월 1일 **가격** 당고지루 정식 1180¥, 야세우마 400¥, 말차 파르페 800¥
홈페이지 http://amami.chagasi.com

4 지고쿠무시코보 간나와

地獄蒸し工房鉄輪

★★★ 도보 1분

펄펄 끓어오르는 온천수를 이용해 찜 요리를 해 먹을 수 있는 곳. 직접 쪄야 해서 번거로운 면이 있지만 오히려 그게 매력이다. 배부르게 먹으려면 1명당 2000¥은 필요하므로 허기만 면한다는 생각으로 맛보자.

지도 P.175G
찾아가기 JR 벳푸 역 동쪽 출구로 나오자마자 오른쪽에 보이는 버스승차장에서 15, 16, 20, 24, 25번 등 간나와 방향 버스를 타고 30분. 간나와 버스터미널 옆 내리막길을 따라 조금만 내려가면 보인다.
주소 大分県別府市風呂本5組
전화 097-766-3775
시간 10:00~19:00(L.O 18:00)
휴무 셋째 주 수요일
가격 찜통 기본 임대료(30분/소) 510¥, 세트 메뉴 1200~2100¥, 단품 400~900¥
홈페이지 www.city.beppu.oita.jp

5 마루쇼쿠

マルショク

★★★ 도보 7분

대형 마트로 간나와 지역에서 걸어갈 수 있을 만큼 가깝다. 여느 대형 마트처럼 상품이 다양하지만 가장 저렴한 것은 맥주와 추하이. 특히 캔맥주와 호로요이는 이곳만큼 저렴한 곳이 없을 정도이니 잊지 말고 구입하자.

지도 P.175L
찾아가기 간나와를 지나는 500번 도로를 따라 도보 7분
주소 大分県別府市大字鶴見字砂原130-1
전화 097-766-7777
시간 10:00~24:00
휴무 연중무휴
가격 상품마다 다름
홈페이지 www.sunlive.co.jp

6 효탄 온천
ひょうたん温泉 효땅 온셍

★★★★★ 도보 5분

일본 유일의 미슐랭 가이드 3스타 온천. 입욕료만 내면 실내탕과 노천탕은 물론이고 낙수 마사지, 온천 증기 사우나 등 8개의 탕을 모두 즐길 수 있고, 추가 요금을 내면 온도별 모래 찜질 체험을 할 수 있다. 워낙 많은 여행자가 찾기 때문에 시간대별로 수질의 차이가 있으므로 가급적 이른 시간에 가는 것이 좋다. 식당도 있지만 음식이 만족스러운 편은 아니다.

1권 P.228 **지도** P.175H
찾아가기 간나와 버스승차장에서 좌회전해 500번 도로를 따라 내려오다 마루쇼쿠 마켓 옆길로 좌회전. 도보 5분 **주소** 大分県別府市鉄輪159-2 **전화** 097-766-0527 **시간** 09:00~다음 날 01:00 **휴무** 부정기 **가격** 입욕료 성인 860￥, 초등학생 380￥/ 스나유(모래찜질) 330￥/ 가족탕 3명 1시간 2400￥ **홈페이지** www.hyotan-onsen.com

7 미유키노유
みゆきの湯

★★★★ 도보 2분

8가지 유형의 전세 탕을 운영하는 온천. 4가지 실내탕과 4가지 노천탕으로 구분돼 있는데, 실내가 넓고 4명까지 이용 가능한 탕이 대부분이라 가족 단위 여행객이 많이 찾는다. 입구에서 자판기로 입욕 요금을 결제한 다음 직원의 안내에 따라 입장하면 된다.

1권 P.226 **지도** P.175G
찾아가기 간나와 버스터미널 건물에서 나와 좌회전 후 500번 도로로 우회전해 도보 2분 거리의 구로다야(黒田や) 호텔 바로 옆에 위치
주소 大分県別府市鉄輪御幸3
전화 097-775-8200 **시간** 11:00~23:00 (토·일요일, 공휴일은 10:00~)
휴무 연중무휴 **가격** 시간과 요일에 따라 다르다. 노천탕 1시간 2100~2600￥, 실내탕 1시간 2100￥ **홈페이지** www.miyukinoyu.com

8 오니이시노유
鬼石の湯

★★★★ 도보 12분

시간을 잘 맞추면 온천을 독차지하는 호사를 누릴 수 있는 비밀스러운 온천. 1개의 실내탕과 2개의 널찍한 노천탕으로 이뤄져 있고 시설도 잘 유지되고 있다. 지옥 온천 순례를 마치고 들르기에 좋은 위치다. 물품 보관함이 널찍해 당일 여행 시에 제격.

1권 P.229 **지도** P.174E
찾아가기 간나와 버스터미널에서 도보 12분. 도깨비 바위 스님 지옥 매표소 옆길로 들어간다.
주소 大分県別府市鉄輪 559-1
전화 097-727-6656 **시간** 10:00~22:00
휴무 첫째 주 화요일(공휴일인 경우 다음 날)
가격 성인 620￥, 초등학생 300￥, 유아 200￥/ 가족탕 4명 1시간 2000￥
홈페이지 http://oniishi.com

9 간나와무시유
鉄輪むし湯

★★★★ 도보 2분

가마쿠라 막부 시대의 전통 방식을 고수하는 온천 증기 사우나. 샤워 후 가운을 걸친 채 이용하는데, 혈액순환을 촉진하는 약초인 석창포와 온천 증기가 만나 효과가 극대화되어 신경통, 관절염 등에 특히 좋다.

1권 P.230 **지도** P.175D
찾아가기 간나와 버스터미널 건물에서 나와 언덕길로 내려가다 두 번째 사거리에서 좌회전. 도보 2분 **주소** 大分県別府市鉄輪上1組
전화 097-767-3880
시간 06:30~20:00(마지막 입장 19:30)
휴무 넷째 주 목요일(공휴일인 경우 다음 날)
가격 입욕료 700￥, 유카타 대여 220￥, 수건 대여 310￥
홈페이지 www.city.beppu.oita.jp/sisetu/shieionsen/detail11.html

10 시부노유
渋の湯

★★★ 도보 2분

시설은 열악하지만 주민들이 관리를 맡아 웬만한 온천 호텔보다 수질이 좋다. 여행자들이 잘 이용하지 않기 때문에 운이 좋으면 온천을 독차지할 수 있다. 물이 뜨거운 편이니 입욕 전에 찬물을 적당히 섞자.

지도 P.175H
찾아가기 간나와 버스터미널 건물에서 나와 언덕길로 내려가다 두 번째 사거리에서 좌회전. 도보 2분
주소 大分県別府市風呂本1組
전화 없음
시간 06:30~21:00
휴무 연중무휴
가격 무료 입욕, 코인로커 100￥
홈페이지 없음

ZOOM IN

묘반

간나와에서 자동차로 10분만 더 가면 유노하나 온천이 유명한 묘반에 닿는다. 간나와에 비해 인파가 적어 여유롭게 온천욕을 즐길 수 있고 산 중턱에 자리해 분위기도 남다르다.

찾아가기 벳푸 주요 지역 → 묘반

JR 벳푸 역 JR 벳푸 역 동쪽 출구로 나와 오른쪽에 보이는 버스승차장에서 24번 버스를 타고 가다 묘반에서 하차. 벳푸 역에서 30분 소요. 벳푸 역 서쪽 출구에서 41번이나 5번 버스를 타도 된다. 시간 30분 요금 330¥

간나와 간나와 버스터미널에서 5, 24, 41번 버스를 타고 묘반이나 지조유마에 정류장에서 하차 시간 약 10분 요금 250¥

1 유노하나 체험장

湯の華採取体験 유노하나 사이슈 다이껭

★★★ 도보 4분

결정체의 모양이 마치 꽃이 핀 것과 같다고 해서 '온천의 꽃'으로 불리는 '유노하나'의 양생 과정을 지켜볼 수 있는 짧은 관람로. 유노하나는 피부 보습 효과가 탁월해 입욕제와 화장품 원료로 주로 쓰인다. 체험장 맞은편 건물에는 기념품점과 식당이 들어서 있다.

지도 P.183

구글지도 GPS 33.319383, 131.453755

찾아가기 간나와 버스터미널에서 5, 24, 41번 버스를 타고 묘반에서 하차. 운행 간격이 긴 편이니 주의하자.

주소 大分県別府市明礬温6組

전화 097-766-8166

시간 기념품점 08:00~18:00, 식당 09:00~17:00

휴무 연중무휴 **가격** 무료 입장

홈페이지 http://yuno-hana.jp

2 묘반 지옥

明礬地獄
묘-반지고꾸

★ 도보 1분

유노하나 양생 과정을 가까이에서 볼 수 있는 오두막과 관람로로 이뤄진 지옥 온천. 유황 냄새를 맡으며 걷다 보면 묘반과 벳푸 시내의 시원한 전경이 한눈에 들어온다. 관람로 끝에는 무료 유황 족욕장이 있다. 유노하나 체험장에 다녀왔다면 굳이 들를 필요가 없다.

지도 P.183

구글지도 GPS 33.318275, 131.452340

찾아가기 JR 벳푸 역 동쪽 출구로 나와 오른쪽에 보이는 버스승차장에서 24번 버스를 타고 가다 묘반에서 하차

주소 大分県別府市明礬3組

전화 097-766- 3228

시간 08:30~17:30

휴무 연중무휴

가격 200¥

홈페이지 www.jigoku-prin.com/index.html

3 오카모토야 매점

岡本屋売店 오까모또야 바이뗑

★★★★ 도보 1분

원조 지고쿠무시 푸딩(지옥 찜 푸딩)으로 유명한 집. 묘반 온천 지역의 지열로 찐 푸딩으로 캐러멜 소스의 단맛을 조금 줄이고 부드러운 식감을 살린 것이 특징이다. 한 입 맛보면 일본 10대 푸딩으로 선정되었다는 사실을 수긍할 수 있을 듯. 매점 너머로 보이는 풍경이 좋아 쉬어 가기에도 좋다.

1권 P.095 **지도** P.183

구글지도 GPS 33.318080, 131.452519

찾아가기 JR 벳푸 역 동쪽 출구로 나와 오른쪽에 보이는 버스승차장에서 24번 버스를 타고 가다 묘반에서 하차 **주소** 大分県別府市明礬3組

전화 097-766-3228 **시간** 08:30~18:30 **휴무** 연중무휴 **가격** 지고쿠무시 푸딩 330¥, 온센 다마고 220¥ **홈페이지** www.jigoku-prin.com

지고쿠무시 푸딩 330¥

4 유노사토

湯の里

★★★★ 도보 7분

벳푸에서 가장 고지대인 묘반 지역, 그중에서도 하늘과 가장 가까운 노천 온천이라서 시야가 탁 트이는 느낌이 압도적이다. 온천수의 효능도 뛰어나서 피부 미용, 부인병 등 여성의 미용과 건강에 특히 효험이 있는 것으로 알려져 있다. 쉴 수 있는 공간이 부족해 온천 말고는 즐길 거리가 없는 점이 아쉽다.

지도 P.183

구글지도 GPS 33.320206, 131.452984

찾아가기 JR 벳푸 역 동쪽 출구로 나와 오른쪽에 보이는 버스승차장에서 24번 버스를 타고 가다 묘반에서 하차 **주소** 大分県別府市明礬温泉6組

전화 097-766-8166

시간 10:00~21:00(마지막 입장 20:00)

휴무 부정기

가격 성인 600¥, 4세~초등학생 300¥

홈페이지 http://yuno-hana.jp

5 유야에비스
湯屋えびす

온천의 고장 벳푸에서도 드문 유황 온천을 즐길 수 있는 전세 온천. 온천의 수질이 좋고 유황 농도가 짙은 덕에 고릿한 냄새가 이틀은 거뜬히 가는 점도 꽤 즐거운(?) 경험이다. 언덕 위의 다른 건물에서 일반 온천도 운영한다. 23시까지 영업(성인 1000¥, 중학생 500¥, 초등학생 300¥).

1권 P.228 지도 P.183
구글지도 GPS 33.316923, 131.453225

찾아가기 JR 벳푸 역 동쪽 출구로 나와 오른쪽에 보이는 버스승차장에서 24번 버스를 타고 가다 묘반에서 하차
주소 大分県別府市明礬1220
전화 097-767-5858
시간 10:00~20:00 **휴무** 수요일
가격 1시간 2000¥(자쿠지가 있는 탕은 2300¥), 토·일요일, 공휴일은 2500¥
홈페이지 www.e-ebisu.biz

6 벳푸 온천 호요랜드
別府温泉保養ランド
벳뿌 온셍 호요-란도

★★
도보 3분

현지인들 사이에서 물 좋기로 유명한 유료 온천. 신경통, 당뇨, 류머티즘, 피부 질환 등에 효과가 좋은 콜로이드탕과 진흙탕, 무시유(사우나), 대욕탕은 물론 남녀 혼용 노천탕도 갖추고 있어 다양한 온천을 즐길 수 있다. 코인로커(100¥)가 있어 짐을 보관하기 좋다.

지도 P.183
구글지도 GPS 33.315508, 131.458376
찾아가기 벳푸 역 서쪽 출구나 간나와 버스터미널에서 5, 24, 41번 버스를 타고 가다 곤야지고쿠마에 정류장에서 하차
주소 大分県別府市明礬温泉5組
전화 097-766-2221
시간 09:00~20:00 **휴무** 연중무휴
가격 성인 1500¥, 초등학생 600¥, 5세 이하 350¥ **홈페이지** http://hoyoland.webcrow.jp

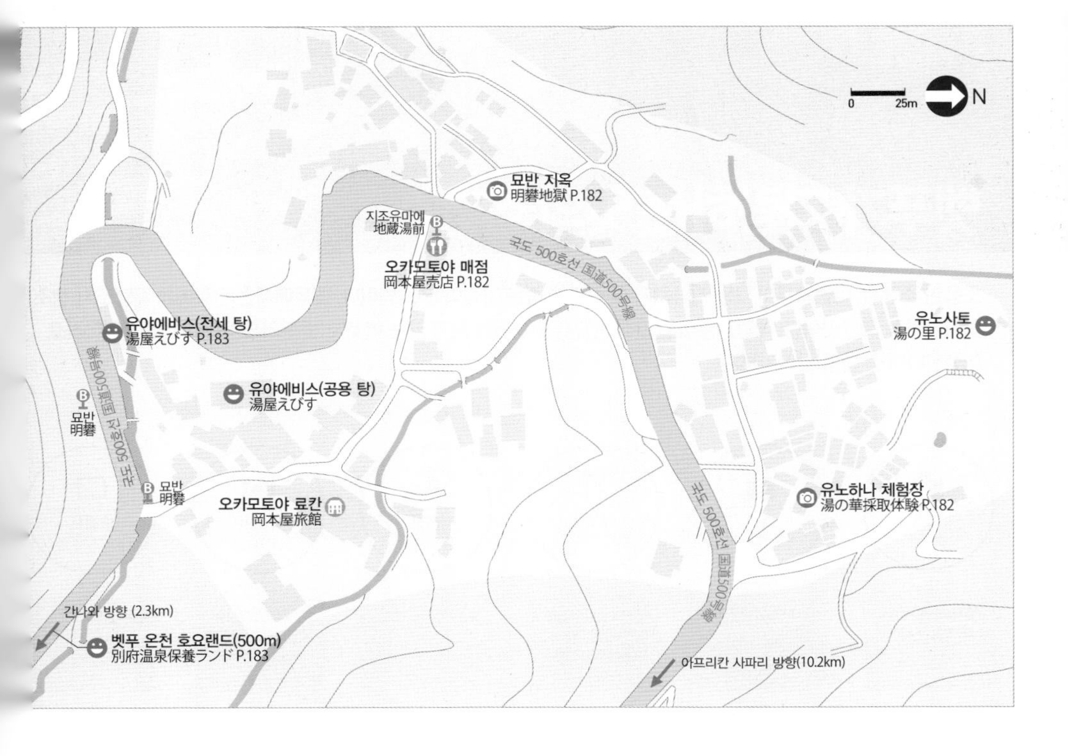

AREA

3 ISHIGAKI
[石垣 이시가키]

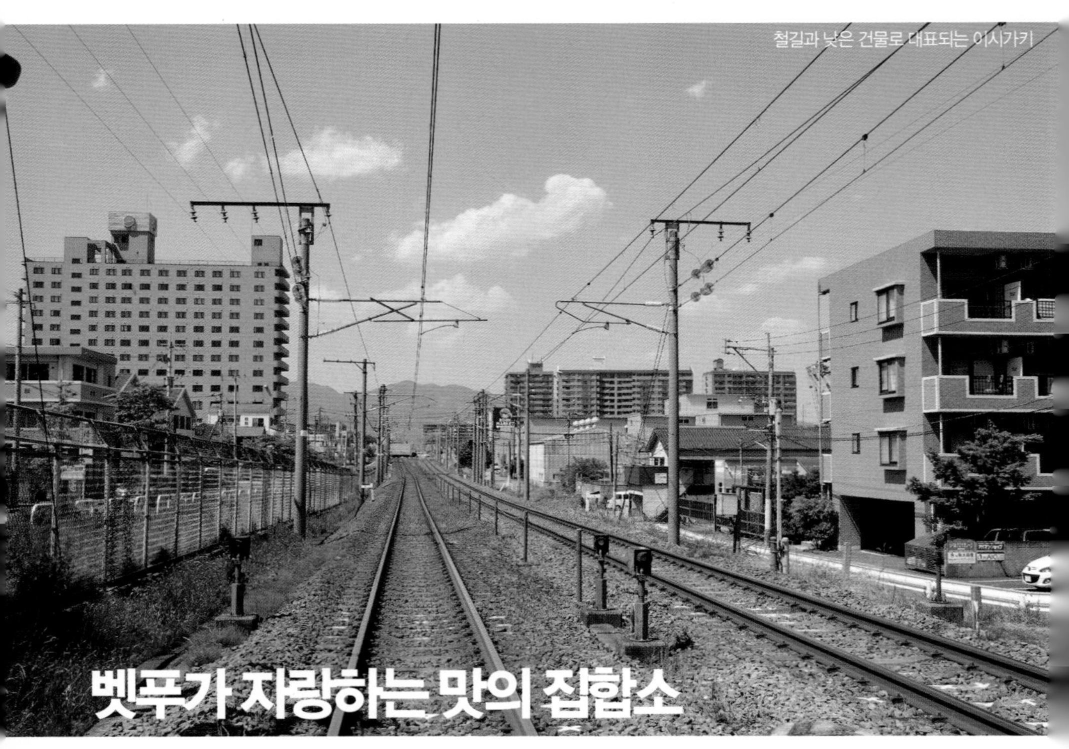
철길과 낮은 건물로 대표되는 이시가키

벳푸가 자랑하는 맛의 집합소

조용한 주택가, 여행자들이 그냥 지나치기 쉬운 곳에 숨은 맛집이 많은 법이다. 벳푸에서는 우리에게 지명조차 생소한 이시가키가 그런 곳이다. 대중교통이 불편해 여행자들이 거의 찾지 않는 이곳에 '벳푸의 맛'이 숨어 있다. 렌터카로 여행한다면 한 번쯤 찾아가보자.

접근성이 떨어지는 것이 가장 큰 벽

현지인의 쇼핑 스폿뿐이다.

벳푸의 유명 맛집은 여기 다 모여 있다! 유명 체인점도 많다.

유명한 온천은 없다.

자동차로 10분 거리에 간나와가 있다.

혼잡도
★☆☆☆☆

조용한 주택가

오이타 공항 → 이시가키

건물 밖 1번 또는 2번 승차장에서 공항 특급 에어라이너 버스에 탑승해 간코코(観光港)에서 하차

시간 45분 요금 1400¥

벳푸 / 간나와 / 유후인 → 이시가키

JR 벳푸 역 JR 벳푸 역 동쪽 출구 버스정류장에서 24, 50, 81번 버스를 타고 가다 미나미스가이리구치(南須賀入口) 정류장이나 후나코지(船小路)에서 하차

시간 약 12분 요금 200¥~

간나와
① 간나와구치(鉄輪口)에서 벳푸 역 방향 유후린 버스(ゆふりん)에 탑승해 시오미초(汐見町)에서 하차

시간 약 10분 요금 270¥

② 택시 탑승

시간 약 10분 요금 약 1000¥

유후인 유후인버스터미널에서 유후린(ゆふりん) 버스에 탑승해 시오미초에서 하차

시간 약 50분 요금 940¥

PLUS TIP
이시가키는 벳푸에서 대중교통편이 가장 열악한 곳이다. 그나마 JR벳푸 역에서 출발하는 시내버스의 배차 간격이 짧은 편. 간나와 출발 버스 노선의 경우 배차 간격이 너무 길어서 차라리 택시를 타는 것이 낫다. 가는 곳마다 주차공간이 넓어 렌터카 여행자에겐 더없이 편하다.

오이타 공항	JR 벳푸 역	간나와	유후인
건물 밖 1번 또는 2번 승차장	동쪽 출구 버스승차장 (MAP P.162J)	간나와구치(鉄輪口) 버스정류장 (MAP P.175G)	유후인 버스터미널 (Yufuin Bus Terminal) (MAP P.132)
특급 에어라이너 ↓ 45분~ 1400¥	24, 50, 81번 버스 ↓ 12분~ 200¥~	유후린 버스 ↓ 10분~ 270¥~	유후린 버스 ↓ 50분~ 940¥
이시가키	이시가키	이시가키	
간코코(観光港)	미나미스가이리구치(南須賀入口) 정류장이나 후나코지(船小路) (MAP P.187)	시오미초(汐見町) (MAP P.187)	

MUST EAT 이것만은 꼭 먹자!

No. 1
토리텐의 원조 도요켄의 토리텐 정식

No. 2
쿠민시드의 새우카레

No. 3
고게츠 냉면의 냉면

1 고게츠 냉면

胡月冷麺 고게쯔 레이멘

1970년부터 장사를 시작한 벳푸 냉면의 발상지. 대부분의 제면 과정을 일일이 사람의 손으로 하기 때문에 준비한 면이 떨어지면 손님이 아무리 많아도 가차 없이 문을 닫는다. 평양냉면을 즐긴다면 물냉면을, 간이 세고 자극적인 음식이 입에 맞는다면 비빔냉면을 주문하는 것을 추천한다. 양은 보통이나 곱빼기만 주문해도 충분하다.

지도 P.187
구글지도 GPS 33.302377, 131.499309
찾아가기 JR 벳푸 역 동쪽 출구에서 50번이나 81번 버스를 타고 가다 미나미스가이리구치 정류장에서 하차
주소 大分県別府市石垣東8-1-26
전화 097-725-2735
시간 월요일 11:00~16:00, 수~금요일 11:00~17:30, 토 · 일요일 11:00~19:00 **휴무** 화요일 **가격** 냉면 800¥(보통) **홈페이지** 없음

2 도요켄

東洋軒

토리텐의 발상지. 일본 왕의 식탁에도 올랐을 만큼 맛으로 인정받았다. 합성 보존료와 첨가물을 전혀 넣지 않고 천연 재료만으로 요리하며 밥과 국, 샐러드를 포함한 토리텐 정식 세트가 특히 가격에 비해 훌륭한 편.

1권 P.095 **지도** P.187
구글지도 GPS 33.300963, 131.499573
찾아가기 JR 벳푸 역 동쪽 출구에서 24번 버스를 타고 가다 후나코지에서 하차해 도보 5분
주소 大分県別府市石垣東7-8-22
전화 097-723-3333 **시간** 11:00~15:00(L.O 14:30), 17:00~22:00(L.O 21:30) **휴무** 부정기
가격 토리텐 정식 세트 1375¥
홈페이지 www.toyoken-beppu.co.jp

3 쿠민시드

クミンシード

북인도 스타일의 카레를 파는 작은 식당으로 여행자보다는 현지인에게 사랑받는다. 새우카레와 매콤한 훈제 치킨인 스파이스치킨노오븐야키가 특히 맛있다.

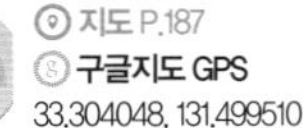
새우카레 950¥

지도 P.187
구글지도 GPS 33.304048, 131.499510
찾아가기 JR 벳푸 역 동쪽 출구에서 50번이나 81번 버스를 타고 가다 미나미스가이리구치 정류장에서 하차. 차량 진행 방향으로 직진하다 첫 번째 삼거리에서 우회전해 철길 굴다리를 지나면 보인다. **주소** 大分県別府市石垣東10-1-1
전화 097-721-8037 **시간** 11:30~14:30, 17:30~22:30 **휴무** 월요일 **가격** 새우카레 950¥, 스파이스치킨 노오븐야키 550¥ **홈페이지** 없음

4 오토야

大戸屋

가정식 스타일의 정식을 전문으로 하는 체인 음식점. 정식 메뉴가 특히 훌륭하며 돼지고기나 닭고기가 들어 있는 메뉴를 고르면 실패할 일이 없다. 일본 음식이 입에 잘 맞지 않는 사람이라해도 분명 만족할 것이다. 디저트도 수준급.

1권 P.125 **지도** P.187
구글지도 GPS 33.305270, 131.496502
찾아가기 차를 렌트하지 않으면 찾아가기 힘들다. 10번 국도를 타고 가다 큐슈 횡단도로로 우회전
주소 大分県別府市石垣東10-4-32
전화 097-775-8844 **시간** 11:00~22:00(L.O 21:30) **휴무** 화요일
가격 정식 850~1300¥
홈페이지 www.ootoya.com

5 스키야

すき家

★★★ 자동차 15분

일본 전역에 체인점을 거느린 덮밥 전문점. 같은 메뉴라도 사이즈를 미니(ミニ)부터 메가(メガ)까지 6가지로 세분화해 밥 양에 맞출 수 있다. 곁들여 먹는 반찬들도 100~200￥만 추가하면 든든하게 한 끼 해결! 24시간 영업을 해 이른 아침이나 식사 시간이 어중간할 때 가기 좋다.

1권 P.124 **지도** P.187

구글지도 GPS 33.305252, 131.492320

찾아가기 렌터카로 찾아가는 것이 편하다. 10번 국도를 타고 가다 큐슈 횡단도로로 우회전

주소 大分県別府市石垣西10-3-30 **전화** 0120-498-007

시간 24시간 **휴무** 연중무휴 **가격** 덮밥 보통 470~500￥

홈페이지 http://maps.sukiya.jp/p/zen004/dtl/ID0101209

6 스이텐

水天

★★ 자동차 15분

가메쇼 쿠루쿠루즈시의 유명세에 밀려 여행자들이 많이 찾지는 않지만 오래 기다리지 않고 보통 이상의 스시를 먹으려면 이곳이 나을수도. 매장이 넓고 깨끗해 쾌적하게 식사할 수 있다는 점도 나름의 장점이다. 세트메뉴보다는 단품 메뉴를 여러가지 고르는 것이 만족도 측면에서 낫다. 한국어 메뉴판이 있지만 기간 한정 메뉴는 일본어뿐이니 번역기 어플을 이용하도록 하자.

지도 P.187

구글지도 GPS 33.305037, 131.494423

찾아가기 렌터카로 찾아가는 것이 편하다. 10번 국도를 타고 가다 큐슈 횡단도로로 우회전

주소 大分県別府市石垣西10-1-2954 **전화** 097-721-0465 **시간** 월~금요일 11:00~14:00, 17:00~21:00, 토 · 일요일 · 공휴일 11:00~14:30, 17:00~21:00 **휴무** 부정기 **가격** 스시 150~600￥ **홈페이지** https://www.suiten.top

7 북 마켓

ブックマーケット

★ 자동차 10분

애니메이션 〈원피스〉에 등장하는 인기 캐릭터의 피규어 상품을 많이 갖춘 중고 피규어 매장. 주기적으로 실시하는 할인 행사 기간에 맞추면 훨씬 싼값에 귀한 물건을 손에 넣을 수 있다. 월콜과 중저가 피규어 종류가 많은 편이다. 서적과 게임 CD도 판다.

지도 P.187

구글지도 GPS 33.305199, 131.500097

찾아가기 벳푸 기타하마에서 자동차로 10분

주소 大分県別府市汐見町2-18

전화 097-773-9200

시간 10:00~24:00

휴무 연중무휴

가격 상품마다 다름

홈페이지 www.a-too.co.jp

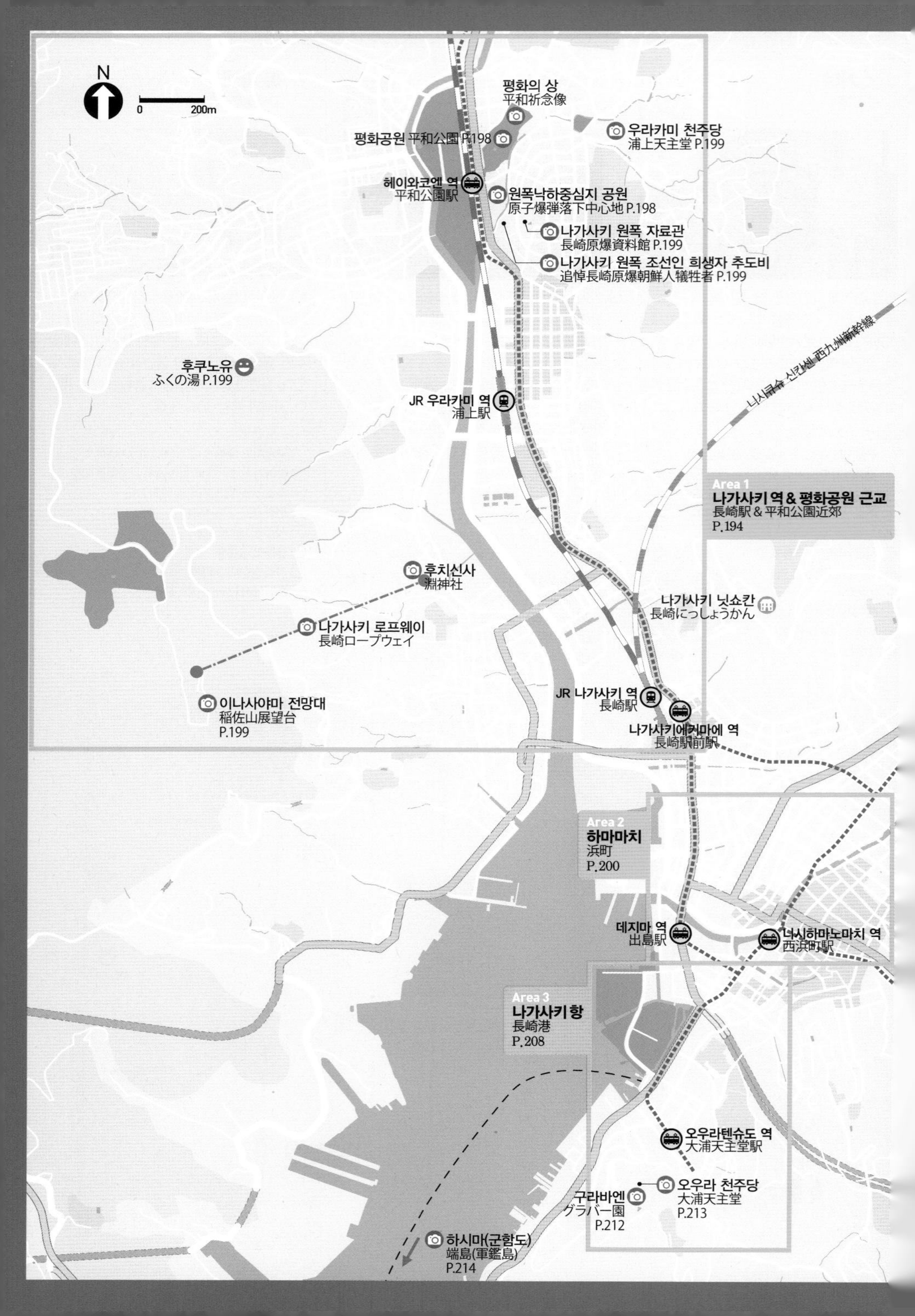
N
0
200m
평화의 상
平和祈念像
평화공원 平和公園 P.198
우라카미 천주당
浦上天主堂 P.199
헤이와코엔 역
平和公園駅
원폭낙하중심지 공원
原子爆弾落下中心地 P.198
나가사키 원폭 자료관
長崎原爆資料館 P.199
나가사키 원폭 조선인 희생자 추도비
追悼長崎原爆朝鮮人犠牲者 P.199
니시큐슈 신칸센 西九州新幹線
후쿠노유
ふくの湯 P.199
JR 우라카미 역
浦上駅
Area 1
나가사키 역 & 평화공원 근교
長崎駅 & 平和公園近郊
P.194
후치신사
淵神社
나가사키 닛쇼칸
長崎にっしょうかん
나가사키 로프웨이
長崎ロープウェイ
JR 나가사키 역
長崎駅
이나사야마 전망대
稲佐山展望台
P.199
나가사키에키마에 역
長崎駅前駅
Area 2
하마마치
浜町
P.200
데지마 역
出島駅
니시하마노마치 역
西浜町駅
Area 3
나가사키 항
長崎港
P.208
오우라텐슈도 역
大浦天主堂駅
오우라 천주당
大浦天主堂
P.213
구라바엔
グラバー園
P.212
하시마(군함도)
端島(軍艦島)
P.214

PART 4 Nagasaki 나가사키 長崎

교통수단

노면전차로 관광지 대부분을 둘러볼 수 있어 초행인 여행자들도 이동이 쉽다. JR 나가사키 역을 기점으로 나가사키 로프웨이(이나사야마 전망대) 무료 셔틀버스, 후쿠노유 무료 셔틀버스, 호텔 송영 버스도 다닌다.

공항

시내에서 자동차로 40분 거리에 나가사키 공항(長崎空港)이 있지만 여행객 대부분이 후쿠오카 공항으로 입·출국하므로 이용률은 낮다. 나가사키 공항을 기점으로 도쿄(하네다), 오사카(이타미, 간사이), 고베, 나고야, 오키나와, 고토, 이키, 츠시마(대마도)행 국내선 아홉 개 노선과 상하이와 홍콩행 국제선 두 개 노선을 운항 중이다.

찾아가기 P.190 참고
주소 長崎県大村市箕島町593
전화 095-752-5555
홈페이지(나가사키 공항) http://nagasaki-airport.jp/ko

인포메이션 센터

팸플릿 등 각종 여행 자료를 구할 수 있다. 노면전차 1일권도 판매하며 짐이 많은 여행자를 위해 짐을 호텔까지 배송해 주는 서비스도 저렴한 비용에 제공하고 있다. 인포메이션 센터 바로 옆에는 물품보관함이 설치되어 있다.

찾아가기 JR 나가사키 역에서 개찰구로 나오면 오른편에 보인다.
주소 長崎県長崎市尾上町1-1
전화 095-823-3631 **시간** 08:00~20:00
휴무 연중무휴 **홈페이지** www.welcomekyushu.or.kr **지도** P.195

ATM

체크카드로 엔화를 인출하려면 가까운 우체국이나 우체국 ATM 기기를 찾는 것이 빠르고 간편한 방법이다. 세븐일레븐은 편의점 영업시간이면 거의 24시간 이용이 가능하다고 보면 된다.

아뮤플라자 나가사키점 ATM 코너
アミュプラザ長崎内出張所

찾아가기 JR 나가사키 역과 연결된 아뮤플라자 2층 ATM 코너 **주소** 長崎県長崎市尾上町1-1 2F ATMコーナー **전화** 없음
시간 월~목요일 07:00~23:00, 토요일 08:00~23:00, 일요일·공휴일 08:00~21:00
휴무 연중무휴 **지도** P.195

유메타운 ATM 코너
ゆめタウン夢彩都内出張所

찾아가기 노면전차 오하토 역 유메타운 1층 ATM 코너 **주소** 長崎県長崎市元船町10-1 1F ATMコーナー **전화** 없음
시간 09:30~21:00 **휴무** 연중무휴
지도 P.202E

나가사키 도자마치 우체국
長崎銅座町郵便局

찾아가기 노면전차 니시하마노마치 역에서 도보 1분 **주소** 長崎県長崎市銅座町4-14
전화 095-822-9830 **시간** 월~목요일 09:00~21:00, 토·일요일·공휴일 09:00~19:00
휴무 연중무휴 **지도** P.203K

무작정 따라하기 STEP 1 2

1단계 주요 도시에서 나가사키 가기

후쿠오카 시내에서

고속버스

하카타 버스터미널 3층 37번 승차장, 텐진 고속버스터미널 5층 4번 승차장, 후쿠오카 공항 국제선 터미널(모든 버스가 경유하지는 않음) 순으로 경유해 나가사키로 향한다. 어디서 타든 요금은 동일하며 버스는 시간당 3~4대로 자주 있는 편이나 논스톱 편은 2시간 30분, 우레시노와 오무라 등을 경유하는 편은 3시간 10분 정도 걸리므로 논스톱 편인지 확인하고 탑승해야 한다.

시간 05:59~22:34 1시간에 2~4대 운행. 2시간 30분~3시간 10분 소요 **요금** 편도 2900￥, 2장 세트(니마이킷푸) 5400￥

PLUS INFO
니마이킷푸, 욘마이킷푸를 활용하자! 니마이킷푸와 욘마이킷푸는 성인표 1장으로 어린이 2명이 이용할 수 있다.

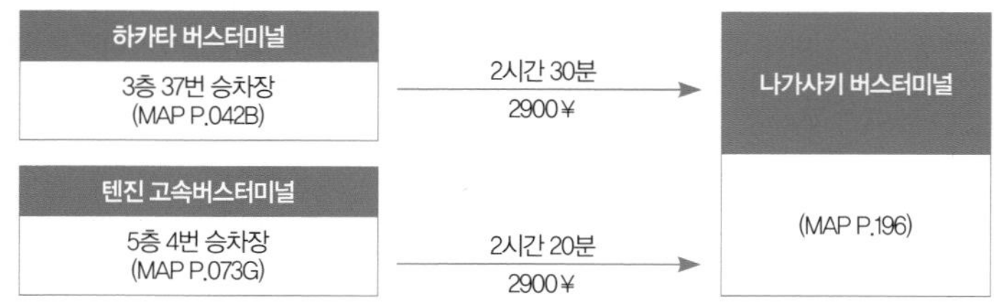

JR 열차

2022년 나가사키행 신칸센 열차(니시큐슈 신칸센)가 완공됐다. 아쉽게도 하카타역에서 나가사키까지 직행은 아니다. 하카타역에서 다케오역까지는 기존의 재래선(릴레이 카모메)을 유지하고, 다케오역에서 나가사키역까지만 신칸센을 운행한다. 이 덕분에 기존 2시간 11분 거리의 하카타-나가사키 여행이 30~40분 정도 단축됐다. JR 큐슈 레일패스 소지자는 지정석을 예매하고 탑승해야 하며, 주말과 공휴일에는 열차 시간이 달라질 수 있다. 3번 플랫폼에서 출발하나 하우스텐보스를 경유하는 열차는 4번 플랫폼을 이용한다.

PLUS INFO
나가사키, 사세보, 하우스텐보스로 가는 열차를 이용할 때에는 탑승한 칸의 행선지를 반드시 확인해야 한다. 하카타 역에서 출발한 열차는 히젠야마구치 역과 하이키 역에서 행선지별로 분리되기 때문에 자칫 엉뚱한 곳으로 갈 수 있다.

시간 06:09~22:11 1시간에 1~2대 운행. 1시간 20~40분 소요 **요금** 6050￥

JR 하카타 역	릴레이 카모메+니시큐슈 신칸센, 1시간 20~40분 →	JR 나가사키 역
3번 플랫폼 (MAP p.042B)	6050￥	(MAP P.196)

후쿠오카 공항에서

고속버스

국제선 터미널 1층 매표기에서 발권하거나 산큐패스 예약자는 실물 티켓을 인수한 후 3번 승차장에서 나가사키행 고속버스 탑승

시간 09:02~21:42 1시간에 1~2대 운행. 약 2시간 20분 **요금** 2900￥

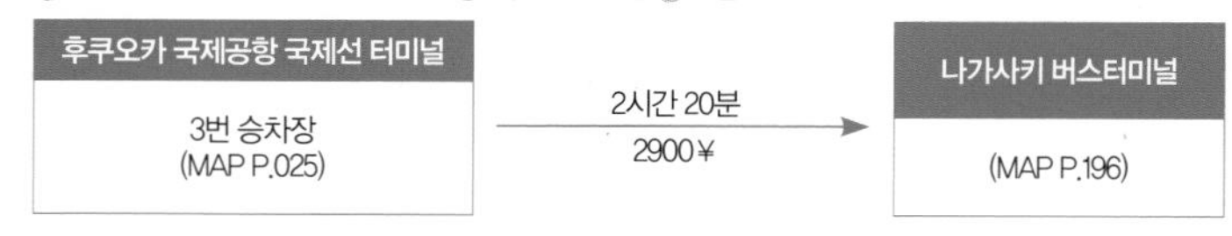

벳푸 · 유후인에서

고속버스

대개 후쿠오카를 경유하지만 3시간 10분(유후인 기준)~40분(벳부 기준)에 큐슈를 횡단해 나가사키로 갈 수도 있다. 이 방법은 후쿠오카를 경유하는 것보다 시간적으로나 금전적으로 훨씬 이득이다. 대신 고속버스만 가능하다. 벳푸(벳푸 기타하마, 간나와구치)와 유후인 인터체인지를 경유해 하루에 4회 운행하며 운임은 벳푸에서는 4720¥, 유후인에서는 4190¥이다.

나가사키 버스터미널

후쿠오카와 나가사키를 오가는 버스

나가사키 공항에서

공항버스

나가사키 공항의 공항버스와 나가사키 버스에 탑승해 JR 나가사키 역에서 하차.

	승차장	요금	소요 시간	경유
나가사키 공항버스	5번	1200¥	43분	데지마 도로
나가사키 버스	4번	1200¥	55분	우라카미, 쇼와마치 경유

※ 버스 운행 시간은 버스마다 다른데 대개 08:50~21:50이다.

나가사키 공항
건물 밖 4번 또는 5번 승차장
→ 43~55분 / 1200¥ →
JR 나가사키 역
(MAP P.196)

고쿠라에서

고속버스

고쿠라 역 앞에서 탑승 할 수 있으며 예약제로 운행해 예약을 해야 탑승할 수 있다. 평일 하루 5회, 주말 하루 6회만 운행하므로 출발 시간을 꼼꼼히 체크하자.

시간 07:30~18:30 2~3시간에 한대 운행. 약 3시간 8분 소요

요금 4100¥, 2장 세트(니마이킷푸) 7400¥, 4장 세트(욘마이킷푸) 1만4000¥

무작정 따라하기

STEP 1 2

2단계 나가사키 시내 교통 한눈에 보기

나가사키의 큰 매력 가운데 하나는 노면전차다. 오래된 노면전차는 옛 시절의 정취를 전해줄 뿐 아니라 여행 초보자도 편리하고 안전하게 이용할 수 있다. 게다가 1일 승차권이 있어 나가사키 전역을 부지런히 돌아볼 계획이라면 비용과 시간을 줄이기에 유용하다.

노면전차

주요 여행지에 접근하기 좋고 지하철보다 타고 내리기 편리하며 그 자체로 좋은 관광 체험이므로 꼭 이용하기를 권한다. 무엇보다 주요 관광 명소를 모두 거친다.
1, 2(3), 4, 5호선, 4개의 노선을 운영 중이며 5분 30초~20분 간격으로 운행하기 때문에 편리하게 이용할 수 있다.

[노면전차 1일 승차권]
1일권은 나가사키 역 인포메이션 센터(현금만 가능)나 나가사키 역 열차 티켓 발매소(카드도 가능)에서 구입할 수 있다. 그러나 노면전차가 구간이 짧고 1회 탑승 요금도 저렴하기 때문에 여러 곳을 돌아볼 계획이 아니라면 굳이 구입할 필요는 없다.

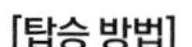

[탑승 방법]
노면전차는 버스와 마찬가지로 뒷문으로 승차한 뒤 내릴 때 요금을 요금 통에 넣는다. 거스름돈은 나오지 않으니 차내에 있는 잔돈 교환기로 동전을 미리 교환해두자. 브로슈어 형태의 표를 펼치면 노면전차 노선이 인쇄돼 있어서 다니기 편하다.

시간 정류장과 노선마다 다르지만 대개 06:15~23:25에 운행하며 09:00~20:00는 운행 간격이 일정하다.
요금 1회 140¥, 1일권 600¥

PLUS TIP
신치추카가이 역 전차 정류장에서 1호선과 5호선을 무료로 환승할 수 있다. 환승을 원할 경우 내릴 때 요금을 내면서 운전기사에게 '노리카에(환승)'라고 말하면 환승권을 받을 수 있다.
전화 092-845-4111
홈페이지 www.naga-den.com

시내버스

노면전차가 있어서 시내버스를 이용할 일은 거의 없지만, 이나사야마 전망대처럼 노면전차가 가지 않는 관광지를 가려면 시내버스를 타야 한다. 버스정류장마다 한글 노선도가 있어서 탑승하는 데 어려움은 없다. 산큐패스 소지자는 무료로 탑승할 수 있다.
전화 095-826-1112 **홈페이지** www.nagasaki-bus.co.jp

노면전차 노선도

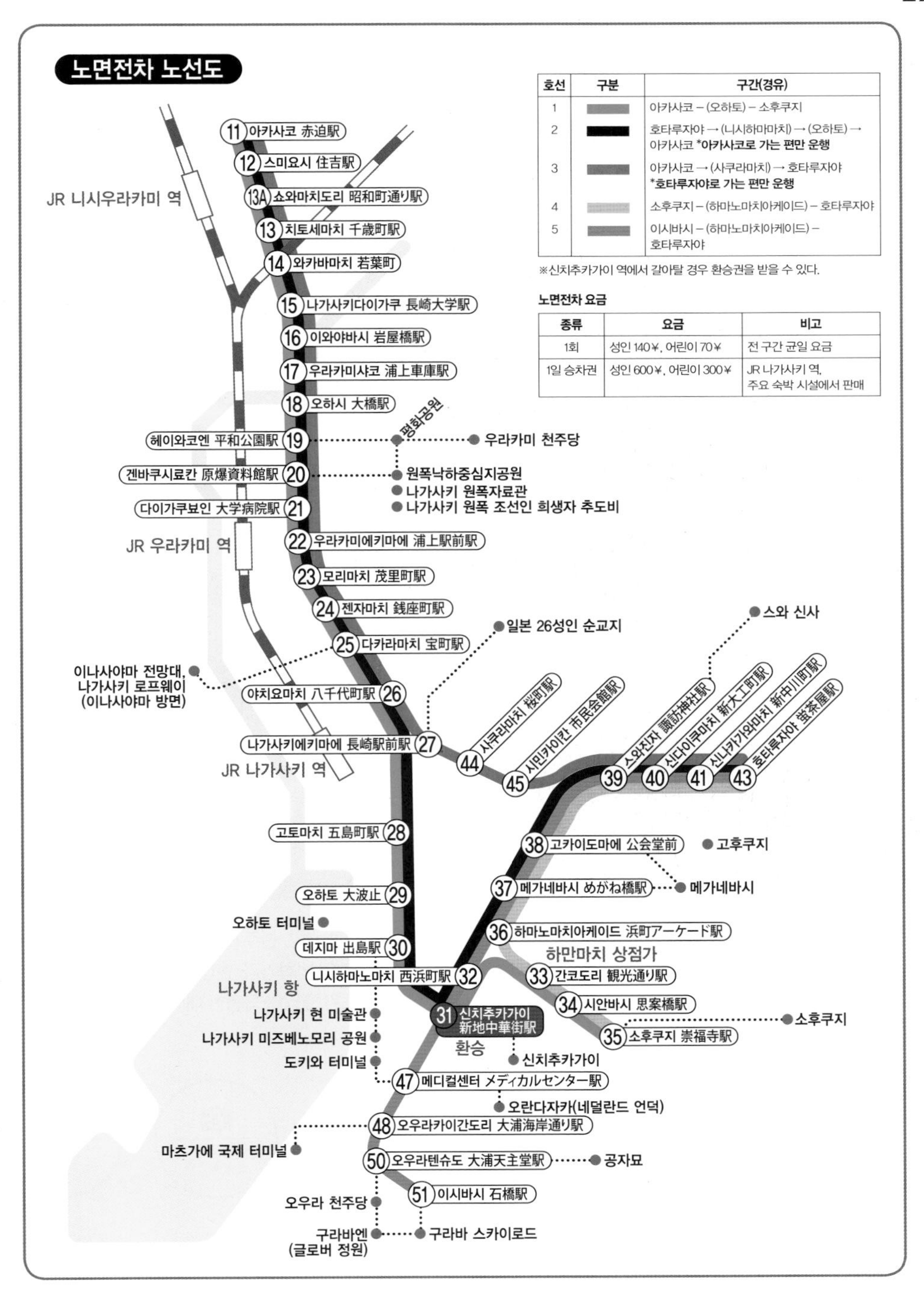

호선	구분	구간(경유)
1		아카사코 – (오하토) – 소후쿠지
2		호타루자야 → (니시하마마치) → (오하토) → 아카사코 ***아카사코로 가는 편만 운행**
3		아카사코 → (사쿠라마치) → 호타루자야 ***호타루자야로 가는 편만 운행**
4		소후쿠지 – (하마노마치아케이드) – 호타루자야
5		이시바시 – (하마노마치아케이드) – 호타루자야

※신치추카가이 역에서 갈아탈 경우 환승권을 받을 수 있다.

노면전차 요금

종류	요금	비고
1회	성인 140¥, 어린이 70¥	전 구간 균일 요금
1일 승차권	성인 600¥, 어린이 300¥	JR 나가사키 역, 주요 숙박 시설에서 판매

AREA

1 NAGASAKI STATION

[長崎駅 & 平和公園近郊 나가사키 역 & 평화공원 근교

노면전차를 타고 나가사키 여행을 떠나보자.

근대 역사의 흔적을 찾아

나가사키만큼 다양한 모습을 지닌 도시가 또 있을까. 이 도시에는 동양과 서양, 천주교와 불교, 과거와 현재가 공존한다. 특히 나가사키 역을 중심으로 남동쪽에는 개항 시기부터 최대의 번화가가, 반대편인 북쪽에는 제2차 세계대전 당시 히로시마와 함께 원자폭탄이 투하된 역사의 흔적이 고스란히 남아 극명한 대비를 이룬다.

인기 ★★★☆☆

나가사키 여행의 시작점으로 누구나 거쳐 간다.

쇼핑 ★★★☆☆

다른 지역으로 떠나기 전 역사에서 나가사키의 특산품을 구입할 수 있다.

식도락 ★★★☆☆

아뮤플라자에서 간단히 끼니를 챙길 수 있다.

나이트라이프 ★★★☆☆

나가사키 역 인근에 작고 아담한 술집이 많다.

관광지 ★★★☆☆

유명 관광지는 이곳에서 더 가야 한다.

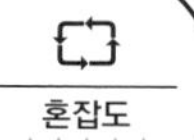

혼잡도 ★★★★☆

노면전차 레일, 버스와 택시 정류장 등이 복잡하게 얽혀 처음 온 사람은 혼란스러울 수 있다.

나가사키 역 한눈에 보기

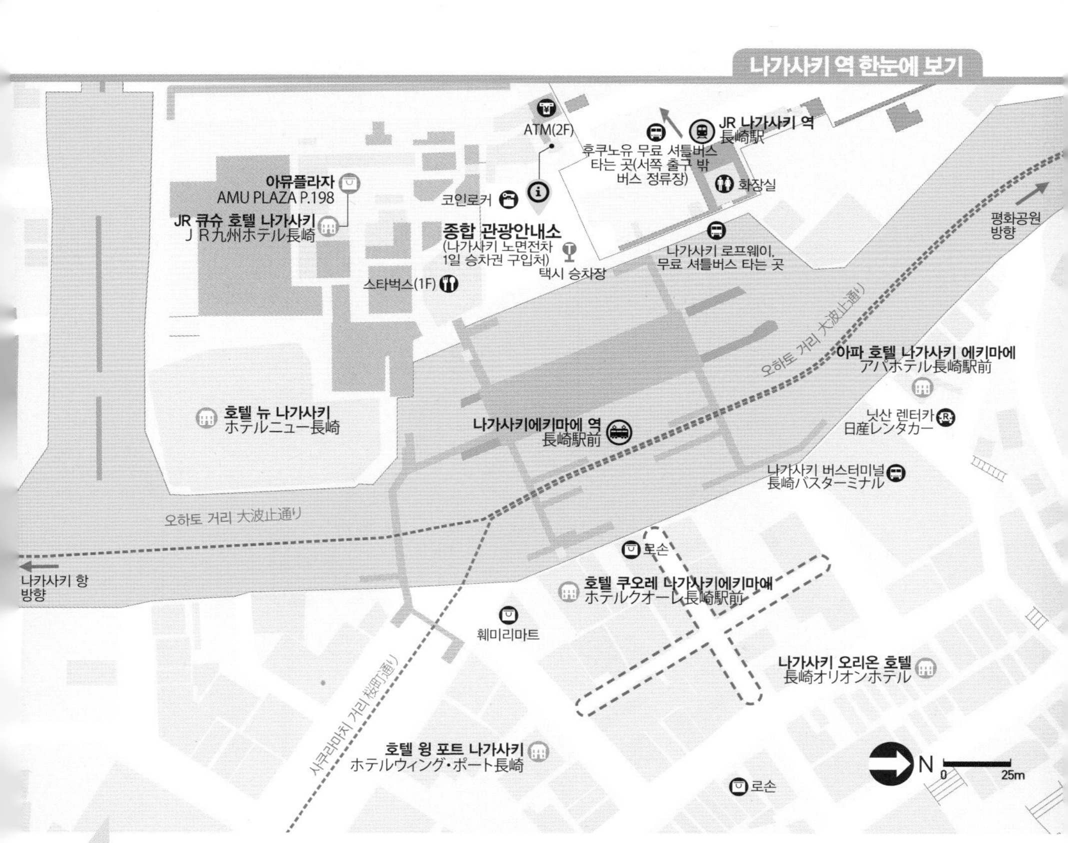

PLUS TIP

JR 나가사키 역 종합 관광안내소를 이용하자

나가사키 역에 도착하면 일단 종합 관광안내소를 찾아가자. 한글로 된 대형 지도와 각종 팸플릿을 구할 수 있는데, 나가사키 시내 주요 관광지뿐 아니라 노면전차 노선도 알기 쉽게 정리되어 있어 친절한 길잡이가 된다. 무엇보다 노면전차 1일권을 판매하니 부지런히 다닐 예정이라면 구매하자. 짐이 많다면 수하물을 저렴한 비용에 택배로 호텔에 부쳐주는 서비스를 이용할 수 있다.

MUST SEE 이것만은 꼭 보자!

No. 1
이나사야마 전망대에서 야경

No. 2
원폭 조선인 희생자 추도비

MUST EXPERIENCE 이것만은 꼭 체험하자!

No. 1
후쿠노유에서 온천

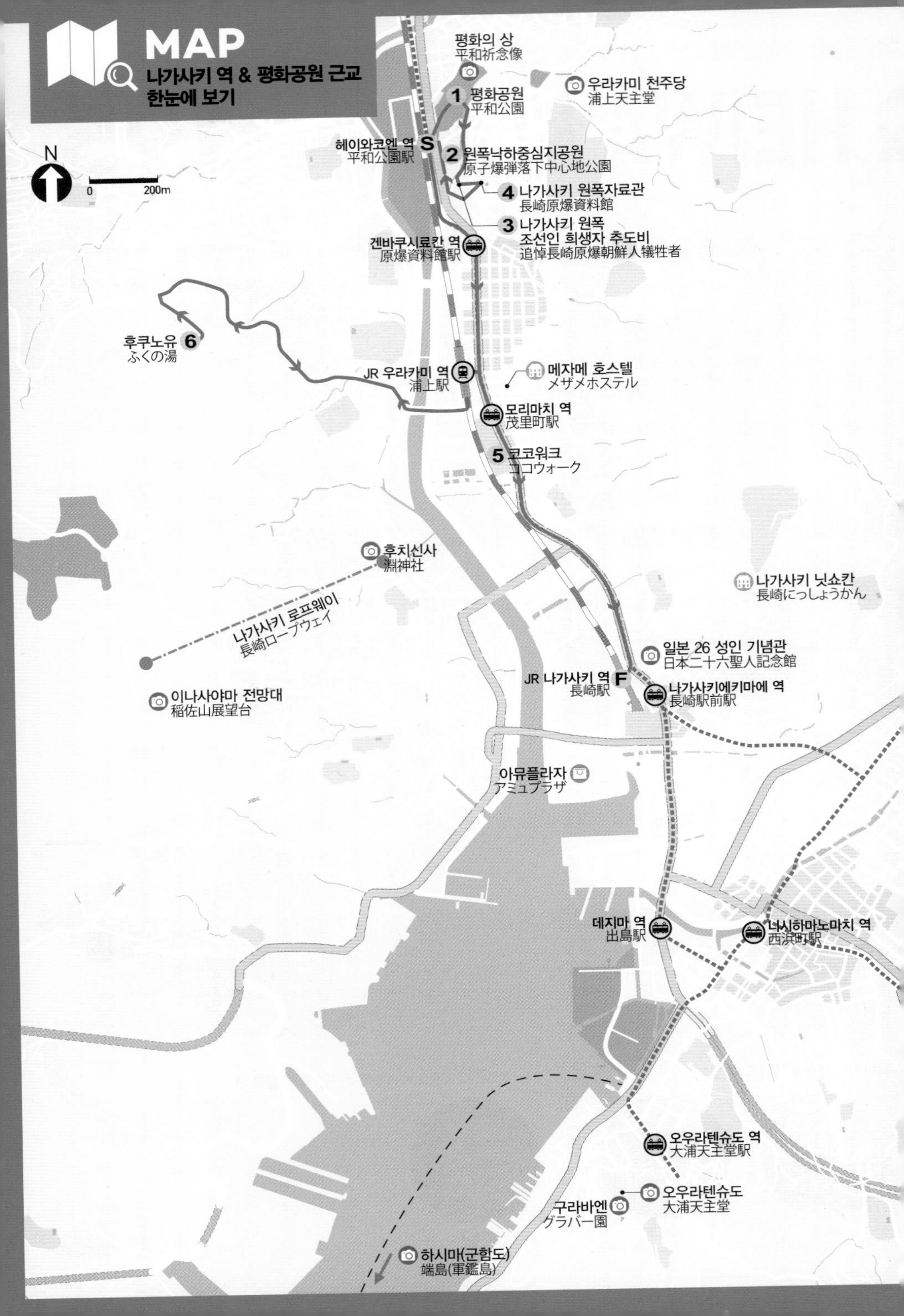
MAP
나가사키 역 & 평화공원 근교 한눈에 보기
N
0
200m
평화의 상
平和祈念像
1 평화공원
平和公園
우라카미 천주당
浦上天主堂
헤이와코엔 역
平和公園駅
S
2 원폭낙하중심지공원
原子爆弾落下中心地公園
4 나가사키 원폭자료관
長崎原爆資料館
3 나가사키 원폭
조선인 희생자 추도비
追悼長崎原爆朝鮮人犠牲者
겐바쿠시료칸 역
原爆資料館駅
후쿠노유 6
ふくの湯
JR 우라카미 역
浦上駅
메자메 호스텔
メザメホステル
모리마치 역
茂里町駅
5 코코워크
ココウォーク
후치신사
淵神社
나가사키 로프웨이
長崎ロープウェイ
나가사키 닛쇼칸
長崎にっしょうかん
일본 26 성인 기념관
日本二十六聖人記念館
JR 나가사키 역
長崎駅
F
나가사키에키마에 역
長崎駅前駅
이나사야마 전망대
稲佐山展望台
아뮤플라자
アミュプラザ
데지마 역
出島駅
니시하마노마치 역
西浜町駅
오우라텐슈도 역
大浦天主堂駅
오우라텐슈도
大浦天主堂
구라바엔
グラバー園
하시마(군함도)
端島(軍艦島)

COURSE 1

나가사키 역사 & 평화 코스

나가사키 원폭의 역사를 돌아보고, 온천욕과 야경을 즐기며 마음의 평화를 찾는 코스다.

START

S. 헤이와코엔 역

180m, 도보 2분

1. 평화공원

400m, 도보 5분

2. 원폭낙하중심지공원

130m, 도보 2분

3. 나가사키 원폭 조선인 희생자 추도비

180m, 도보 2분

4. 나가사키 원폭 자료관

1km, 도보 5분 + 노면전차 4분

5. 코코워크

1.5km, 도보 5분 + 셔틀버스 15분

6. 후쿠노유

2km, 셔틀버스 20분

F. JR 나가사키 역

START

S 헤이와코엔 역

전차 1호선 헤이와코엔 역에서 내 을 건넌다. (2분)

1 평화공원
平和公園

폐해를 알리기 위해 조성한 공 책하듯 걸으며 평화의 샘과 평화 등을 천천히 둘러보자.

시간 24시간

바로 옆에 원폭 낙하 중심지가 (5분)

2 원폭낙하중심지공원
原子爆弾落下中心地公園

원자폭탄이 실제로 투하됐을 것으로 짐작되는 곳을 공원으로 조성했다.

시간 24시간

→ 원폭 낙하 중심지 옆 작은 개울 위 다리를 건너서 나가사키 원폭 자료관으로 올라가는 엘리베이터 인근 (2분)

3 나가사키 원폭 조선인 희생자 추도비
追悼長崎原爆朝鮮人犠牲者

원폭에 직간접적으로 노출돼 유명을 달리한 1만여 명에 이르는 조선인 희생자의 넋을 기리기 위해 세운 추도비.

→ 계단을 올라가면 바로 나온다. (2분)

4 나가사키 원폭 자료관
長崎原爆資料館

해 사실에 관한 자료를 모아놓 무장의 심각성을 일깨운다.

9~다음 해 4월 08:30~17:30, ~18:30(마지막 입장 폐관 30 **휴무** 12월 29~31일 **가격** 0¥, 초등·중고생 100¥

편으로 걸어 나와 노면전차 겐 칸 역에서 모리마치 역으로 분)

5 코코워크
ココウォーク

쇼핑과 식사를 즐길 수 있는 쇼핑몰. 다양한 식당이 있는데, 이중 부담 없는 정식을 먹을 수 있는 오토야를 추천한다.

시간 10:00~21:00(레스토랑은 점포마다 다름)

→ 바로 옆에 있는 JR 우라카미 역 앞에 후쿠노유로 가는 셔틀버스가 있다. 9시 10분부터 22:20분까지 30분 간격으로 운행(시간변동 가능). (20분)

6 후쿠노유
ふくの湯

우리 돈 1만 원이 채 되지 않는 비용으로 일본 3대 야경 중 하나를 바라보며 온천욕을 할 수 있는 유료 온천.

가격 성인 800¥, 3세~초등학생 400¥, 가족탕(4명 기준) 1시간 2500¥

→ 셔틀버스를 타고 다시 JR 나가사키 역으로 간다. (20분) 이곳에서 무료 셔틀버스를 탄 후(7분) 도보 2분

FINISH

F JR 나가사키 역

ZOOM IN

JR 나가사키 역

나가사키 여행이 시작되는 곳이다. 기차 역뿐 아니라 버스터미널도 이곳에 있다. 다소 혼잡하나 방향을 잘 가늠해 노면 전차를 타면 어려울 것은 없다.

1 일본 26 성인 기념관

★★★ 도보 6분

日本二十六聖人記念館
니혼 니주우로쿠세에진기넨깡

1597년 도요토미 히데요시가 천주교 금지령을 내리며 26명의 선교사와 신자가 순교한 장소다. 1862년 로마교황 비오 9세가 당시 희생자들을 성인으로 추대했다. 일본 가톨릭교회의 공식 순례지로 지정된 곳으로 일본의 가톨릭 역사를 소개해놓았다. 이러한 역사적·종교적 의미가 아니더라도 둘러볼 가치가 있을 만큼 충분히 아름다운 곳이다.

지도 P.196
찾아가기 JR 나가사키 역에서 육교를 건너 왼쪽으로 올라가다 NHK(일본방송협회) 골목으로 직진. 도보 6분 **주소** 長崎県長崎市西坂町7-8
전화 095-822-6000 **시간** 09:00~17:00
휴무 12월 31일~다음 해 1월 2일
가격 500￥, 중고생 300￥, 초등학생 150￥
홈페이지 http://26martyrs.com

2 아뮤플라자

★★★ 도보 1분

アミュプラザ

나가사키 역사와 연결된 쇼핑몰로 1층에 롯리아, KFC, 미스터도넛 등 패스트푸드점이 고, 5층에 다양한 레스토랑이 있어서 간단히 사하기 좋다. 1층에서 나가사키 특산품을 판해 시내에서 못다 한 쇼핑을 하기에도 좋다. 점에 따라서 외국인 할인이 적용되는 곳이 으니 여권을 꼭 지참하자.

지도 P.195
찾아가기 JR 나가사키 역과 연결
주소 長崎県長崎市尾上町1-1
전화 095-808-2001
시간 상점가 10:00~21:00, 레스토랑 11:00~23:00(L.O 22:15)
휴무 가게마다 다름
가격 가게마다 다름
홈페이지 http://amu-n.co.jp

평화공원 주변 나가사키 근교

나가사키는 제2차 세계대전 당시 원자폭탄이 투하된 지역이다. 원자폭탄이 떨어진 자리를 중심으로 원폭 관련 자료관 등이 들어서 있으며 나가사키 원폭 조선인 희생자 추도비도 세워져 있다. 나가사키에서 하루를 묵는다면 세계 신 3대 야경을 눈에 담을 수 있는 이나사야마 전망대는 필수 코스.

1 평화공원

★★★★ 도보 3분

平和公園
헤이와 코-엔

원폭의 폐해를 알리기 위해 조성한 공원. 산책하듯 걸으며 평화의 샘과 평화의 상 등을 천천히 둘러보자. 평화의 샘은 원폭 투하 당시 타는 듯한 갈증에 괴로워하며 숨진 사람들의 넋을 위로하기 위해 만들었다. 매년 8월 9일 희생된 사람들을 추모하는 위령제가 열린다.

1권 P.078 **지도** P.196
찾아가기 노면전차 1호선 헤이와코엔 역에서 내린 뒤 길을 건너서 왼편
주소 長崎県長崎市松山町9
전화 095-829-1171
시간 24시간
휴무 연중무휴
가격 무료 입장
홈페이지 http://nagasakipeace.jp

2 원폭낙하중심지공원

★★★ 도보 2분

原子爆弾落下中心地公園
겐시바쿠단 랏카추-신치코-엔

원자폭탄이 실제로 투하됐을 것으로 짐작는 곳을 공원으로 조성했다. 원폭이 떨어진 점인 원폭 낙하 중심지에 추모의 탑이 서고, 그 뒤편으로 폭발 당시 3000℃가 넘는 온에 녹아버린 유리, 벽돌, 기와 등이 전시 있다.

1권 P.079 **지도** P.196
찾아가기 노면전차 1호선 헤이와코엔 역에서 린 뒤 길을 건너면 바로
주소 長崎県長崎市松山町6
전화 095-829-1171
시간 24시간
휴무 연중무휴
가격 무료 입장
홈페이지 http://nagasakipeace.jp

3 나가사키 원폭 조선인 희생자 추도비

★★★★ 도보 3분

追悼長崎原爆朝鮮人犠牲者
츠이토오 나가사키겐바쿠 초-센진 기세에샤

원폭에 직간접적으로 노출돼 유명을 달리한 1만여 명의 조선인 희생자의 넋을 기리기 위해 건립된 추도비. 원폭낙하중심지공원에서 나가사키 원폭 자료관으로 가는 길목에 있지만, 작고 외진 곳에 있어서 잘 살펴보지 않으면 찾기 어렵다.

1권 P.076 지도 P.196

찾아가기 원폭낙하중심지공원에서 나가사키 원폭 자료관 가는 길. 계단 옆 동상 뒤편에 자리한다.

주소 長崎県長崎市平野町5-18

4 나가사키 원폭 자료관

★★★★ 도보 5분

長崎原爆資料館
나가사키 겐바쿠시료-칸

원폭 피해 사실에 관한 자료를 모아놓은 곳. 원폭 투하 피해 상황을 알리는 전시물이 주를 이루며, 핵무장의 심각성을 일깨우고 평화를 염원하는 전시물도 있다. 하지만 왜 원폭 피해를 당했는지에 관한 설명이 전혀 없으며 전범 국가라면 마땅히 해야 할 참회와 사과는 찾아볼 수 없어 씁쓸한 기분이 든다.

1권 P.079 지도 P.196

찾아가기 노면전차 1호선 헤이와코엔 역에서 내린 뒤 길을 건너 원폭낙하중심지공원 뒤편

주소 長崎県長崎市平野町7-8

전화 095-844-1231 **시간** 9월~다음 해 4월 08:30~17:30, 5~8월 ~18:30(마지막 입장 30분 전) **휴무** 12월 29~31일 **가격** 성인 200¥, 초등·중고생 100¥, 초등학생 미만 무료

홈페이지 http://nagasakipeace.jp

5 우라카미 천주당

★★ 도보 10분

浦上天主堂
우라카미텐슈도

오랫동안 탄압받던 일본의 가톨릭 신자들이 1895년부터 30년에 걸쳐 지은 성당이다. 동양 제일의 로마네스크 양식 대성당이었지만 원폭 피해를 입어 모두 파괴됐다. 현재의 건물은 1959년 재건 이후 1980년 재정비한 것이다. 그나마 보존된 종 하나가 하루에 세 번 시각을 알린다.

지도 P.196

찾아가기 노면전차 1호선 헤이와코엔 역에서 내려서 평화공원과 원폭낙하중심지공원 사이의 길로 올라간다. 도보 10분

주소 長崎県長崎市本尾町1-79

전화 095-844-1777 **시간** 09:00~17:00

휴무 월요일 **가격** 무료 입장

홈페이지 www1.odn.ne.jp/uracathe

6 이나사야마 전망대

★★★★★ 버스 7분

稲佐山展望台
이나사야마 덴-보다이

세계 신 3대 야경으로 선정된 곳. 해발 333m의 전망 지점에 서면 나가사키 시내는 물론이고 운젠, 고토 열도, 아마쿠사 등의 지역이 한눈에 들어온다. 항상 바람이 많이 부니 긴소매 겉옷을 챙겨 가는 것이 좋다.

1권 P.047 지도 P.196

찾아가기 JR 나가사키 역에서 무료 셔틀버스가 운행된다. 7분 소요 **주소** 長崎県長崎市大浜町

전화 095-861-7742 **시간** 09:00~22:00(시기마다 조금씩 다름. 홈페이지에서 확인)

휴무 연중무휴 **가격** (전망대) 전망대는 별도의 입장료를 받지 않는다. (로프웨이) 성인 1230¥, 고등학생 920¥, 중학생 미만 610¥

홈페이지 http://inasayama.net

7 코코워크

★★★ 도보 5분

ココウォーク

JR우라카미 역 앞에 생긴 쇼핑몰. 1층에는 버스센터가 입점돼 있으며, 일본 대표 브랜드 유니클로, GU, 니토리, ABC마트와 슈퍼마켓, 각종 음식점 등이 입점해 있어서 쇼핑과 식사를 한 자리에서 즐길 수 있다. 날이 맑다면 대관람차도 타보자.

지도 P.196

찾아가기 JR 우라카미 역에서 도보로 5분, 노면전차 모리마치 역에서 2분

주소 長崎県長崎市茂里町1-55

전화 095-848-5509

시간 10:00~20:00

휴무 부정기

홈페이지 http://cocowalk.jp

8 후쿠노유

★★★★★ 버스 20분

ふくの湯

우리 돈 1만 원이 채 되지 않는 비용으로 일본 3대 야경 중 하나를 바라보며 온천욕을 할 수 있는 유료 온천. 건물 안에서는 현금 대신 센서가 부착된 밴드를 이용해 결제한다.

1권 P.229 지도 P.196

찾아가기 JR 나가사키 역과 우라카미 역에서 출발하는 무료 셔틀버스를 운행한다. 나가사키 역에서 나와 좌회전해 코인로커 구역을 지나자마자 보이는 정거장에서 기다리면 된다. 09:05~22:15 30분~1시간에 1대꼴로 운행. 20분 소요

주소 長崎県長崎市岩見町451-23

전화 095-833-1126 **시간** 월~목·일요일 09:30~다음 날 01:00, 금·토요일, 공휴일 전날 09:30~다음 날 02:00 **휴무** 부정기

가격 성인 800¥, 3세~초등학생 400¥, 가족탕(4명 기준) 1시간 2500¥ **홈페이지** www.fukunoyu.com/nagasaki_fukunoyu.cgi

AREA

2 HAMAMACHI
[浜町 하마마치]

나가사키 제일가는 번화가

나가사키의 다른 두 지역에 비해 관광지로서 매력은 떨어지지만, 번화가 분위기가 제법 나는 지역이다. 주말이면 하만마치 상점가를 중심으로 현지인과 관광객이 몰려들고, 다양한 지역 행사가 열린다. 상점가 주변에 나가사키 3대 카스텔라 본점이 흩어져 있으니, 보물찾기 하듯 각 본점을 찾아다니는 것도 특별한 여정이 될 것이다.

인기 ★★★★☆

쇼핑과 관광, 미식이 모두 가능한 곳

쇼핑 ★★★★★

나가사키의 쇼핑 중심지

식도락 ★★★★★

나가사키 3대 카스텔라 본점, 도루코 라이스 맛집 등을 만날 수 있다.

나이트라이프 ★★★★★

나가사키 최대 환락가였던 곳. 지금도 그 흔적이 남아 있다.

관광지 ★★★☆☆

메가네바시 등 볼거리가 있지만 이 지역은 역시 쇼핑가

혼잡도 ★★★★☆

나가사키 제일의 번화가. 관광객과 나가사키 시민들이 모이는 곳

하마마치 한눈에 보기

JR 나가사키 역 → 하마마치

노면전차 1호선 쇼카쿠지시타행을 타고 가다 니시하마마치 역이나 간코도리 역에서 하차

시간 10분 **요금** 130¥

PLUS TIP

하만마치 or 하마마치?!

'하만마치'는 하마마치 지역에 위치한 상점가를 부르는 애칭이다.

MUST EAT 이것만은 꼭 먹자!

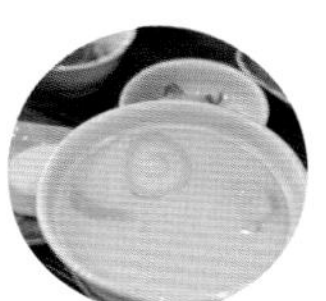

No. 1
욧소 본점의
차완무시

No. 2
츠루찬의
도루코 라이스

No. 3
후쿠사야의
오리지널 카스텔라

MUST SEE 이것만은 꼭 보자!

No. 1
메가네바시 다리
(안경다리)

No. 2
데지마

MUST BUY 이것만은 꼭 사자!

No. 1
후쿠사야의
큐브 카스텔라

나가사키 사계절 대표 축제

봄 나가사키 범선 축제 長崎帆船まつり

2000년, 일본과 네덜란드의 교류 400주년을 기념해 시작된 일본 최고의 범선 축제다. 나가사키 항에서 각종 범선을 감상할 수 있다. 새하얀 돛을 펼치는 퍼포먼스와 선내 공개, 나가사키 항내 체험 크루즈 외에 로프 묶는 법을 가르쳐주는 체험형 이벤트도 마련된다.

기간 4월 중 **장소** 나가사키 항, 나가사키 수변공원, 데지마 와프 주변

여름 나가사키 미나토 축제 長崎みなとまつり

나가사키 항의 개항을 기념하는 여름 축제. 1만여 발의 불꽃이 나가사키 항구를 수놓는 불꽃놀이를 감상할 수 있다. 축제 기간 동안 항구에 볼거리 가득한 무대뿐 아니라 나가사키의 먹거리를 맛볼 수 있는 부스도 들어선다. **기간** 7월 말 **장소** 나가사키 항

나가사키 페론 보트 레이스 長崎ペーロン選手権大会

360년의 역사를 자랑하는 대회. 약 14m 길이의 보트에 26명이 승선해 경주하는 페론 보트 레이스는 축제 기간에 1150m 거리의 코스를 왕복한다. 이 기간에는 페론 보트를 무료로 체험할 수 있는 이벤트도 열린다. **기간** 7월 말 **장소** 나가사키 항

가을 나가사키 군치 長崎くんち

나가사키를 수호하는 스와 신사의 가을 대축제로 380여 년의 역사를 자랑한다. 호화찬란한 제례로 알려진 일본 3대 군치 중 하나. 에도 시대 스와 신사 앞에서 춤을 바친 것이 나가사키 군치의 시작이라 전해진다. 무대에서 펼쳐지는 퍼포먼스와 복을 나눠주기 위해 가정집이나 가게 앞에서 퍼포먼스를 선보이는 니와사키마와리 등이 볼거리다.

기간 10월 중 **장소** 스와 신사, 오타비쇼, 야사카 신사, 공회당 앞 광장

겨울 나가사키 랜턴 페스티벌 長崎ランタンフェスティバル

나가사키 시내 중심부에 약 1만 5000개에 달하는 화려한 랜턴과 대형 오브제를 장식해 환상적인 분위기를 자아낸다. 기간 중 각 축제 장소에서는 용춤, 중국 곡예, 공연 등 중국 전통 행사가 이어진다.

기간 1~2월 중(중국 설 기간) **장소** 나가사키 신치추카가이, 하만마치 아케이드, 중앙공원 외

MAP
하마마치 한눈에 보기
N
0
40m
JR 나가사키 역
고토마치역
五島町駅
카사노다
CasaNoda
비즈니스 호텔 이케다
ビジネスホテルいけだ
토요코인 나가사키에키마에
東横INN長崎駅前
A
B
에스페리아 호텔
エスペリアホテル
아파 호텔
アパホテル
유메타운
ゆめタウン
ATM(1F)
E
F
컴포트 호텔
コンフォートホテル
오하토 터미널
大波止ターミナル
오하토 역
大波止駅
분메이도 본점
文明堂 本店 P.207
호텔 벨뷰
ホテルベルビュー
나가사키 현청
ATM(1F)
I
J
데지마 와프
出島ワーフ P.207
데지마 역
出島駅
데지마
出島 P.206
아틱
アティック 長崎 P.207
신치추카가이 역
新地中華街駅

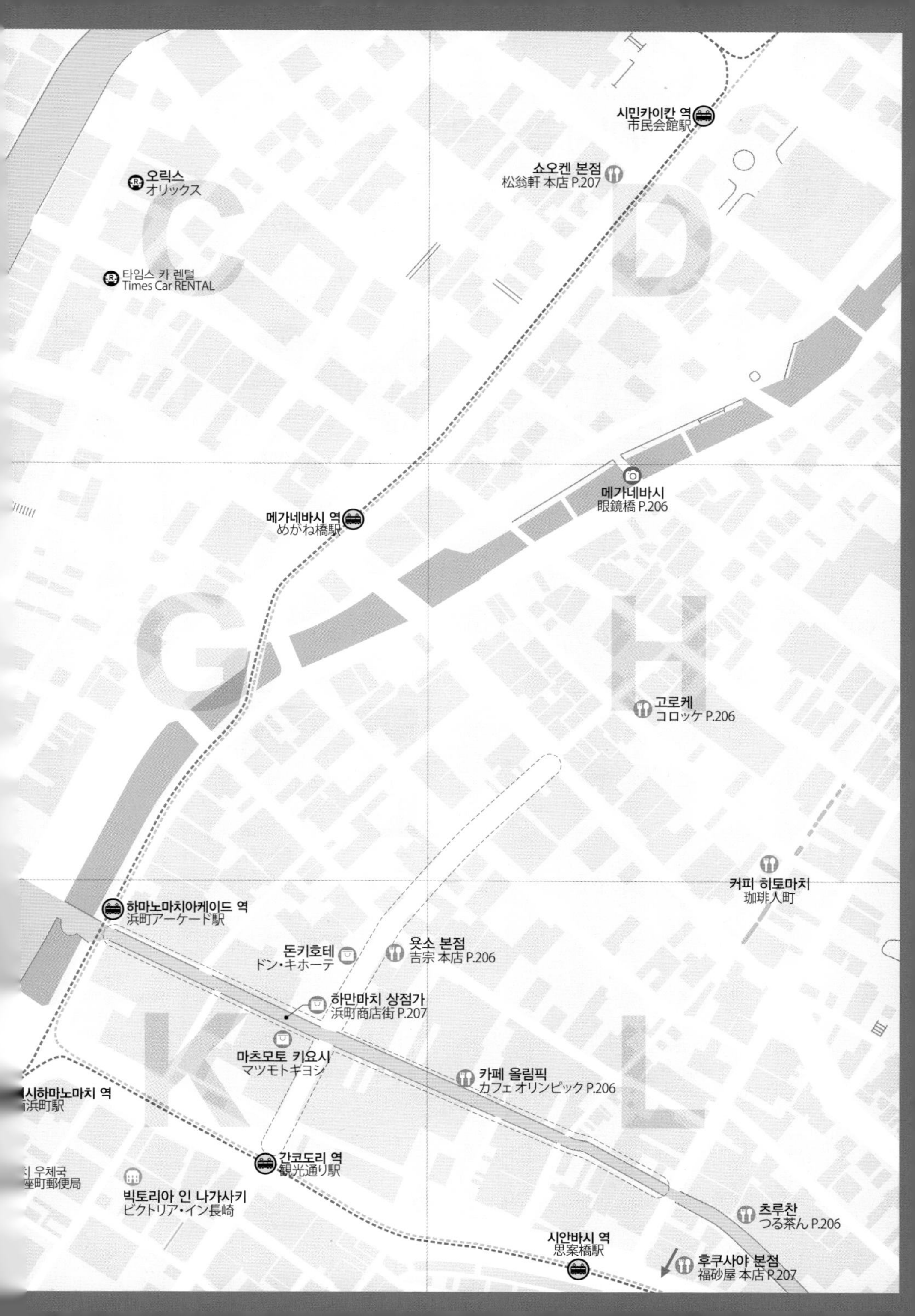

시민카이칸 역
市民会館駅
쇼오켄 본점
松翁軒 本店 P.207
오릭스
オリックス
C
D
타임스 카 렌털
Times Car RENTAL
메가네바시
眼鏡橋 P.206
메가네바시 역
めがね橋駅
G
H
고로케
コロッケ P.206
커피 히토마치
珈琲人町
하마노마치아케이드 역
浜町アーケード駅
돈키호테
ドン・キホーテ
욧소 본점
吉宗 本店 P.206
하만마치 상점가
浜町商店街 P.207
K
L
마츠모토 키요시
マツモトキヨシ
카페 올림픽
カフェ オリンピック P.206
시하마노마치 역
浜町駅
간코도리 역
観光通り駅
빅토리아 인 나가사키
ビクトリア・イン長崎
츠루찬
つる茶ん P.206
시안바시 역
思案橋駅
후쿠사야 본점
福砂屋 本店 P.207

하마마치 관광·먹방 코스

나가사키의 다른 지역보다 유유자적하게 식도락과 관광을 즐길 수 있는 코스다. 나가사키 3대 음식에 포함되지는 않지만 이 지역에 가면 꼭 맛봐야 하는 음식과 산책하듯 둘러볼 수 있는 관광 명소가 있다. 다른 코스와 연계해 즐기면 더 좋다.

데지마 역

역에서 내려 길을 건넌다. (1분)

1 데지마 出島

서양인과 일본인의 접촉을 막기 위해 1634년에 만든 곳으로 당시의 모습을 재현해놓은 건물과 유물이 전시되어 있다.

시간 08:00~18:00(마지막 입장 17:40) **가격** 성인 520￥, 고등학생 200￥, 초등·중학생 100￥

→ 노면전차 1호선을 타고 간코도리 역에서 내린다. (5분)

2 하만마치 상점 浜町商店

나가사키 최대 번화가로 온갖 상점 즐비하다. 특히 유명한 카스텔라 브드의 매장을 다 만날 수 있다.

시간 가게마다 다름

→ 두 번째 갈림길 오른쪽에 보인 (3분)

3 욧소 본점 吉宗本店

일본식 달걀찜인 차완무시가 맛있기로 소문난 일본 정식집. 차완무시와 가쿠니, 무시스시 등이 함께 나오는 욧소테이쇼쿠(吉宗定食)가 인기다.

시간 11:00~21:00(L.O 20:00)
휴무 월·화요일 **가격** 차완무시 단품 858￥, 욧소테이쇼쿠 2530￥

→ 아케이드 내 다이소가 보이면 우회전해 1분쯤 걸으면 왼편에 보이는 오카모토 시계 매장 바로 옆 건물 2층이다. (2분)

4 카페 올 カフェ オリンピ

35cm에서 120cm까지 다양한 높 파르페를 선보이는 집.

시간 11:30~21:30 **가격** 35 799￥, 40cm 971￥, 50cm 1298￥ 120cm 5900￥

→ 아케이드를 나와 운하를 따리 쪽으로 직진하면 수많은 다리가 다. 세 번째 다리가 바로 안경다리 메가네바시다. (7분)

5 메가네바시
眼鏡橋

수면에 비친 모습이 안경을 닮았다고 해서 일명 '안경다리'로 불리는 다리.

→ 다리를 건너서 직진하면 대로가 나온다. 길을 건넌 뒤 오른쪽으로 직진하면 시민카이칸(市民会館) 역 앞에 붉은색 건물이 있다. (3분)

6 쇼오켄 본점
松翁軒 本店

나가사키 3대 카스텔라 중 하나로, 본점은 세 곳 중 유일하게 카페를 겸해서 일부러 찾아갈 만하다.

시간 09:00~18:00(1층), 11:00~17:00(2층 카페) **가격** 1박스 648￥(5조각), 1296￥(0.6호)

→ 시민카이칸(市民会館) 역에서 노면전차 5호선 이시바시행을 타고 츠키마치 역에서 1호선 아카사코행으로 환승한 후 데지마 역에서 하차 (12분)

FINISH

데지마 역

START

- S. 데지마 역
- 30m, 도보 1분
- 1. 데지마
- 650m, 도보 5분
- 2. 하만마치 상점가
- 200m, 도보 3분
- 3. 욧소 본점
- 140m, 도보 2분
- 4. 카페 올림픽
- 550m, 도보 7분
- 5. 메가네바시
- 250m, 도보 3분
- 6. 쇼오켄 본점
- 1.2km, 노면전차 12분
- F. 데지마 역

1 데지마
出島

★★★ 도보 1분

서양인과 일본인의 접촉을 막기 위해 1634년에 만든 부채꼴 모양의 인공 섬. 섬이 만들어진 이후 일본에 건너온 서양 사람들이 들어와 살았으며 200년이 넘는 시간 동안 일본 유일의 서양을 상대로 한 교역의 전초기지로서 역할을 다해왔다. 당시의 모습을 재현해놓은 건물과 유물이 전시되어 있다.

지도 P.202I
찾아가기 노면전차 데지마 역 바로 옆
주소 長崎県長崎市出島町6-1
전화 095-829-1194
시간 08:00~21:00(마지막 입장 20:40)
휴무 연중무휴 **가격** 성인 520¥, 고등학생 200¥, 초등·중학생 100¥
홈페이지 http://nagasakidejima.jp

2 메가네바시
眼鏡橋

★★★ 도보 5분

수면에 비친 모습이 안경을 닮았다고 해서 일명 '안경다리'로 불리는 다리. 일본 곳곳에 있는 메가네바시 가운데 가장 오래됐다. 주변 산책로에 숨어 있는 하트 모양의 돌을 찾아내면 사랑이 이뤄진다는 속설이 있다.

지도 P.203H
찾아가기 노면전차 메가네바시 역에서 왼쪽 횡단보도를 건너 직진하다 수변공원을 따라 좌회전. 도보 5분

3 욧소 본점
吉宗本店 욧소 혼텐

★★★ 도보 2분

일본식 달걀찜인 차완무시가 맛있기로 소문난 일본 정식집. 차완무시와 가쿠니, 무시스시 등이 함께 나오는 욧소테이쇼쿠가 가장 인기다. 평일 런치타임에는 히가와리라고 해서 인기 메뉴를 저렴하게 제공하므로 시간을 잘 맞추어 가는 것도 요령.

지도 P.203K
찾아가기 노면전차 간코도리 역 앞 아케이드 상점가로 들어간다. 두 번째 갈림길에서 우회전하면 오른쪽에 보인다. **주소** 長崎県長崎市浜町8-9
전화 095-821-0001
시간 11:00~21:00(L.O 20:00)
휴무 월·화요일
가격 차완무시 단품 858¥, 욧소테이쇼쿠 2530¥ **홈페이지** http://yossou.co.jp

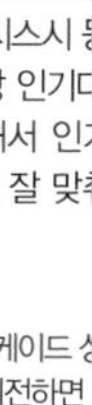
차완무시 단품 858¥

4 카페 올림픽
カフェ オリンピック

★★★ 도보 2분

35cm에서 120cm까지 다양한 높이의 파르페를 선보이는 집. 어마어마한 양 때문에 내로라하는 푸드 파이터들이 꼭 찾아가는 명소가 됐다. 혼자 가면 35cm 파르페면 충분하고 2명이 간다면 40cm나 50cm 파르페가 알맞다.

지도 P.203L
찾아가기 노면전차 간코도리 역 앞 아케이드 상점가로 들어간다. 다이소가 보이면 우회전해 1분쯤 걸으면 왼편에 보이는 오카모토 시계 매장 바로 옆 건물 2층 **주소** 長崎県長崎市浜町8-33 **전화** 095-824-3912 **시간** 11:30~21:30 **휴무** 연중무휴
가격 35cm 990¥, 40cm 1320¥, 50cm 1980¥
홈페이지 없음

5 츠루찬
つる茶ん

★★★★ 도보 1분

1925년에 개업한 큐슈에서 가장 오래된 다방이다. 인기 메뉴는 도루코 라이스지만, 이를 조금 변형한 메뉴도 눈길을 끈다. 돈카츠 대신 새우튀김이, 나폴리탄 파스타 대신 크림소스 파스타가 나오는 레이디스 라이스가 인기. 전통 방식으로 만든 원조 나가사키풍 밀크셰이크도 이 집의 대표 메뉴다.

지도 P.203L
찾아가기 노면전차 시안바시 역에서 하차. 하만마치 상점가 끝에 위치 **주소** 長崎県長崎市油屋町2-47 **전화** 095-824-2679
시간 10:00~21:00
휴무 연중무휴
가격 레이디스 라이스 1480¥
홈페이지 없음

6 고로케
コロッケ

★★★ 도보 2분

차별화된 도루코 라이스를 선보이는 곳이다. 일반적인 도루코 라이스도 판매하지만, 여기에 고로케가 올라가는 것이 특징. 고로케 속 감자는 크림처럼 부드러워 입에서 사르르 녹는다. 인기 메뉴는 달궈진 프라이팬에 제공되는 고로케 스파게티. 바삭한 고로케 덕분에 항상 대기 줄이 생길 정도.

지도 P.203H
찾아가기 노면전차 메가네바시 역에서 내린 뒤 다리를 건너 왼쪽 골목으로 들어서면 첫 번째 사거리
주소 長崎県長崎市東古川町3-23
전화 095-826-1220 **시간** 11:30~16:00
휴무 화요일 **가격** 고로케 런치 850¥, 콤비 햄버거 1180¥ **홈페이지** 없음

7 후쿠사야 본점

福砂屋 本店
후쿠사야 혼텐

나가사키 카스텔라를 처음 선보인 곳이다. 쫀득한 식감은 후쿠사야를 따라올 곳이 없다. 맛에 자부심이 있기 때문인지 상품의 종류를 늘리기보다는 오리지널 상품에 주력한다. 노란색 포장을 현대식으로 바꾼 큐브 카스텔라는 예쁘고 저렴해서 선물용으로 인기다.

1권 P.098 지도 P.203L
찾아가기 노면전차 시안바시 역에서 내려 하만마치 상점가 반대편 길로 들어가면 바로 **주소** 長崎県長崎市船大工町3-1 **전화** 095-821-2938 **시간** 09:30~17:00 **휴무** 수요일 **가격** 1박스 1188￥(0.6호), 큐브 카스텔라 270￥(1개) **홈페이지** http://fukusaya.co.jp

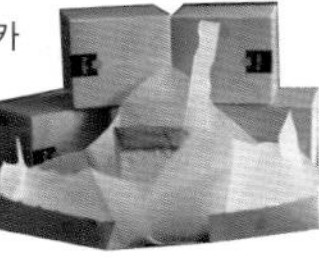

8 쇼오켄 본점

松翁軒 本店
쇼오켄 혼텐

도보 1분

1681년에 개업해 지금까지 전통적인 방법으로 카스텔라를 만드는 곳이다. 본점은 카페를 겸하고 있다. 1층은 카스텔라를 파는 매장으로, 2층은 카페로 운영한다. 커피(차)와 카스텔라 세트(780￥)는 오리지널과 초콜릿 맛 카스텔라 두 조각이 나온다. 카스텔라는 좀 단 편.

1권 P.098 지도 P.203D
찾아가기 노면전차 시민카이칸 역에서 하차
주소 長崎県長崎市魚の町3-19
전화 095-822-0410
시간 09:00~18:00(1층), 11:00~17:00(2층 카페)
휴무 연중무휴
가격 1박스 648￥(5조각), 1296￥(0.6호) **홈페이지** www.shooken.com

9 분메이도 본점

文明堂 本店
분메이도 혼텐

고풍스러운 검은색 외관에 금빛 마크가 인상적이어서 굳이 찾으려 하지 않아도 눈길이 간다. 1900년, 후쿠사야, 쇼오켄보다 늦게 문을 열었지만 말차 맛, 초콜릿 맛 등 다양한 맛의 카스텔라를 선보여 주목받고 있다. 다른 집보다 상대적으로 담백한 맛이 인기 요인.

1권 P.098 지도 P.202E
찾아가기 노면전차 오하토 역에서 내리면 바로
주소 長崎県長崎市江戸町1-1
전화 095-824-0002
시간 09:00~19:00
휴무 1월 1일
가격 카스텔라 675￥(5조각)
홈페이지 www.bunmeido.ne.jp

10 데지마 와프

出島ワーフ

해안가에 가면 흔하게 볼 수 있는 전망 좋은 상점가다. 카페, 레스토랑, 잡화점 등 15개의 상점이 늘어서 있다. 나가사키 만을 바라보고 자리 잡고 있어서 어느 곳이든 뷰가 좋다. 밤이 되면 바다와 어우러진 야경이 펼쳐져 더 멋지다.

지도 P.202I
찾아가기 노면전차 데지마 역에서 내리면 바로
주소 長崎県長崎市出島町1-1-109
전화 095-828-3939
시간 11:00~23:00(가게마다 다름)
휴무 가게마다 다름
가격 가게마다 다름
홈페이지 http://dejimawharf.com

11 아틱

アティック

도보 4분

바다가 보이는 테라스에서 운치 있는 시간을 보낼 수 있는 카페로, 나가사키의 역사적 인물들을 모델로 삼은 라떼 아트로 유명하다. 사카모토 료마를 비롯해 구라바엔의 주인이던 토마스 글러버 등이 대상. 자신이 원하는 모양으로 주문 가능하다.

1권 P.135 지도 P.202I
찾아가기 노면전차 데지마 역에서 내려 데지마 역 반대편의 데지마 와프 내 **주소** 長崎県長崎市出島町1-1 長崎出島ワーフ 1F 美術館側 **전화** 095-820-2366 **시간** 11:00~23:00, 금·토요일 ~23:30 **휴무** 연중무휴 **가격** 아틱케이크 세트 780￥, 료마 카푸치노 380￥ **홈페이지** http://attic-coffee.com

료마 카푸치노 380￥

12 하만마치 상점가

浜町商店街
하마마치쇼-텐가이

나가사키 최대의 번화가로 온갖 상점이 즐비하다. 하만마치 아케이드와 간코도리 아케이드가 십자 모양으로 교차하는데, 이 둘을 합쳐 하만마치 상점가라 부른다. 아케이드 내에 하마야 백화점(浜屋百貨店)과 돈키호테, 마츠모토 키요시 등이 있고, 패션 상품과 잡화를 파는 점포며 레스토랑과 패스트푸드점, 유명한 카스텔라 브랜드의 매장 등이 모여 있어서 쇼핑과 식도락을 즐기기에 부족하지 않다.

지도 P.203K
찾아가기 노면전차 간코도리 역에서 하차하면 바로 **주소** 長崎県長崎市浜町10-21
전화 050-3525-6127
시간 가게마다 다름 **휴무** 가게마다 다름
가격 가게마다 다름
홈페이지 www.hamanmachi.com

AREA

3 NAGASAKI POR

[長崎港 나가사키 항]

나가사키 야경은 세계적으로도 유명하다.

시공을 넘나드는 특별한 공간

나가사키는 푸치니의 오페라 〈나비 부인〉의 배경이 된 곳이다. 개항 초기에 지어진 네덜란드식 저택 구라바엔에 오르 아름다운 나가사키 항이 눈앞에 펼쳐진다. 인근에 중국인이 배고픈 유학생들을 위해 고안한 나가사키짬뽕 원조집이 있으며 중국인 거리, 중국인 마을 등 중국인의 흔적도 곳곳에서 발견할 수 있다. 나가사키에서 꼭 가보아야 할 곳들이 몰려 있으니, 시간이 충분치 않다면 이 지역만 빠르게 돌아보자.

나가사키에 온 사람들이 반드시 둘러보는 지역

오우라 천주당으로 올라가는 길에 상점가가 형성돼 있다.

나가사키를 대표하는 원조 짬뽕을 맛볼 수 있다.

신치추카가이 인근은 나가사키 최대 환락가.

나가사키의 인기 관광지가 모두 모였다.

관광객이 많지만 몇몇 곳을 제외하면 붐비지 않는다.

나가사키 항 한눈에 보기

JR 나가사키 역 → 나가사키 항

나가사키 역에서 나와 육교를 건너 노면전차 1호선 쇼카쿠지시타(正覚寺下)행을 타고 가다 데지마(出島)나 츠키마치(築町)에서 내린다.

시간 5분 **요금** 130¥(1일권 600¥)

MUST SEE 이것만은 꼭 보자!

No. 1
구라바엔

No. 2
나가사키 현 미술관

No. 3
신치추카가이

MUST EAT 이것만은 꼭 먹자!

No. 1
시카이로의 나가사키짬뽕

No. 2
이와사키의 가쿠니만주

나가사키 섬 정보

594개의 아름다운 섬이 있는 나가사키 현

고토 섬 五島

나가사키 현 서쪽 약 100㎞, 동중국해 동단에 있는 5개의 큰 섬으로 이루어져 있다. 일본과 중국 대륙을 잇는 해상교통의 요충지였으며, 중세에는 1566년에 가톨릭 사제가 섬으로 와서 포교활동을 시작한 곳이기도 하다. 전체가 서해국립공원으로 지정되어 있을 정도로 아름답고, 새하얀 백사장이 펼쳐진 해변과 투명한 바다, 동중국해로 저무는 석양 등으로 유명하다. 각 섬마다 많은 교회가 있어서 성지순례 코스로도 인기다. 해수욕이나 해양 스포츠, 낚시 등을 즐기기 좋으며, 여름에는 철인 3종 경기 국제대회도 열린다.

찾아가기 나가사키 항에서 다이노우라항으로 가는 배를 탄다. 1일 3편, 약 1시간 40분 소요.

히라도 平戸

17세기경부터 중국이나 네덜란드, 포르투갈 등과 교류가 왕성했고, 외국과의 무역의 거점으로 발전해 온 섬이다. 인기 관광지인 히라도 네덜란드 상관은 17세기 초에 건축된 건물로, 당시 모습 그대로 남아있다. 사키가타 공원에는 히라도의 해외 통상 공헌한 영국인 윌리엄 애덤스 부부의 묘가, 일본에 최초로 크리스트교를 전파한 프란시스코 자비에르의 기념비가 남아 있다.

찾아가기 섬이지만 다리로 연결돼 있어서 버스나 기차로 갈 수 있다. JR 사세보 역에서 마츠우라 철도 니시큐슈 선(1시간 25분 소요)을 타고 타비라히라도구치 역에 하차하거나, 사세보 역에서 히라도행 급행버스(1시간 30분 소요)를 타고, 히라도 시청 앞에서 내린다.

쿠주쿠시마 九十九島

99개의 섬이라는 뜻으로, 실제로는 약 25㎞에 걸쳐 208개 이상의 섬들이 밀집해 있다. 이 섬들은 대부분 무인도로, 사람의 손길이 닿지 않아 자연이 잘 보존돼 있다. 사세보 쪽 미나미규쥬쿠시마 섬은 여성적인 섬세한 경관이, 히라도 쪽의 기타규쥬쿠시마 섬은 남성적이며 웅대한 경관으로 아름답다. 사이카이 펄 시 리조트에서 운영하는 유람선을 타고 둘러볼 수 있다.

찾아가기 JR 사세보 역에서 동쪽 출구 버스정류장에서 펄 시 리조트, 쿠주쿠시마 스이조쿠칸 행 버스를 이용한다. 25분 소요.

PLUS TIP

JR 나가사키 역에서 JR 사세보 역으로 가려면, JR 쾌속 시사이도라이나를 탄다. 1시간 45분 소요. 나가사키 버스터미널에서 사세보 역까지 고속버스를 타고 갈 수도 있다. 1시간 40분 소요(매시 1~3회 운행)

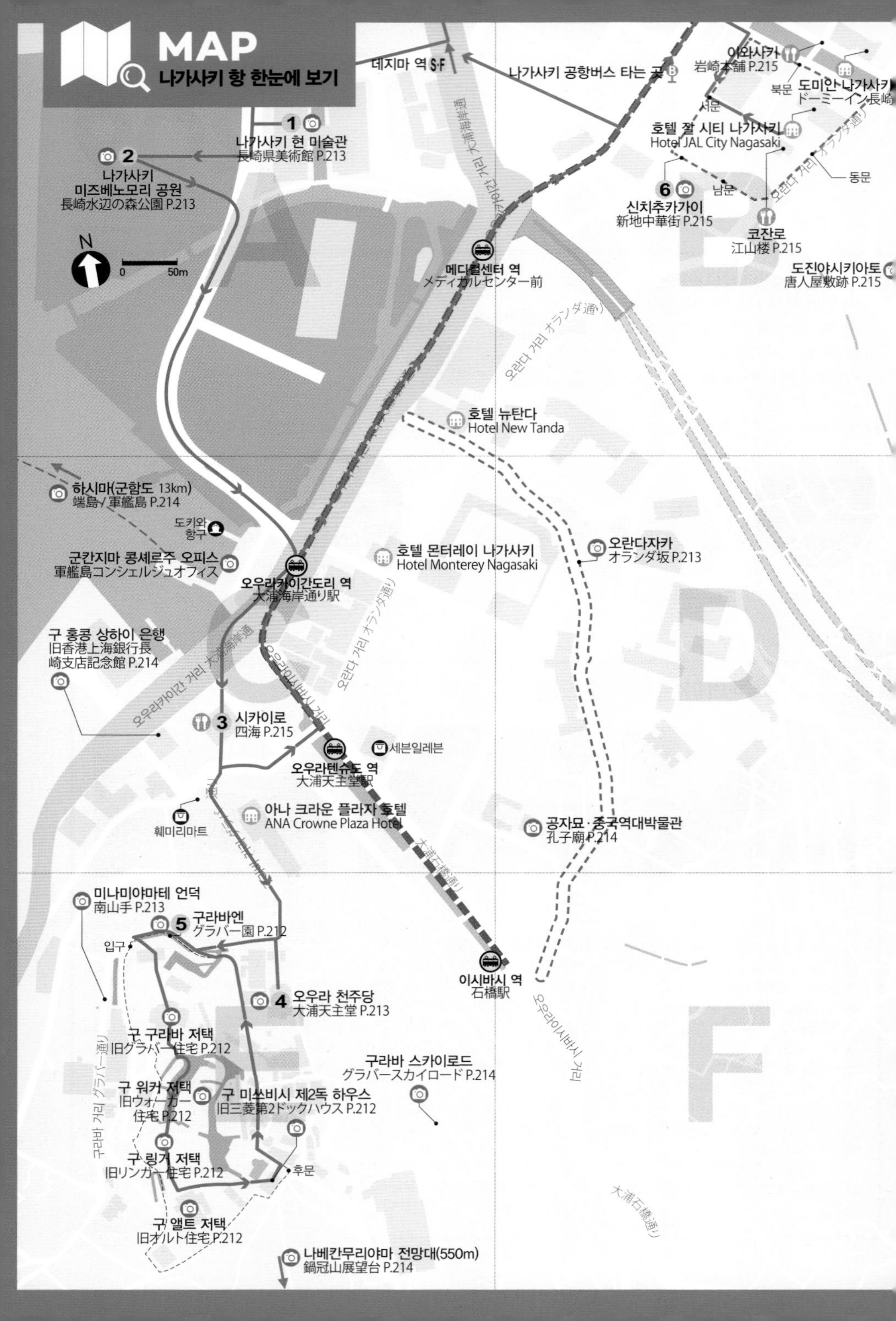
MAP
나가사키 항 한눈에 보기
데지마 역
나가사키 공항버스 타는 곳
1 나가사키 현 미술관
長崎県美術館 P.213
2 나가사키 미즈베노모리 공원
長崎水辺の森公園 P.213
이와사키
岩崎本舗 P.215
북문
도미인 나가사키
ドーミーイン長崎
서문
호텔 잘 시티 나가사키
Hotel JAL City Nagasaki
동문
남문
6 신치추카가이
新地中華街 P.215
코잔로
江山楼 P.215
도진야시키아토
唐人屋敷跡 P.215
메디컬센터 역
メディカルセンター前
오란다 거리 オランダ通り
호텔 뉴탄다
Hotel New Tanda
하시마(군함도 13km)
端島 / 軍艦島 P.214
도키와 항구
군칸지마 콩세르주 오피스
軍艦島コンシェルジュオフィス
호텔 몬터레이 나가사키
Hotel Monterey Nagasaki
오란다자카
オランダ坂 P.213
오우라카이간도리 역
大浦海岸通り駅
구 홍콩 상하이 은행
旧香港上海銀行長崎支店記念館 P.214
오우라카이간 거리 大浦海岸通
3 시카이로
四海 P.215
오우라텐슈도 역
大浦天主堂駅
세븐일레븐
훼미리마트
아나 크라운 플라자 호텔
ANA Crowne Plaza Hotel
공자묘·중국역대박물관
孔子廟 P.214
大浦石橋通り
미나미야마테 언덕
南山手 P.213
5 구라바엔
グラバー園 P.212
입구
이시바시 역
石橋駅
4 오우라 천주당
大浦天主堂 P.213
오우라이시바시 거리
구 구라바 저택
旧グラバー住宅 P.212
구라바 거리 グラバー通り
구라바 스카이로드
グラバースカイロード P.214
구 워커 저택
旧ウォーカー住宅 P.212
구 미쓰비시 제2독 하우스
旧三菱第2ドックハウス P.212
구 링거 저택
旧リンガー住宅 P.212
후문
구 앨트 저택
旧オルト住宅 P.212
나베칸무리야마 전망대(550m)
鍋冠山展望台 P.214
0 50m

COURSE 1 나가사키 필수 산책 코스

나가사키의 바다 냄새를 맡으며 공원을 산책하고 네덜란드 분위기가 물씬 풍기는 구라바엔을 둘러본 뒤 원조 나가사키짬뽕을 먹어볼까?

START

ㅔ지마 역

ᅩ면전차 데지마 역에서 내려 길을 건ᅥ 뒤 JR 나가사키 역 반대 방향으로 ᅥ는다. (5분)

1 나가사키 현 미술관 長崎県美術館

미술관 건물 사이로 운하가 나 있고 건물 자체가 예술 작품처럼 아름답다.

시간 10:00~20:00 **휴무** 둘째·넷째 주 월요일 **가격** 일반 420¥

→ 바로 옆이 공원 (5분)

2 나가사키 미즈베노모리 공원 長崎水辺の森公園

나가사키의 바다가 보이는 공원. 공원 사이로 운하가 흘러 독특한 정취를 느낄 수 있다.

→ 운하 끝에 나오는 삼거리를 지나 길을 건너면 보인다. (8분)

3 시카이로 四海楼

ᄋ99년 나가사키짬뽕의 역사가 시작ᅟ곳. 오래 기다려야 한다.

시간 11:30~15:00, 17:00~21:00

가격 나가사키짬뽕 1210¥

ᅵ바로 앞 언덕길을 오른다. (7분)

4 오우라 천주당 大浦天主堂

1863년 프랑스 선교회에서 지은 일본 최고(最古)이자 최고(最高)의 목조 성당.

시간 08:00~18:00 **가격** 성인 1000¥

→ 조금만 더 언덕을 올라가자. (7분)

5 구라바엔 グラバー園

개항 초기에 지어진 건축물로 이뤄진 거대한 정원.

시간 08:00~18:00 **가격** 성인 620¥

→ 오우라텐슈도 역에서 노면전차 5호선을 타고 신치추카가이 역에서 내린다. (18분)

신치추카가이 新地中華街

ᅥ 대부분이 나가사키짬뽕을 파는 ᅡ요리 전문점과 만주집이다.

시간 가게마다 다름

ᅡ시 노면전차 데지마 역으로 걸어ᅵ. (6분)

FINISH

데지마 역

START

S. 데지마 역
450m, 도보 5분
1. 나가사키 현 미술관
260m, 도보 5분
2. 나가사키 미즈베노모리 공원
650m, 도보 8분
3. 시카이로
450m, 도보 7분
4. 오우라 천주당
450m, 도보 7분
5. 구라바엔
2.1km, 도보 13분 + 노면전차 5분
6. 신치추카가이
500m, 도보 6분
F. 데지마 역

ZOOM IN

구라바엔

개항 초기에 지어진 건축물로 이뤄진 거대한 정원으로 드라마 세트장에 온 듯한 분위기다. 특히 이곳에서 내려다보는 나가사키 항구의 풍경이 아름답기로 유명하다. 꽤 넓기 때문에 시간을 넉넉히 잡아야 제대로 볼 수 있다.

찾아가기 노면전차 오우라텐슈도 역에서 다리를 건너 직진. 훼미리마트 옆 언덕으로 올라간다.
주소 長崎県長崎市南山手町8-1
전화 095-822-3359
시간 08:00~18:00(성수기에는 연장 개장)
휴무 연중무휴
가격 성인 620￥, 고등학생 310￥, 초등 · 중학생 180￥
홈페이지 www.glover-garden.jp/index.html

1 구 구라바 저택
旧グラバー住宅

일본이 기나긴 쇄국정책을 포기한 직후인 1863년에 지어진 건물로 당시 나가사키 거류지 주변에 들어섰다. 서양식 목조건물로는 일본에서 가장 오래되었으며 건축적 가치를 인정받아 일찌감치 일본 국가 지정 문화재로 지정된 '귀한 몸' 되시겠다. 이 집의 주인이던 토머스 글로버(Thomas Glover)는 스코틀랜드에서 건너온 무역업자로 조선, 탄광, 어업 등 다양한 산업 분야를 근대화한 인물로 일본의 산업화를 앞당기는 데 일조한 것으로 평가받는다. 우리가 잘 아는 '기린맥주'의 창립 멤버이기도 하다.

1권 P.063 **지도** P.210E
찾아가기 구라바엔 내에 위치

2 구 링거 저택
旧リンガー住宅

일본 국가 지정 문화재인 건물로 초기 거류지 건축의 표본으로 인정받고 있다. 특히 눈여겨 볼 부분은 목조건물의 외벽에 돌을 덧씌워 마감한 점으로, 한 건축물에 일본식과 서양식이 혼재하는 것이 특징. 나가사키에 처음으로 상수도를 설치한 인물로 잘 알려진 영국 상인 프레데릭 링거(Frederick Ringer)가 살던 저택으로, 어업, 제분, 제과 등 폭넓은 분야에서 사업을 했던 거상답게 저택 내부도 화려하게 꾸며져 있다.

1권 P.063
지도 P.210E
찾아가기 구라바엔 내에 위치

3 구 미쓰비시 제2독 하우스
旧三菱第2ドックハウス

배가 수리를 위해 독에 정박해 있는 동안 선원들의 숙소로 이용하던 건물로 메이지 초기에 유행하던 양식으로 지어진 것이 특징이다. 1896년 항만에 지은 건물을 1972년에 이곳으로 옮겨왔다. 건물 안에는 당시 모습을 재현한 여러 개의 방이 있으며, 2층 테라스에서 나가사키 항만의 시원한 풍경이 한눈에 들어와 여행자들에게 인기 있다.

1권 P.063 **지도** P.210E
찾아가기 구라바엔 내에 위치

4 구 앨트 저택
旧オルト住宅

구라바엔 내에 있는 세 군데 국가 지정 문화재 중 하나. 영국인 차 무역상 윌리엄 존 앨트(William J. Alt)가 살던 저택으로 메이지 말기의 건축양식을 잘 보여준다. 그리스 신전을 연상케 하는 둥근 기둥과 대조적으로 우리나라 한옥이나 초가집에서 흔히 보이는 우진각의 형태를 띠는 점이 독특한데, 건물을 배경으로 사진을 찍기도 좋다.

1권 P.063 **지도** P.210E
찾아가기 구라바엔 내에 위치

5 구 워커 저택
旧ウォーカー住宅

메이지 시대 중기에 세운 건물로 당시 나가사키 거류 무역상 사이에서 중추적인 역할을 하던 로버트 워커(Robert Walker)가 살았다. 워커는 현재 기린맥주의 전신인 재팬 브루어리 컴퍼니를 설립했는데, 이곳은 일본 최초의 청량음료인 '반자이 사이다'를 개발한 회사로도 유명하다.

1권 P.063 **지도** P.210E
찾아가기 구라바엔 내에 위치

ZOOM IN

나가사키 항

나가사키에서 가장 아름다운 지역이다. 나가사키 항을 따라 여유롭게 걷기만 해도 좋지만, 곳곳에 남아 있는 개항 당시 흔적들로 인해 300~400년 전으로 타임슬립하는 기분도 맛볼 수 있다

1 오우라 천주당

大浦天主堂
오우라 텐슈도

★★★★★ 도보 7분

1863년 프랑스 선교회에서 지은 일본 최고(最古)이자 최고(最高)의 목조 성당. 나가사키에서 처형당한 순교자 26명의 혼을 모신 곳이니 만큼 천주교 신자에게는 성지순례 장소로, 일반 여행자에게는 사진 찍기 좋은 곳으로 알려져 항상 사람들로 붐빈다.

1권 P.061 **지도** P.210E
찾아가기 노면전차 오우라텐슈도 역에서 다리를 건너 직진. 훼미리마트 옆 언덕으로 올라가면 보이는 구라바엔 바로 옆
주소 長崎県長崎市南山手町5-3
전화 095-823-2628 **시간** 08:00~18:00
휴무 연중무휴 **가격** 성인 1000¥, 중고생 400¥, 초등학생 300¥ **홈페이지** www1.bbiq.jp/oourahp

2 나가사키 미즈베노모리 공원

長崎水辺の森公園
나가사키 미즈베노모리 고엔

★★★★ 도보 5분

나가사키 만의 아름다움을 만끽할 수 있는 코스로 미즈베노모리 공원, 나가시키 현 미술관, 메트라이프 건물로 이어지는 산책로를 추천한다. 공원은 물의 정원(水の庭園), 대지의 광장(大地の広場) 등으로 조성돼 있고, 공원 사이로 운하가 흘러 독특한 정취를 느낄 수 있다.

지도 P.210A
찾아가기 노면전차 데지마 역에서 하차 후 도보 5분
주소 長崎県長崎市出島町 1-1
전화 없음 **시간** 24시간
휴무 연중무휴 **가격** 무료 입장
홈페이지 www.mizubenomori.jp

3 나가시키 현 미술관

長崎県美術館
나가사키켄비주츠칸

★★★★ 도보 5분

미술관 건물 사이로 운하가 나 있고 건물 자체가 예술 작품처럼 아름다워 주변을 산책하기만 해도 좋다. 게다가 미술관 옥상 정원에 오르면 나가사키 항을 한눈에 볼 수 있다. 시간이 있다면 그림도 감상하자. 전시실에는 파블로 피카소의 '비둘기가 있는 정물'을 비롯해 유명 작가의 작품들이 전시돼 있다.

지도 P.210A
찾아가기 노면전차 데지마 역에서 하차해 도보 5분 **주소** 長崎県長崎市出島町2-1
전화 095-833-2110 **시간** 10:00~20:00
휴무 둘째 · 넷째 주 월요일(공휴일인 경우 화요일), 연말연시 **가격** 일반 420¥, 대학생 310¥, 초 · 중 · 고등학생 210¥, 70세 이상 310¥
홈페이지 www.nagasaki-museum.jp/image/korean.pdf

4 오란다자카

オランダ坂

★★★ 도보 5분

개항 초기 서양인이 많이 모여 살던 지역. 오란다 상(당시 외국인을 부르던 명칭)이 모여 산다고 해서 오란다자카라는 이름이 붙었다. 오래된 건축물과 언덕 너머로 펼쳐지는 항만 풍경이 잘 어우러져 대충 찍어도 화보 같은 사진이 나오는 곳이니 인증샷 찍는 것을 잊지 말자.

1권 P.061 **지도** P.210D
찾아가기 노면전차 이시바시 역 앞 횡단보도를 건너 맞은편 언덕길로 들어간다.

오란다자카의 종점을 시민뵤인마에 역으로 정했을 경우 걸어서 20분 정도 소요

5 미나미야마테 언덕

南山手

★★★ 도보 2분

한껏 꾸며놓은 아름다움보다 지닌 것 그대로를 느끼고 싶다면 이곳이 제격. 비록 경사가 만만찮아 발이 혹사당하지만 눈은 호강한다. 주택가라서 고요히 혼자만의 시간을 보내기도 좋다. 걷기가 부담스럽다면 구라바엔 입구 주변의 길이라도 걸어보자.

지도 P.210E
찾아가기 구라바엔 입구에서 구라바 거리(グラバー通り)를 따라 도보 10분

6 구라바 스카이로드
グラバー·スカイロード

★★★★ 도보 10분

누구나 나가사키의 탁 트인 전망을 공짜로 즐길 수 있는 무료 전망대. 엘리베이터를 타고 정상에 올라서면 주변 풍경이 한눈에 들어온다. 근처에 구라바엔 후문이 있어 함께 둘러보면 편하다.

1권 P.061 **지도** P.210E
찾아가기 노면전차 종점인 이시바시 역에서 하차해 오른쪽 골목길로 접어들면 왼편에 바로 보인다.
주소 없음
전화 없음
시간 24시간
휴무 연중무휴
가격 무료 입장
홈페이지 없음

7 구 홍콩 상하이 은행
나가사키 지점 기념관
旧香港上海銀行長崎支店記念館

★★ 도보 3분

1904년에 지은 서양식 건물로 일본의 국가 지정 중요 문화재다. 은행 업무를 보던 당시의 모습을 전시하거나 콘서트 등을 위한 다목적 홀로 이용하는 1층은 요금을 내지 않아도 부분적으로 둘러볼 수 있으니 지나는 길에 잠시 들르자.

지도 P.210C
찾아가기 노면전차 오우라카이간도리 역에서 도보 3분
주소 長崎県長崎市松が枝町4-27
전화 095-827-8746
시간 09:00~17:00(마지막 입장 16:40)
휴무 매월 셋째 주 월요일(공휴일인 경우 다음 날)
가격 성인 300￥, 19세 미만 150￥, 1층은 무료
홈페이지 www.nmhc.jp/museum

8 나베칸무리야마 전망대
鍋冠山展望台
나베칸무리야마 텐보-다이

★★★ 도보 15분

여행자보다는 나가사키 시민들이 많이 찾는 산속 전망대. 산길을 15분쯤 올라야 나타나지만 그곳에서 마주한 멋진 풍경이 모든 것을 잊게 만든다. 다른 전망대에 비해 나가사키 항만 풍경이 더 가까이에 펼쳐지는 느낌이다. 인적 드문 산길을 한참 지나야 하는 만큼 밤보다는 낮에 찾아가는 편이 안전하다.

지도 P.210E
찾아가기 구라바엔 후문에서 이정표를 따라 산길로 15분
주소 없음 **전화** 없음
시간 24시간 **휴무** 연중무휴
가격 무료 입장
홈페이지 없음

9 공자묘 · 중국역대박물관
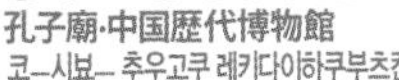
孔子廟·中国歴代博物館
코-시뵤- 추우고쿠 레키다이하쿠부츠칸

★★ 도보 2분

공자묘 중 유일하게 중국인이 해외에 건립한 묘당이다. 72현인상이나 공자상 등은 모두 중국에서 들여온 것이며, 건물 뒤쪽에 중국의 국보급 문화재를 전시하는 중국역대박물관이 있다. 무료로 참여할 수 있는 필사 코너나 공자 제비뽑기도 재밌다.

지도 P.210D
찾아가기 노면전차 이시바시 역에서 길을 건너 도보 2분
주소 長崎県長崎市大浦町10-36
전화 095-824-4022
시간 09:30~18:00
휴무 연중무휴 **가격** 성인 600￥, 고등학생 400￥, 초등 · 중학생 300￥
홈페이지 http://nagasaki-koushibyou.com

10 하시마(군함도)
端島 / 軍艦島

★★★★ 배 40분

19세기 후반 미쓰비시 그룹이 채탄 작업을 위해 개발한 섬. 강제징용된 800명이 넘는 조선인들이 이곳에서 지하 갱도, 그중에서도 가장 위험하고 열악한 막장에서 고강도의 노동에 시달려야 했다. 이런 이유로 '한번 발 들이면 살아서는 나올 수 없는 지옥 섬'으로 악명을 떨쳤다.

1권 P.074 **지도** P.210C
찾아가기 노면전차 오우라카이간도리 역에서 하차해 항구 쪽으로 나가면 도키와 터미널이 바로 보인다. **주소** 長崎県長崎市常盤町1-60 常盤ターミナルビル **전화** 095-895-9300
시간 09:40 미팅(투어는 10:30~13:15), 12:50 미팅(투어는 13:40~16:20) **휴무** 연중무휴
가격 성인 5000￥, 학생 4000￥, 초등학생 2500￥(주말 및 성수기 500￥ 할증), 하시마 입장료 별도
홈페이지 www.gunkanjima-concierge.com/en/index.html

11 도진야시키아토
唐人屋敷跡

★★★ 도보 8분

도진야시키는 에도 시대 쇄국정책에 따라 나가사키에 설치한 중국인 주거지구다. 한때 이곳에는 2000명이 넘는 중국인이 거주했지만 이후 대화재로 간테이도(関帝堂)를 제외하고 대부분 소실됐고 지금은 건물 네 채만이 재건됐다. 중국 뒷골목의 정취를 느낄 수 있는 곳이다.

지도 P.210B
찾아가기 노면전차 신치추카가이 역에서 내려 신치추카가이를 지나 직진, 도보 8분
주소 長崎県長崎市館内町
전화 095-829-1193(나가사키 시 문화재과)
시간 24시간
휴무 연중무휴
가격 무료 입장
홈페이지 없음

12 신치추카가이
新地中華街

★★★★★ 도보 2분

커다란 중화풍 문과 집집마다 달린 붉은 등 덕분에 멀리서도 차이나타운이라는 것을 한눈에 알 수 있다. 규모는 크지 않지만 꽤 번성한 일본의 3대 차이나타운 중 하나. 십자형 거리의 사방 입구에 중화 문이 세워져 있다. 상점 대부분이 나가사키짬뽕을 파는 중화요리 전문점과 만주집이며, 중국식 후식이나 기념품 등을 접할 수 있다. 길거리 음식으로는 가쿠니만주가 인기다. 나가사키 랜턴 페스티벌 기간에는 더 멋진 풍경을 볼 수 있다.

지도 P.210B
찾아가기 노면전차 신치추카가이 역에서 하차해 붉은 등이 보이는 쪽으로 도보 2분
주소 長崎県長崎市新地町10-13
전화 095-822-6540
시간 가게마다 다름 **휴무** 가게마다 다름 **가격** 가게마다 다름 **홈페이지** http://nagasaki-chinatown.com

13 시카이로
四海樓

★★★★ 도보 2분

1899년 나가사키짬뽕의 역사가 시작된 곳이다. 천핑순 씨가 창업한 이래 현재 4대째 운영 중이며, 지금도 전통적인 방법을 고수해 짬뽕을 만든다. 원조집답게 늘 관광객으로 북적이고, 시간에 관계없이 오래 기다려야 한다는 것이 단점.

1권 P.099 **지도** P.210C
찾아가기 노면전차 오우라텐슈도 역 하차, 아나크라운 플라자 호텔 맞은편 **주소** 長崎県長崎市松が枝町4-5 **전화** 095-822-1296
시간 11:30~15:00, 17:00~21:00
휴무 수요일, 12월 30일~1월 1일 **가격** 나가사키짬뽕 1210¥, 사라우동 1210¥ **홈페이지** www.shikairou.com

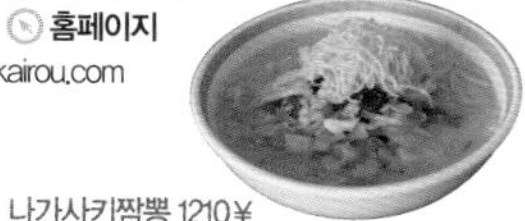
나가사키짬뽕 1210¥

14 코잔로
江山楼

★★★★ 도보 3분

일본 맛집 사이트에서 맛집 1위에 오른 집. 대표 메뉴인 나가사키짬뽕은 육수를 닭으로 우려 부드러운 맛이 나며, 채소와 해산물의 씹히는 맛이 살아 있다. 상어 지느러미와 해삼을 넣은 특상짬뽕은 이 집의 특선 메뉴다. 카드 결제는 5000¥ 이상 가능.

1권 P.099 **지도** P.210B
찾아가기 노면전차 신치추카가이 역에서 내려 신치추카가이에 들어서 사거리 왼쪽, 도보 3분
주소 長崎県長崎市新地町12-2
전화 095-821-3735 **시간** 11:30~21:00(L.O 20:10), 15:00~17:00(브레이크타임)
휴무 연중무휴 **가격** 특상짬뽕 2310¥, 나가사키짬뽕 1320¥, 사라우동 1320¥
홈페이지 www.kouzanrou.com

나가사키짬뽕 1320¥

15 이와사키
岩崎本舗

★★★★ 도보 2분

나가사키의 명물 요리인 가쿠니만주의 원조집. 1997년 나가사키 특산물 대전에서 최우수상을 받기도 했다. 양념해 부드럽게 삶은 돼지고기(동파육)를 꽃빵에 통째로 넣은 가쿠니만주는 강렬한 비주얼만큼이나 맛도 독특하다. 일본식 중국요리인 싯포쿠 요리 중 하나를 간편하게 만든 것이라고 한다.

지도 P.210B
찾아가기 노면전차 신치추카가이 역에서 내려 신치추카가이 북문 입구 앞
주소 長崎県長崎市銅座町3-17
전화 095-818-7075 **시간** 09:30~21:00
휴무 연중무휴 **가격** 가쿠니만주 698¥(1개)
홈페이지 http://0806.jp

기타큐슈(고쿠라)
오다야마 조선인 조난자 위령비
小田山朝鮮人遭難者慰霊碑 P.226
후지노키 역
藤ノ木駅
도바타 역
戸畑駅
큐슈코다이마에 역
九州工大前駅
Area 1
고쿠라
小倉
P.220
모지 역
門司駅
니시고쿠라 역
西小倉駅
고쿠라 역
산요신칸센 山陽新幹線
스페이스월드 역
スペースワールド駅
미나미 고쿠라 역
南小倉駅
가타노 역
片野駅
야하타 역
八幡駅
쿠로사키 역
黒崎駅
조노 역
JR城野駅
기타큐슈 도시고속도로 4호선 北九州都市高速道 4号線
기타가타 역
北方駅
사라쿠라야마 전망대
皿倉山展望台 P.226
아베야마 코엔 역
安部山公園駅
모리쓰네 역
守恒駅
이시다 역
石田駅
시모소네 역
下曽根駅
가와치후지엔
河内藤園 P.226
기쿠가오카 역
企救丘駅
N
0 1km
모지코 & 시모노세키
간몬 터널 関門トンネル
간몬교 関門橋
야마구치 현
山口県
간몬카이쿄 메카리 역
関門海峡めかり駅
Area 2
시모노세키
下関
P.240
시모노세키 시청
下関市役所
가라토시장
唐戸市場
노포크히로바 역
ノーフォーク広場駅
수족관
海響館
모지 메디컬센터
門司メディカルセンター
이데미쓰비주쓰칸 역
出光美術館駅
Area 2
모지코
門司港
P.238
후쿠오카 현
福岡県
모지코 역
門司港駅
간류지마 방향
구청
門司区役所
모지 경찰서
門司警察署
자리야마
砂利山
N
0 300m

PART 5
Kita-Kyushu 기타큐슈 北九州

교통수단

여행 일정에 따라 교통수단도 확연히 달라진다. 시내(고쿠라)에서 움직일 예정이라면 걸어 다녀도 충분하지만 시모노세키, 모지코 등 근교 지역도 함께 둘러볼 때는 JR 열차가 주된 교통수단이다. 교통비가 크게 비싸지 않아 교통 패스권 없이 다녀도 부담 없다.

공항

고쿠라에서 자동차로 45분 거리에 기타큐슈 공항(北九州空港)이 있지만 여행자 대부분이 후쿠오카 국제공항을 이용해 이용률은 낮다. 기타큐슈 공항을 기점으로 도쿄(하네다), 타이베이행 국내선 한 개 노선과 인천, 부산, 타이베이행 국제선 세 개 노선을 운항 중이다. 우리나라에서 기타큐슈 공항까지는 대한항공(Korean Air)과 진에어(Jin Air)가 인천–기타큐슈 구간을 매일 1회씩, 부산–기타큐슈 구간을 매일 1회씩 공동 운항한다.

찾아가기 P.218 참고
주소 福岡県北九州市小倉南区空港北町6
전화 093–475–4195
홈페이지(기타큐슈 공항) http://korea.kitakyu-air.jp
홈페이지(대한항공) www.koreanair.com
홈페이지(진에어) www.jinair.com

항구

기타큐슈와 시모노세키 지역에서는 시모노세키 항이 선박 여행의 기점이 된다. 부산항 여객터미널에서 밤 9시에 출항해 다음 날 아침 8시에 시모노세키 항 국제터미널(下関港国際ターミナル)에 도착하는 여정으로 부관훼리에서 매일 운항하지만 시간이 오래 걸려 인기가 예전만 못하다. 시모노세키 항에서 기타큐슈(고쿠라)까지는 항구에서 도보 10분 거리의 JR 시모노세키 역(下関駅)에서 JR 열차를 탄다. 16분 소요. 280￥

찾아가기 JR 시모노세키 역에서 나와 보행교로 도보 10분. 안내 표지판이 설치돼 있어 찾기 쉽다.
주소 山口県下関市東大和町1-10-50
전화 083–231–1390
홈페이지(부관훼리) www.pukwan.co.kr

ATM

체크카드로 엔화를 인출하려면 우체국이나 우체국 ATM 기기를 찾는 것이 빠르고 간편한 방법이다. 세븐일레븐은 편의점 영업시간이면 거의 24시간 이용이 가능하다고 보면 된다.

JR 고쿠라 역 JR小倉駅内出張所
찾아가기 JR 고쿠라 역 1층 ATM코너
주소 福岡県北九州市小倉北区浅野1-1-1
전화 없음
시간 월~금요일 07:00~23:00, 토 · 일요일, 공휴일 08:00~21:00
휴무 연중무휴
지도 P.223C

리버워크 기타큐슈 リバーウォーク北九州内出張所
찾아가기 리버워크 기타큐슈 1층
주소 福岡県北九州市小倉北区室町1-1-1
전화 없음
시간 월~금요일 10:00~19:00, 토 · 일요일,공휴일 10:00~17:00
휴무 연중무휴
지도 P.222E

고쿠라센바 우체국 小倉船場郵便局
찾아가기 헤이와도리 역에서 이즈츠야 백화점 방향으로 도보 3분
주소 福岡県北九州市小倉北区船場町6-4
전화 093–551–2440
시간 09:00~19:00
휴무 연중무휴
지도 P.223K

1 단계 주요 도시에서 기타큐슈 가기

후쿠오카 시내에서

고속버스

텐진 고속버스 터미널 5층 2번 승강장, 또는 하카타 버스터미널 3층 31번 승강장에서 탑승. 목적지에 따라 헤이와도리 모노레일 역(平和通り MAP P.223K)이나 고쿠라에키마에(小倉駅前 MAP P.223C)에서 하차할 수 있다.

시간 06:00~00:15 10~20분 간격으로 운행. 1시간 25분~1시간 40분 소요
요금 1350¥(심야 24:00부터 2260¥)

JR 일반 열차

시간이 오래 걸려 여행자들은 잘 이용하지 않는다. JR 하카타 역 3번 또는 4번 플랫폼에서 모지코 방향 로컬 열차 탑승.

시간 05:24~00:12 10~15분 간격으로 운행. 약 1시간 25분 소요 **요금** 1290¥

JR 특급 소닉 열차

가성비가 가장 높은 교통수단으로 JR 큐슈 레일패스 소지자에게 추천한다. JR 하카타 역 2번 플랫폼에서 소닉 열차 탑승.

시간 06:22~23:00 30~40분 간격으로 운행. 45~51분 소요 **요금** 2440¥

신칸센

가장 빠르고 편리한 교통수단. 단거리 노선이라 경험 삼아 타볼 만하다. 하카타 역 신칸센 전용 개찰구로 들어가 12번 또는 13번 플랫폼에서 탑승.

시간 06:00~23:28 5~30분 간격으로 운행. 16~19분 소요 **요금** 3260¥~(*JR 큐슈 레일패스 사용 불가)

후쿠오카 공항에서

고속버스

국제선 터미널 1층 매표기로 발권 후 야외 4번 승차장에서 고쿠라 방향 버스 탑승.

시간 08:24~22:15 30분~2시간 간격으로 운행. 1시간 40분 소요
요금 1350¥(헤이와도리, 고쿠라에키마에 하차 가능)

나가사키에서

고속버스

나가사키 버스터미널에서 탑승 할 수 있으며 예약제로 운행해 예약을 해야 탑승할 수 있다. 하루 3회만 운행하므로 출발 시간을 꼼꼼히 체크하자.

시간 07:30, 13:00, 18:00 하루 3회 운행. 약 3시간 8분 소요
요금 4100¥, 2장 세트(니마이킷푸) 7400¥, 4장 세트(욘마이킷푸) 1만4000¥

벳푸에서

JR 특급 소닉 열차
JR 벳푸 역(MAP P.162J) 3번 또는 4번 플랫폼에서 하카타/고쿠라 방향 JR 특급 소닉 열차 탑승.
시간 04:53~23:11 30~40분 간격으로 운행. 1시간 15분~1시간 25분 소요 **요금** 4860¥

무작정 따라하기

STEP 1 2

2단계 기타큐슈 시내 교통 한눈에 보기

주요 볼거리가 시내 중심가에서 최대 800미터 이내에 모두 몰려 있어 고쿠라 시내만 둘러본다면 걸어서 충분히 다닐 수 있다. 단 가 시장에 갈 때 모노레일을 이용하고, 사라쿠라야마 전망대나 가와치후지엔, 모지코 등 근교로 나갈 경우에만 JR 열차를 이용하면 된다.

기타큐슈 모노레일

고쿠라 교통, 이곳만 알면 된다!

고쿠라 역 小倉駅
(MAP P.223C)
JR 열차, JR 특급 소닉, 신칸센 등 열차 교통의 중심지.
고쿠라 모노레일 역도 있다.

고쿠라 역 버스센터
小倉駅バスセンター
(MAP P.223G)
단거리 시외버스, 기타큐슈 공항버스를 탈 때 이외에는 갈 일이 없다.

고속버스 승차장
高速バスのりば
(MAP P.223G)
벳푸, 유후인 등 주요 도시로 가는 고속버스를 탈 수 있다. 일반 버스정류장처럼 생겨서 잘 찾아봐야 한다.

니시테츠 고속버스 매표소 西鉄高速バス乗車券売所(MAP P.223G)
고속버스 승차권을 구입하거나 문의할 수 있다. 우체국과 로손편의점 사이 니시테츠 간판이 있다.
영업시간 평일 09:00~19:00
주말 10:00~18:00

AREA

1 KOKURA & ARC

[小倉 & 近郊 고쿠라 & 근교]

고쿠라 성과 리버워크 기타큐슈 쇼핑몰이 어우러진 도심 풍경

화려한 야경 뒤에 숨은 아픔

비상식이 상식을 앞서던 시대, 고쿠라는 유례없는 활황의 한가운데에 있었다. 침략 전쟁 중 수탈한 물자와 강제징용 당한 노동자들이 항구로 물밀듯 몰려들고 군수공장 굴뚝은 1년 365일 희뿌연 매연을 뿜어내며 침략 전쟁에 필요한 군수품을 찍어낸 까닭이다. 세상이 평온해진 지금이야 하루 이틀 머물다가는 경유 여행지로 인기 있는 도시지만, 이 도시 곳곳에 조선인의 슬픔이 묻혀 있다는 사실을 아는 사람이 얼마나 될까?

인기 ★★★☆☆

후쿠오카와 벳푸 사이에서 외면당하는 비운의 도시

쇼핑 ★★★☆☆

드러그나 공산품이 저렴. 기본적으로 물가가 싸다.

식도락 ★★★★☆

맛은 기본 이상! 가격은 저렴!

나이트라이프 ★★★★☆

사라쿠라야마에서 야경은 꼭 감상하자.

관광지 ★★☆☆☆

시내 관광자원은 부족한 편. 근교로 나가자.

혼잡도 ★☆☆☆☆

어딜 가나 사람이 별로 없다.

기타큐슈 공항에서

공항버스 공항 건물에서 나와 1번 버스 승차장에서 고쿠라 방향 공항버스 탑승. 경유편(약 49분 소요)과 직행버스(논스톱, 약 33분 소요)로 나뉜다.

시간 05:15~01:00 15~20분 간격으로 운행 **요금** 700¥

MUST SEE 이것만은 꼭 보자!

No. 1
사라쿠라야마 전망대의 멋진 야경

No. 2
고쿠라 성

No. 3
리버워크 기타큐슈

MUST BUY 이것만은 꼭 사자!

No. 1
로프트의 문구

No. 2
러쉬의 수제 비누

MUST EAT 이것만은 꼭 먹자!

No. 1
단가 시장의 어묵

No. 2
이신의 오코노미야키

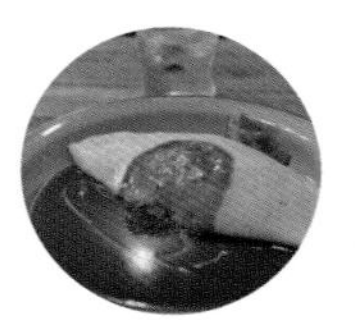

No. 3
다마고모노가타리의 오므라이스

No. 4
이나카안의 장어덮밥

클로즈업 고쿠라 여행 시 조심하자!

클린 시티(Clean City)를 표방하는 기타큐슈 시(北九州市). 기타큐슈의 중심가에 해당하는 고쿠라 대부분이 '민폐 행위 방지 중점 지구(迷惑行為防止重点地区)'로 지정되어 있어 흡연, 쓰레기 무단 투기, 낙서 등 민폐가 될 만한 행위를 할 경우 1000¥의 벌금을 부과한다. 흡연에 관대한 일본이라고 아무 곳에서나 담배를 피우지 않도록 조심하자.

길바닥에 붙어 있는 민폐 행위 방지 중점 지구 안내문

고쿠라 역을 중심으로 민폐 행위 방지 캠페인도 자주 벌인다.

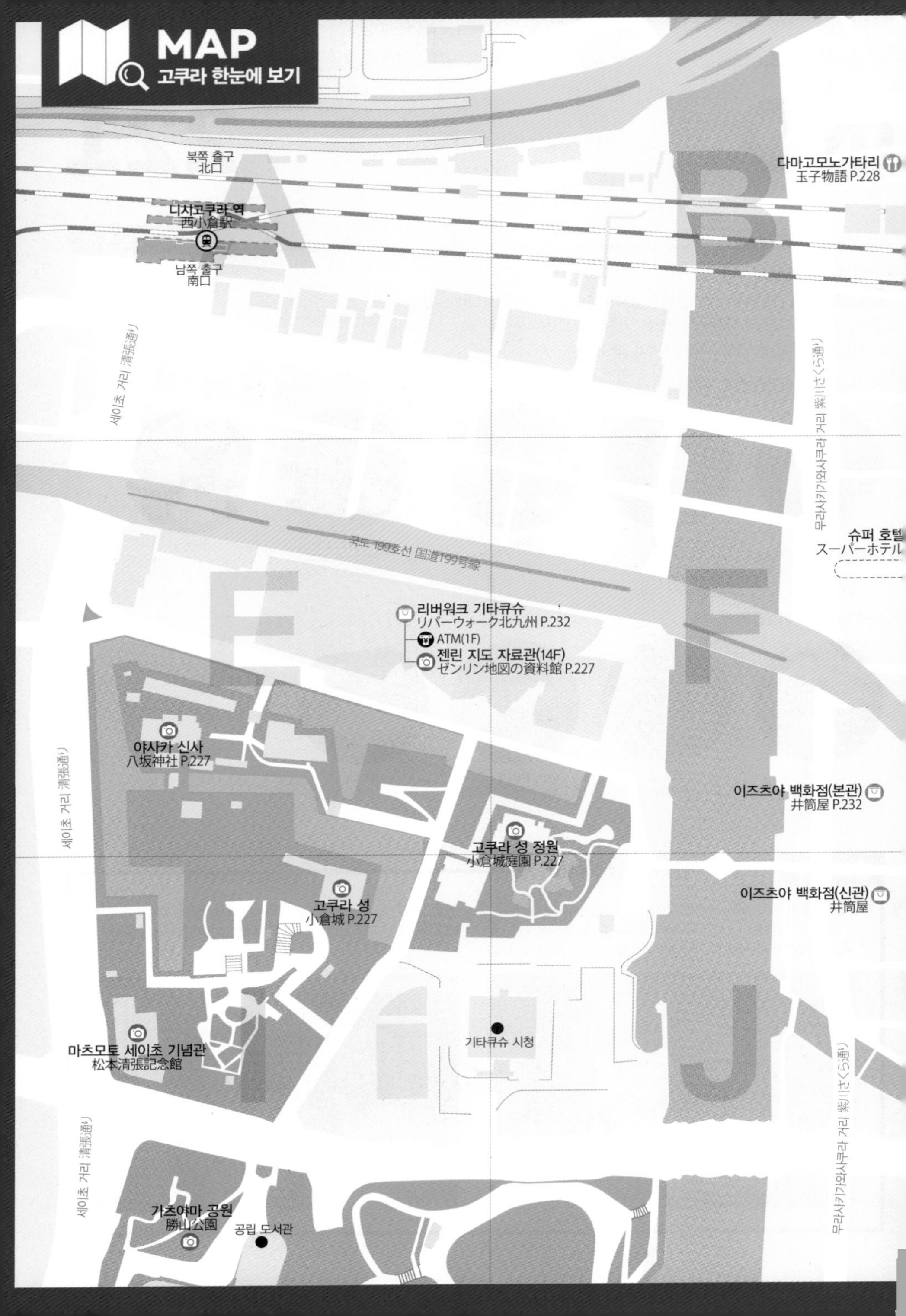
MAP
고쿠라 한눈에 보기
북쪽 출구
北口
니시고쿠라 역
西小倉駅
남쪽 출구
南口
다마고모노가타리
玉子物語 P.228
세이초 거리 清張通り
무라사키가와사쿠라 거리 紫川さくら通り
국도 199호선 国道199号線
슈퍼 호텔
スーパーホテル
리버워크 기타큐슈
リバーウォーク北九州 P.232
ATM(1F)
젠린 지도 자료관(14F)
ゼンリン地図の資料館 P.227
야사카 신사
八坂神社 P.227
이즈츠야 백화점(본관)
井筒屋 P.232
고쿠라 성 정원
小倉城庭園 P.227
고쿠라 성
小倉城 P.227
이즈츠야 백화점(신관)
井筒屋
마츠모토 세이초 기념관
松本清張記念館
기타큐슈 시청
가츠야마 공원
勝山公園
공립 도서관

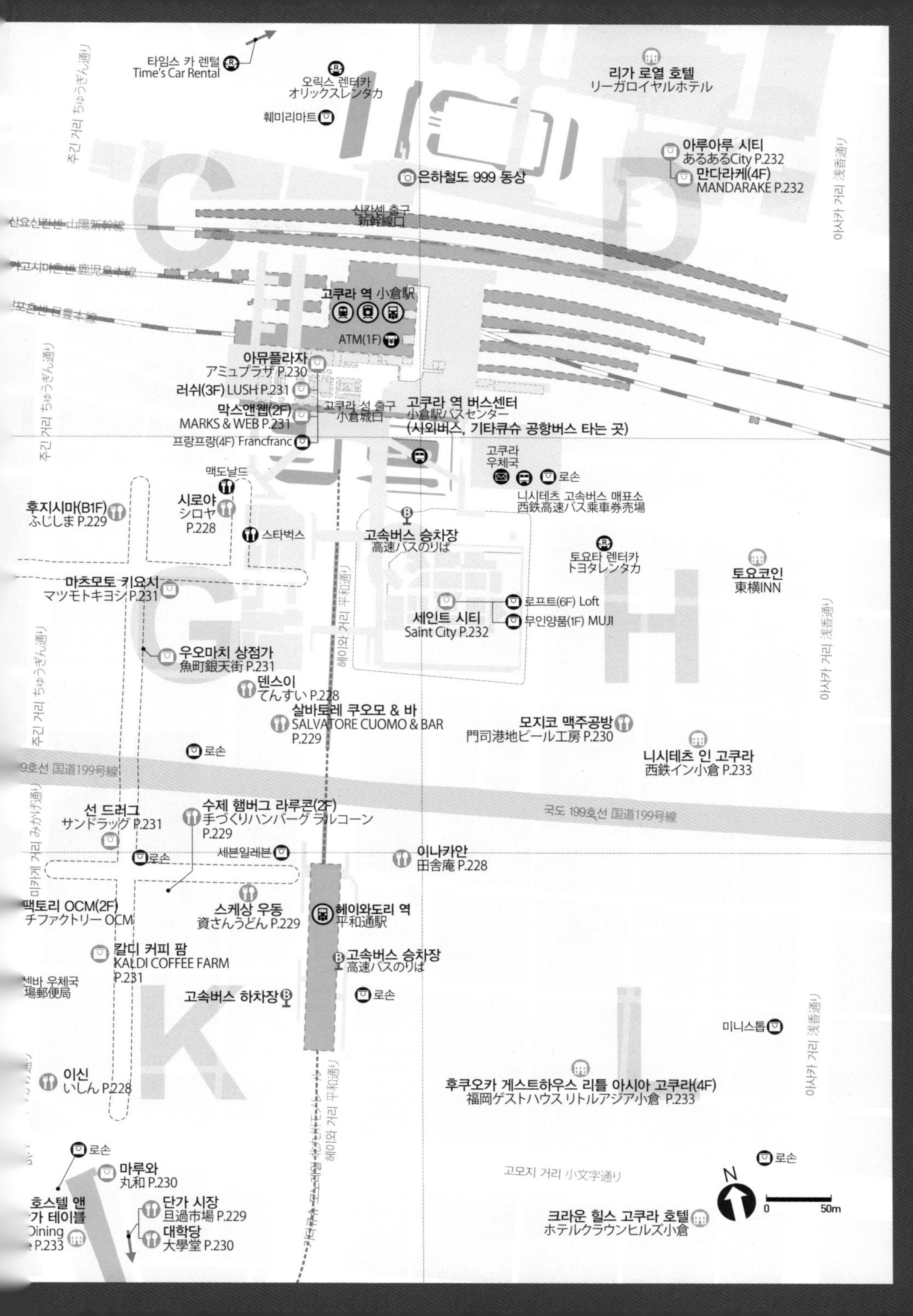

타임스 카 렌털
Time's Car Rental
오릭스 렌터카
オリックスレンタカ
훼미리마트
리가 로열 호텔
リーガロイヤルホテル
아루아루 시티
あるあるCity P.232
만다라케(4F)
MANDARAKE P.232
은하철도 999 동상
신칸센 출구
新幹線口
고쿠라 역 小倉駅
ATM(1F)
아뮤플라자
アミュプラザ P.230
러쉬(3F) LUSH P.231
막스앤웹(2F)
MARKS & WEB P.231
프랑프랑(4F) Francfranc
고쿠라 성 출구
小倉城口
고쿠라 역 버스센터
小倉駅バスセンター
(시외버스, 기타큐슈 공항버스 타는 곳)
고쿠라
우체국
로손
니시테츠 고속버스 매표소
西鉄高速バス乗車券売場
맥도날드
후지시마(B1F)
ふじしま P.229
시로야
シロヤ
P.228
스타벅스
고속버스 승차장
高速バスのりば
토요타 렌터카
トヨタレンタカ
토요코인
東横INN
마츠모토 키요시
マツモトキヨシ P.231
세인트 시티
Saint City P.232
로프트(6F) Loft
무인양품(1F) MUJI
우오마치 상점가
魚町銀天街 P.231
덴스이
てんすい P.228
살바토레 쿠오모 & 바
SALVATORE CUOMO & BAR
P.229
모지코 맥주공방
門司港地ビール工房 P.230
니시테츠 인 고쿠라
西鉄イン小倉 P.233
로손
국도 199호선 国道199号線
선 드러그
サンドラッグ P.231
수제 햄버그 라루콘(2F)
手づくりハンバーグ ラルコーン
P.229
세븐일레븐
로손
이나카안
田舎庵 P.228
스케상 우동
資さんうどん P.229
헤이와도리 역
平和通駅
팩토리 OCM(2F)
チファクトリー OCM
칼디 커피 팜
KALDI COFFEE FARM
P.231
고속버스 승차장
高速バスのりば
고속버스 하차장
로손
미니스톱
이신
いしん P.228
후쿠오카 게스트하우스 리틀 아시아 고쿠라(4F)
福岡ゲストハウス リトルアジア小倉 P.233
로손
마루와
丸和 P.230
단가 시장
旦過市場 P.229
대학당
大學堂 P.230
고모지 거리 小文字通り
크라운 힐스 고쿠라 호텔
ホテルクラウンヒルズ小倉
로손
주긴 거리 ちゅうぎん通り
아사카 거리 浅香通り
헤이와 거리 平和通り
미카게 거리 みかげ通り
산요신칸센 山陽新幹線
가고시마혼센 鹿児島本線
닛포혼센 日豊本線
N
0
50m

고쿠라 시내 핵심 1일 코스

'볼 것도 별로 없을 텐데…' 싶다가도 저렴한 물가와 맛있는 음식의 유혹을 떨치기란 쉽지 않다. 가능한 한 짧은 시간에 이 도시를 최대한 둘러볼 수 있는 여행 코스를 추천한다.

START

니시고쿠라 역

JR 일반 열차를 타고 니시고쿠라 역에 도착한다.

→ 두 번째 사거리에서 좌회전한다. (5분)

1 리버워크 기타큐슈
リバーウォーク北九州

건물만 둘러봐도 재미있다. 5층의 프 가든에서 고쿠라 성 주변 경관을 료로 볼 수 있어 인기다.

ⓘ **시간** 숍 10:00~21:00 레스토 10:00~23:00

→ 리버워크 쇼핑몰 4층 아사히 상 광장(朝日さんさん広場) 옆 엘리베 터를 이용해 14층으로 올라간다. (5분

2 젠린 지도 자료관
ゼンリン地図の資料館

유리창 너머의 풍경이 멋지다. 고쿠라 항만과 시내가 시원하게 펼쳐진다.

ⓘ **시간** 10:00~17:00(마지막 입장 16:30) ⊖ **휴무** 토·일요일, 공휴일, 연말연시, 여름 휴가 ⓥ **가격** 고등학생 이상 100¥, 어린이 무료

→ 리버워크 쇼핑몰에서 나오면 바로 보인다. (5분)

3 고쿠라 성
小倉

다른 지역의 성보다 규모는 작지만, 내부에 다양한 자료가 전시돼 있어 루하지 않게 둘러볼 수 있다.

ⓘ **시간** 4~10월 09:00~18:00, 11~다음 해 3월 09:00~17:00(마지막 입장 폐장 30분 전) ⓥ **가격** 성인 350¥ 중·고등학생 200¥, 초등학생 100¥

→ 성에서 나와 리버워크 쇼핑몰 반 방향으로 걷는다. 큰길이 나오면 좌회 (10분)

4 단가 시장 / 대학당
旦過市場&大学堂

기니는 '고쿠라의 부엌'이라 불리는 단가 시장에서 해결하자. 밥과 반찬거리를 산 다음 대학당에서 먹으면 된다.

시간 10:00~17:00(대학당)

가격 밥 · 국 200¥(대학당)

→ 고쿠라 역 방향으로 걷는다. 첫 번째 횡단보도를 건너자마자 우오마치 상점가가 시작된다. (5분)

5 우오마치 상점가
魚町銀天街

고쿠라 최대의 쇼핑 거리로 드러그스토어와 잡화점, 식당 등이 밀집해 있어 쇼핑하기에 편리하다.

시간 가게마다 다름. 대개 10:00~20:00

→ 상점가로 들어와 두 번째 사거리에서 우회전해 직진하면 상점가 끄트머리에 있다. (10분)

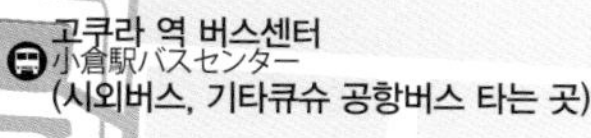

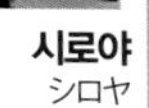

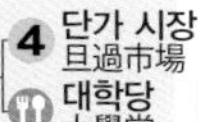

6 시로야
シロヤ

배고픈 건 아닌데, 입이 심심하다면 이곳으로 진격! 하루에 5000개나 팔린다는 샤니빵을 먹어보자.

시간 08:00~20:00

가격 샤니빵 90¥

→ 인도교로 올라가면 보인다. (3분)

FINISH

F 고쿠라 역 / 아뮤플라자
小倉駅 / アミュプラザ

러쉬, 막스앤웹, 프랑프랑 등 바짓가랑이를 붙잡는 숍이 몇 군데 있다.

시간 10:00~21:00(아뮤플라자)

ZOOM IN

기타큐슈 근교

기타큐슈(고쿠라)의 대표적인 관광지는 모두 근교에 흩어져 있다. 이 관광지들을 어떻게 돌아보는지가 여행의 관건! 하나같이 시간이 꽤 걸리는 곳이므로 일정을 여유 있게 짜야 낭패를 보는 일이 없다.

1 사라쿠라야마 전망대
皿倉山展望台

★★★★★ 열차 12분

일본 신 3대 야경 전망대로 꼽힌 곳. 백만 불짜리 야경이라는 수식어가 붙을 만큼 확 트인 전망을 자랑한다. 슬로프카를 두 번 타야 닿을 수 있는 정상에 오르면 황홀한 풍경을 만날 수 있다. 단 주말과 공휴일에만 야간 슬로프카 운행을 하기 때문에 주중에는 야경을 볼 수 없다.

1권 P.048 지도 P.216A

찾아가기 JR 야하타 역에서 나와 왼편에 보이는 버스정류장에서 무료 셔틀버스 탑승(주말과 공휴일에만 운행). 주중에는 42번 버스 탑승
주소 福岡県北九州市八幡東区大字尾倉 1481-1 전화 093-671-4761
시간 월~금요일 10:00~17:40, 토 · 일요일, 공휴일 10:00~21:40 휴무 연중무휴
가격 입장료 성인 1200¥, 어린이 600¥
홈페이지 www.sarakurayama-cablecar.co.jp

2 오다야마 조선인 조난자 위령비
小田山 朝鮮人遭難者慰霊碑

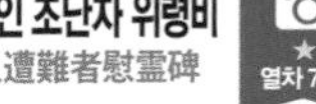

★ 열차 7분

고국으로 향하던 배가 뒤집히는 바람에 바다에 빠져 목숨을 잃은 조선인 강제징용 노동자들의 한이 서린 곳. 1995년에야 뜻있는 인사들이 위령비를 세웠는데 그 옆 3기의 솟대는 살아서 가지 못한 부산을 향하고 있다.

1권 P.077 지도 P.216A

찾아가기 JR 고쿠라 역에서 하카타 방향 열차를 타고 가다 도바타 역에서 하차. 역 앞 버스정류장에서 40번 버스에 탑승해 오하시도리에서 하차. 도보 25분 또는 택시로 10분(요금은 약 1000¥) 고쿠라 역 기준 50분 소요

3 가와치후지엔
河内藤園

★★★★★ 열차 12분

1년에 단 두 번. 등나무 꽃이 필 무렵과 단풍철에만 발을 들일 수 있는 개인 소유의 정원으로 150그루의 등나무가 심어져 있다. 이 정원이 특히 아름다운 때는 등꽃이 만발하는 4월 30일경부터 5월 5일경까지로 포도송이처럼 탐스럽게 핀 등꽃이 온 정원을 뒤덮는 장관을 연출한다.

지도 P.216A

찾아가기 JR 고쿠라 역에서 하카타 방향 쾌속 열차로 12분. 야하타 역에서 하차 후 역에서 나와 왼편 버스정류장에서 아지사이노유(http://souyu.co.jp) 온천의 무료 셔틀버스를 이용한 후 도보 5분(온천이나 식당 손님만 이용 가능)
주소 福岡県北九州市八幡東区河内藤園
전화 093-652-0334 시간 08:00~18:00
휴무 부정기 가격 개화 상태에 따라 500~1500¥, 고등학생 이하 무료
홈페이지 http://kawachi-fujien.com

ZOOM IN

고쿠라 시내

한정된 구역에 볼거리와 쇼핑 스폿, 식당이 밀집해 있어 여행하기 편리하다. 고쿠라 성 주변을 오전에, 단가 시장은 점심시간에 둘러본 후 우오마치 상점가 방향으로 올라가는 코스가 이상적이다.

1 고쿠라 성

小倉城

★★★★ 도보 10분

고쿠라 시내 중심에 있는 성(城). 에도 시대 초기(1602년)에 모리 가츠노부가 성곽을 쌓고, 호사카와 다오키가 천수각 건물을 지어 올렸다. 현재는 천수각과 성벽 일부만 남아 있어 규모가 크지 않지만 산책 삼아 둘러보기 좋다. 천수각 내부를 역사 체험이 가능한 민예 자료관으로 꾸며놓았고 천수각 최상층에서 고쿠라 시내의 풍경을 감상할 수 있어 입장료가 아깝지는 않다. 천수각 바로 앞보다는 리버워크 쇼핑몰 앞이 사진 찍기 좋은 명당이다.

지도 P.222I
찾아가기 JR 니시고쿠라 역에서 안내 표지판을 따라 도보 10분 **주소** 福岡県北九州市小倉北区城内2-1 **전화** 093-561-1210 **시간** 4~10월 09:00~20:00, 11~다음 해 3월 09:00~19:00(마지막 입장 폐장 30분 전) **휴무** 연중무휴 **가격** 성인 350¥, 중 · 고등학생 200¥, 초등학생 100¥ **홈페이지** www.kokura-castle.jp

2 고쿠라 성 정원

小倉城庭園

고쿠라 성 바로 옆에 조성된 일본식 정원. 생각보다 규모가 작고 특별한 게 없어서 입장료가 아깝다는 평이 지배적이다. 특히 늦가을부터 초봄까지는 더더욱 볼 게 없으니 주의! 추가 요금(평일 500¥, 토 · 일요일, 공휴일 300¥)을 내면 정원 내에서 다과를 즐길 수 있다.

지도 P.222F
찾아가기 고쿠라 성 바로 옆
주소 福岡県北九州市小倉北区城内1-2
전화 093-582-2747
시간 4~10월 09:00~20:00, 11~다음 해 3월 09:00~19:00(마지막 입장 폐장 30분 전)
휴무 연중무휴
가격 성인 350¥, 중 · 고등학생 200¥, 초등학생 100¥
홈페이지 없음

3 야사카 신사

八坂神社

고쿠라 성 바로 옆에 자리 잡은 작은 신사. 액과 화를 면하고 경제적으로 번성하게 해준다는 스사노오노미코토 신을 모시고 있다. 일본 어디에서나 쉽게 볼 수 있는 특별할 것 없는 신사로 가도 그만, 안 가도 그만.

지도 P.222E
찾아가기 고쿠라 성과 리버워크 쇼핑몰 사이
주소 福岡県北九州市小倉北区城内2-2
전화 093-561-0753
시간 24시간
휴무 연중무휴
가격 무료 입장
홈페이지 www.yasaka-jinja.com

4 젠린 지도 자료관

ゼンリン地図の資料館
젠린 치즈노시료-칸

지도에 관한 모든 것이 있는 자료관. 고지도, 문헌, 최신 지도 자료 등이 전시돼 있다. 하지만 동해가 일본해로 표기된 지도뿐이라 한국인으로서 불쾌할 수밖에 없다. 이곳에서 정작 봐야 하는 것은 창문 밖 풍경. 시가지 전체를 넓은 창을 통해 볼 수 있어 비공식 전망대 역할을 톡톡히 한다.

지도 P.222E
찾아가기 리버워크 쇼핑몰 4층 아사히 상상 광장(朝日さんさん広場) 옆 엘리베이터를 타고 14층에 내린다. **주소** 福岡県北九州市小倉北区室町1-1-1 **전화** 093-592-9082
시간 10:00~17:00(마지막 입장 16:30)
휴무 토 · 일요일, 공휴일, 연말연시, 여름휴가
가격 고등학생 이상 100¥, 어린이 무료
홈페이지 www.zenrin.co.jp/mapgallery

5 다마고모노가타리
玉子物語

★★★★ 도보 5분

오므라이스 맛 하나로 입소문 난 곳. 재료나 소스에 따라 오므라이스 메뉴가 다양한데 세트 메뉴를 선택하는 것이 유리하다. 이 집 특유의 보들보들한 식감을 제대로 즐기려면 최대한 빨리 먹는 게 관건.

지도 P.222B
찾아가기 JR 고쿠라 역 신칸센 매표소 방향 출구로 나와 도보 5분 **주소** 福岡県北九州市小倉北区浅野2-1-8 **전화** 093-533-6088
시간 11:30~15:00, 18:00~21:00
휴무 매주 일요일, 셋째 주 월요일 **가격** 런치 세트 1100¥(11:30~14:30 주문 가능)
홈페이지 없음

런치 세트 1100¥

6 샌드위치 팩토리 OCM
サンドイッチファクトリーOCM

★★★ 도보 6분

샌드위치 전문점. 시로야에서 식빵을 받아 쓰기 때문에 빵의 질이 우수하고, 속에 넣는 재료도 평균 이상의 맛을 낸다. 속 재료를 두 가지까지 선택할 수 있는데 오리지널, 치킨, 새우튀김, 참치가 특히 인기다.

지도 P.223K
찾아가기 헤이와도리 역 6번 출구로 나와 뒤돌아 바로 보이는 골목으로 들어가 직진. 세 번째 사거리의 왼쪽 모퉁이 건물 뒤편 건물 2층 **주소** 福岡県北九州市小倉北区船場町3-6 **전화** 093-522-5973 **시간** 10:00~19:00(L.O 18:30)
휴무 연중무휴 **가격** 샌드위치 390~680¥, 음료 300~450¥ **홈페이지** 없음

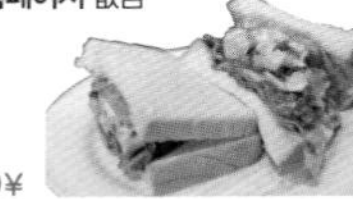
샌드위치 390~680¥

7 시로야
シロヤ

★★★ 도보 2분

하루 5000개는 거뜬히 팔린다는 사니빵으 유명한 빵집. 살짝 질긴 듯한 빵 안에 달콤 연유가 듬뿍 들어 있어 먹고 돌아서면 또 각난다. 깨가 듬뿍 든 구로고마 프랑스나 버 빵도 괜찮다.

지도 P.223G
찾아가기 JR 고쿠라 역 고쿠라 성 출구로 나와 오른쪽 대각선 방향으로 도보 1분. 아케이드 상점 초입에 위치
주소 福岡県北九州市小倉北区京町2-6-14
전화 093-521-4688
시간 10:00~18:00
휴무 1월 1일
가격 사니빵 100¥
홈페이지 없음

8 이신
いしん

★★★★ 도보 7분

현지인들에게 오코노미야키와 야키소바가 맛있기로 유명한 집. 오코노미야키 메뉴 중에서는 돼지고기, 새우, 오징어 등이 푸짐하게 들어 있는 이신야키가 가장 인기 있고, 돈토로모야시야키소바도 맛있다.

지도 P.223K
찾아가기 단가 시장 입구에서 횡단보도를 건너 우오마치 상점가 입구 왼쪽길 첫번째 가게
주소 福岡県北九州市小倉北区魚町3-1-11
전화 093-541-0457
시간 11:00~21:00(L.O 20:00) **휴무** 셋째 주 화요일
가격 이신야키 918¥, 돈토로모야시야키소바 734¥ **홈페이지** www.okonomiyaki-ishin.com

9 이나카안
田舎庵

★★★★ 도보 5분

한국인이 좋아할 만한 식감의 장어덮밥집. 실내 분위기가 고급스럽고, 직원들의 응대도 괜찮은 수준이라 접대 손님이 많다. 비싼 가격이 부담스럽다면 우나동, 제대로 된 정찬을 즐기고 싶다면 우나주나 가바야키테이쇼쿠를 추천. 장어 양에 따라 가격이 세분화돼 있으며 영어 메뉴가 있다.

지도 P.223K
찾아가기 헤이와도리 역 4번 출구로 나와 뒤돌아 첫 번째 골목으로 들어가면 바로 보인다.
주소 福岡県北九州市小倉北区魚町3-4-6
전화 093-541-6610 **시간** 11:00~20:00
휴무 일요일, 연말연시
가격 가바야키테이쇼쿠·우나주 2900¥, 우나돈 1900¥ **홈페이지** www.inakaan.com

이신야키 918¥

우나주 2900¥

10 덴스이
てんすい

★★★ 도보 5분

현지인이 즐겨 찾는 야키니쿠 전문점. 가격 비싼 편이지만 고기의 질이 그만큼 좋다. 오 의 붉은 살 3종 세트를 비롯한 세트 메뉴의 성비가 좋지만 최소 2인 이상부터 주문할 있다. 나 홀로 여행자는 4000¥ 정도는 각 해야 한다.

지도 P.223G
찾아가기 JR 고쿠라 역 고쿠라 성 출구로 나와 스타벅스 골목으로 직진. 도보 5분
주소 福岡県北九州市小倉北区魚町1-5-6
전화 093-513-2944 **시간** 11:00~14:30, 17:30~23:00(L.O 22:30) **휴무** 일요일 **가격** 세트 메뉴 4500¥, 우설 1800¥, 갈비 1000~1600¥ **홈페이지** http://tensui1129.com

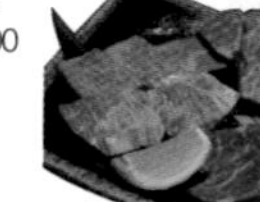
세트 메뉴 4500¥

11 살바토레 쿠오모 & 바
SALVATORE CUOMO & BAR

★★★★ 도보 4분

식사 시간이면 기다리는 사람들로 긴 줄이 생기는 이탤리언 레스토랑. 뷔페 음식은 싼 만큼 맛이 없다는 편견을 버리게 할 만큼 '싸고 맛있는 음식'으로 승부하는 런치 뷔페가 유명한데, 갓 구운 화덕 피자와 사이드 메뉴를 입장 후 90분 동안 마음껏 먹을 수 있고, 250¥을 추가하면 드링크 바도 무제한 이용할 수 있다.

지도 P.223G
찾아가기 JR 고쿠라 역 고쿠라 성 출구로 나와 직진. 도보 4분 **주소** 福岡県北九州市小倉北区魚町1-5-14 **전화** 093-512-3265
시간 07:00~09:30, 11:30~15:30, 17:30~23:00
휴무 연중무휴
가격 평일 런치 뷔페 1320¥, 주말 런치 뷔페 1540¥ **홈페이지** www.salvatore.jp

12 후지시마
ふじしま

★★★ 도보 2분

튀김 정식 전문점. 현지인이 바글바글한 'ㄷ'자 모양의 카운터석에 앉으면 현지인의 식탁에 초대된 기분이 든다. 튀김 개수에 따라 세 가지 메뉴로 나뉘고 밥 양에 따라 가격이 세분화되어 있는데 덴푸라테이쇼쿠와 에비덴푸라테이쇼쿠가 인기 있다.

지도 P.223G
찾아가기 JR 고쿠라 역에서 도보 2분. 상호명보다 '天ぷら定食'라 적힌 간판을 찾는 편이 더 빠르다. **주소** 福岡県北九州市小倉北区京町2-1-15(B1F) **전화** 093-531-5695 **시간** 10:00~19:30(L. O 19:15) **휴무** 목요일 **가격** 덴푸라테이쇼쿠 660~710¥
홈페이지 없음

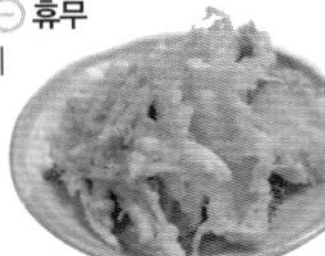

13 스케상 우동
資さんうどん

★★★★★ 도보 5분

우동집치고 규모부터 남다르다 했더니 꽤 유명한 집이란다. 면발은 쫄깃쫄깃, 간도 잘 배어있으니 '우동의 본고장 후쿠오카 우동보다 더 맛있다'라는 입소문이 괜히 난 게 아니구나 싶다. 니쿠(소고기) & 고보텐(우엉튀김)우동이 가장 잘 나가는 메뉴. 기본적으로 양이 많지만 110¥만 더 내면 곱빼기로 먹을 수 있다. 어묵은 생각보다 별로다.

지도 P.223K
찾아가기 헤이와도리 역 6, 7번 출구 사이 골목으로 들어가면 왼쪽에 바로 보인다.
주소 福岡県北九州市小倉北区魚町2-6-1
전화 093-513-1110 **시간** 24시간
휴무 연중무휴 **가격** 니쿠 & 고보텐우동 760¥ **홈페이지** www.sukesanudon.com

14 수제 햄버그 라루콘
手づくりハンバーグ ラルコーン

★★★ 도보 5분

수제 햄버그 전문점으로 다양한 구성의 햄버거 메뉴를 내놓는다. 고로케, 새우튀김, 스테이크 등 아홉 가지 런치 세트 메뉴가 있으며 110¥을 추가하면 음료도 고를 수 있다. 양에 따라 싱글과 더블이 있지만 싱글 사이즈로 충분할 만큼 양이 많은 편. 런치 세트 메뉴는 평일 오전 11시부터 오후 3시까지 주문 가능.

지도 P.223K
찾아가기 스케상 우동에서 상점가를 따라 조금 더 들어가면 왼편에 보인다. 2층에 위치
주소 福岡県北九州市小倉北区魚町2-3-2
전화 093-533-7013 **시간** 11:00~22:00
휴무 연중무휴 **가격** 런치 세트 메뉴 싱글 890~1230¥, 더블 1020~1280¥
홈페이지 없음

런치 세트 메뉴 싱글 890~1230¥

15 단가 시장
旦過市場 단가 시조-

★★★★★ 도보 8분

고쿠라를 대표하는 재래시장. 규모가 아주 크지는 않으나 사람 사는 모습을 보며 돌아보기에 더없이 좋다. 생선이며 과일, 반찬을 파는 가게들은 우리와 같은 듯 달라 눈길이 가고, 회덮밥이나 어묵 등 싸고 맛있는 길거리 음식이 마음을 빼앗는다. 과연 '기타큐슈의 부엌'이라 불릴 만하다. 주말에는 영업을 하지 않는 곳이 많으니 일정을 짤 때 주의하자.

지도 P.223K
찾아가기 JR 고쿠라 역에서 모노레일에 탑승해 단가 역에서 하차. 1번 출구로 나와 좌회전
주소 福岡県北九州市小倉北区魚町4-2-18
전화 093-521-4140 **시간** 가게마다 다르지만 대개 평일 08:30~15:00가 황금 시간대
휴무 연중무휴 **가격** 가게마다 다름
홈페이지 www.tangaichiba.jp

16 대학당
大學堂 다이가쿠도-

도보 8분

단가 시장을 제대로 즐기고 싶다고? 그렇다면 일단 시장의 반찬 가게에서 반찬을 구입하자. 그런 다음 대학당에 가서 밥(200¥)과 국만 사면 내 입맛에 꼭 맞는 푸짐한 한 상 차림 완성! 지역 학생들의 번쩍이는 아이디어와 상인들의 손맛이 더해지니 맛있을 수밖에 없다.

지도 P.223K
찾아가기 단가 시장 내에 위치
주소 福岡県北九州市小倉北区魚町4-4-20
전화 080-6458-1184
시간 10:00~17:00 **휴무** 수 · 일요일
가격 밥 · 국 200¥
홈페이지 www.daigakudo.net

17 모지코 맥주 공방
門司港地ビール工房
모지꼬- 지비-루 고-보-

도보 5분

2011 일본 · 아시아 비어컵에서 금상을 수상한 바이첸 맥주, 2012 국제 맥주 대회에서 금상을 수상한 페일 에일 맥주는 반드시 맛보기를 권한다. 맥주와 찰떡궁합을 이루는 야키카레도 평균 이상. 물 대신 바이첸 맥주로 맛을 낸 바이첸 야키카레도 맛있다. 한국어 메뉴도 준비돼 있다.

지도 P.222H
찾아가기 JR 고쿠라 역에서 도보 5분 **주소** 福岡県北九州市小倉北区米町1-3-19 **전화** 093-531-5111 **시간** 월~금요일 11:30~14:30, 17:30~22:00 / 주말 11:30~22:00 **휴무** 1~4월 둘째 · 넷째 주 월요일 **가격** 야키카레 920¥, 바이첸 야키카레 1200¥, 맥주 레귤러 글라스 480¥
홈페이지 http://mojibeer.ntf.ne.jp

18 마루와
丸和

도보 8분

1946년 일본 최초의 슈퍼마켓으로 개업해 1979년 가장 먼저 24시간 영업 시스템을 마련한 유서 깊은 곳. 이 인근에서 규모가 큰 편이고 상품도 다양하게 갖추고 있다. 특히 도시락을 반값에 판매하는 밤 10시 이후를 노리면 훨씬 저렴한 가격에 쇼핑이 가능하다.

지도 P.223K
찾아가기 단가 역 1번 출구 옆 단가 시장 길로 들어서 우회전. 단가 시장 입구에 위치
주소 福岡県北九州市小倉北区魚町4-1-1
전화 093-521-3388
시간 24시간
휴무 연중무휴
가격 상품마다 다름
홈페이지 www.yours.co.jp/shopinfo/m_kokura.html

19 쓰루하 드러그
ツルハドラッグ

도보 5분

드러그스토어 겸 잡화점. 규모가 크고 취급하는 상품이 다양해 웬만한 제품은 여기 다 있다. 우오마치 상점가 내에 있는 드러그스토어에 비해 가격 면에서 메리트가 크지는 않지만, 손님이 많지 않아 여유로운 쇼핑이 가능하다는 것이 가장 큰 장점. 생각보다 넓지만 물건을 찾기 쉽게 진열되어 있다.

지도 P.223G
찾아가기 헤이와도리 역 6번 출구로 나와 직진하다 첫 번째 사거리에서 좌회전. 세 번째 사거리에 위치. 도보 5분
주소 福岡県北九州市小倉北区船場2-6
전화 093-513-7551
시간 09:00~22:00
휴무 연중무휴 **가격** 상품마다 다름
홈페이지 www.tsuruha.co.jp

20 아뮤플라자
アミュプラザ

도보 1분

JR 고쿠라 역사 내에 있는 대형 쇼핑몰. 후쿠오카 아뮤플라자에 비해 규모는 작지만 러쉬, 막스앤웹, 프랑프랑 등 인기 숍이 포진해 있고, 유료 물품보관함도 설치돼 있어 쇼핑하기에 편리하다. 재팬 포스트 ATM 기기는 1, 3층에 설치돼 있다. 일부 점포 면세 가능. 레스토랑이 밀집한 6층에서는 와이파이 무료 이용 가능.

지도 P.223C
찾아가기 JR 고쿠라 역에서 연결
주소 福岡県北九州市小倉北区浅野1-1-1
전화 093-512-1281
시간 10:00~20:00
휴무 연중무휴
가격 가게마다 다름
홈페이지 www.amuplaza.jp

21 러쉬
LUSH

핸드메이드 화장품과 목욕용품 브랜드 숍. 자연 성분을 주원료로 한 제품으로 인기를 끄는데, 고쿠라 지점은 그중 유기농 비누 위주로 판매한다. 포장하지 않고 진열해놓아 비누 고유의 향기를 맡을 수 있다는 것이 가장 큰 장점. 계면활성제나 팜 오일을 사용하지 않아 피부에 자극이 덜하고 향기도 진하다. 일명 '발리스틱'이라 불리는 입욕제, 딥 클렌저 등도 꽤 다양하다.

지도 P.223C
찾아가기 아뮤플라자 3층
주소 福岡県北九州市小倉北区浅野1-1-1
전화 093-521-1035
시간 10:00~20:00 **휴무** 연중무휴
가격 비누 100g당 550~850¥
홈페이지 www.amuplaza.jp

22 막스앤웹
MARKS & WEB

친환경 스킨 & 보디 케어 제품으로 유명한 코스메틱 브랜드. 에센셜 오일은 18가지 식물에서 각기 다른 방법으로 추출하며, 수건이나 목욕 가운의 소재인 목화도 화학비료를 최소로 사용해 재배한 것을 쓰는 등 친환경 제조 공정을 고수한다. 무엇보다 제품의 질 대비 가격이 저렴하며 배스 솔트나 보디로션이 특히 인기 있다. 다만 면세 혜택이 없는 점이 아쉽다.

지도 P.223C
찾아가기 아뮤플라자 서관 2층
주소 福岡県北九州市小倉北区浅野1-1-1
전화 093-967-8845
시간 10:00~20:00 **휴무** 연중무휴
가격 컨디셔너 500ml 1933¥, 배스 솔트 240g 1500¥, 비누 100g 470¥
홈페이지 www.marksandweb.com

23 우오마치 상점가
魚町銀天街
우오마찌 긴뗑가이

헤이와도리 역에서 고쿠라 역까지 400여 미터에 걸쳐 이어지는 아케이드형 상점가. 비가 오나 눈이 오나 쾌적하게 다닐 수 있는 건 기본이고, 굳이 무언가 사지 않아도 슬렁슬렁 걸으며 사람 구경 하는 것만으로 흥미롭다. 골목 구석구석 숨어 있는 맛집을 발견하는 기쁨은 덤.

지도 P.223G
찾아가기 JR 고쿠라 역 고쿠라 성 출구로 나와 보행교를 건너 오른편. 맥도날드부터 아케이드 상점가가 시작된다.
주소 福岡県北九州市小倉北区魚町
전화 가게마다 다름
시간 가게마다 다름, 대개 10:00~20:00
휴무 가게마다 다름
가격 상품마다 다름
홈페이지 없음

24 선 드러그

サンドラッグ

외국인보다는 현지인에게 인기 있는 드러그스토어. 상품 진열에 통일성이 다소 부족해 원하는 물건을 찾기가 좀 어렵지만 가격대는 저렴한 편이다. 다만 항상 손님이 많아 혼잡하고 정신없는 것이 단점.

지도 P.223G
찾아가기 우오마치 상점가 내에 위치
주소 福岡県北九州市小倉北区魚町2-1-7
전화 093-533-4123
시간 09:30~20:15
휴무 연중무휴
가격 상품마다 다름
홈페이지 www.e-map.ne.jp/smt/sundrug/inf/2005

25 마츠모토 키요시
マツモトキヨシ

일본의 대표 체인 드러그스토어. 웬만한 상품은 모두 구비하고 있으며 면세점이라 가격대도 저렴하다. 일부 품목은 후쿠오카에서 사는 것보다 저렴하니 꼼꼼히 살펴보자. 옆에 인기 있는 드러그 전문 숍인 드러그일레븐도 있어 비교하며 쇼핑하기도 좋다.

지도 P.223G
찾아가기 우오마치 상점가 내에 위치
주소 福岡県北九州市小倉北区魚町1-3-7
전화 093-533-2210
시간 10:00~22:30
휴무 연중무휴
가격 상품마다 다름
홈페이지 www.uomachi.com/shops/beauty/157

26 칼디 커피 팜
KALDI COFFEE FARM

커피 시음 행사 등 다양한 행사가 열려 손님이 늘 많다. 가장 주목할 제품은 역시 직접 로스팅한 커피. 오직 칼디에서만 판매하는 오리지널 커피와 와인이 인기 품목. 커피 애호가라면 가볼 만하다.

지도 P.223K
찾아가기 우오마치 상점가 내에 위치
주소 福岡県北九州市小倉北区魚町2-2-11
전화 093-512-3300
시간 10:00~20:00
휴무 부정기
가격 상품마다 다름
홈페이지 www.kaldi.co.jp

27 세인트 시티
Saint City

★★★ 도보 4분

패션, 잡화 매장과 라이프스타일 숍 등이 들어선 대형 쇼핑몰. 5층의 ABC마트와 6층의 로프트, 무인양품이 인기 있다. 면세는 지하 1층에서 가능. 1~6층은 패션과 잡화 숍 중심의 콜렛 쇼핑몰이, 7~14층은 레스토랑이 강세를 보이는 임즈(i'm) 쇼핑몰이 들어선 형태다.

지도 P.223H
찾아가기 고쿠라 역 고쿠라 성 출구로 나와 보행교를 건너 왼편 **주소** 福岡県北九州市小倉北区京町3-1-1
전화 093-514-1111
시간 10:00~20:00
휴무 부정기
가격 가게마다 다름
홈페이지 saintcity.jp

28 리버워크 기타큐슈
リバーウォーク北九州

★★★★ 도보 3분

대규모 문화 상업 쇼핑몰로 NHK 방송국, 시립 미술관 등이 함께 둥지를 틀었다. 건물의 특이한 형태 덕분에 고쿠라의 랜드마크가 되고 있는데, 후쿠오카 캐널시티를 설계한 유명 건축가 존 저드의 작품이라고. 5층의 루프 가든에 가면 고쿠라의 전경이 한눈에 들어온다.

지도 P.222E
찾아가기 JR 니시고쿠라 역 남쪽 출구에서 도보 3분
주소 福岡県北九州市小倉北区室町1-1-1
전화 093-573-1500
시간 숍 10:00~20:00, 레스토랑 ~21:00
휴무 연중무휴
가격 가게마다 다름
홈페이지 http://riverwalk.co.jp

29 아루아루시티
あるあるCity

★★ 도보 3분

만화와 애니메이션 덕후라면 이곳으로 진격! 게이머스, 멜론북스, 애니메이트, 만다라케 등 대표적인 애니메이션 토이 숍이 들어서 있으며, 5층에는 만화 박물관이 자리 잡고 있다.

지도 P.223D
찾아가기 JR 고쿠라 역 신칸센 출구로 나와 연결 통로를 따라 오른편으로 도보 3분
주소 福岡県北九州市小倉北区浅野2-14-5
전화 093-512-9566
시간 11:00~20:00
휴무 연중무휴 **가격** 가게마다 다름, 만화 박물관 성인 400¥, 중·고등학생 200¥, 초등학생 100¥ **홈페이지** http://aruarucity.com

30 만다라케
MANDARAKE

★★★ 도보 3분

덕후들의 성지. 애니메이션, 피규어, 토이, 게임 등 키덜트족을 위한 구역과 아이돌 사진과 굿즈, 잡지, CD와 DVD 등 J-POP 팬을 위한 구역 등으로 이뤄져 있어 거대한 대중문화 박물관 안에 들어온 듯한 기분이 든다. 후쿠오카 지점이 장난감과 피규어 위주인 것과 다르게 일본 아이돌 사진과 굿즈, CD 등도 폭넓게 갖추어 여성 손님이 많다는 것이 차별점. 쟈니스 소속 아이돌 그룹의 팬이라면 꼭 둘러보자. 면세 가능.

1권 P.205 지도 P.223D
찾아가기 아루아루시티 4층
주소 福岡県北九州市小倉北区浅野2-14-5
전화 093-512-1777 **시간** 12:00~20:00
휴무 연중무휴 **가격** 상품마다 다름
홈페이지 www.mandarake.co.jp

31 이즈츠야 백화점
井筒屋

★★ 도보 6분

고쿠라 유일의 백화점. '백화점'이라는 명칭이 무색하리만큼 유명 패션 브랜드를 제외하고는 쇼핑할 만한 곳이 없다는 게 흠. 현지인조차 후쿠오카로 원정 쇼핑을 다니는 실정이라고 한다. 시간이 남아도는 게 아니라면 굳이 갈 필요는 없다. 신관 8층에서 면세 수속 가능. 무료 와이파이 이용 가능.

지도 P.222F
찾아가기 JR 고쿠라 역 고쿠라 성 출구로 나와 직진. 고쿠라 역 앞 사거리에서 좌회전. 역에서 도보 6분 **주소** 福岡県北九州市小倉北区船場町1-1
전화 093-522-3111
시간 10:00~19:00(금·토요일은 20:00)
휴무 연중무휴 **가격** 가게마다 다름
홈페이지 www.izutsuya.co.jp/storelist/kokura

32 니시테츠 인 고쿠라

西鉄イン小倉

'비즈니스 호텔의 품격', 아니 '역습'이라 해도 될 듯하다. 두 명이 나란히 누울 수 있을 정도로 넓은 싱글 침대는 웬만한 중급 호텔에 비견될 정도고, JR 고쿠라 역에서 엎어지면 코 닿을 거리라는 위치도 만족스럽다. 숙박객 전용 대욕장을 갖추어 온천욕이 가능한 점도 이곳의 자랑거리. 객실 어메니티는 리셉션 바로 앞에서 제약 없이 갖고 갈 수 있다. 영어 의사소통 가능. 주차는 1일 700¥.

지도 P.233H
찾아가기 JR 고쿠라 역 고쿠라 성 출구로 나와 직진. 보행교가 끝나는 지점에서 콜렛 쇼핑몰 옆 골목으로 들어간다. 역에서 도보 5분
주소 福岡県北九州市小倉北区米町1-4-11
전화 093-511-5454 **시간** 체크인 15:00, 체크아웃 10:00 **휴무** 연중무휴 **가격** 객실 대부분이 1인용 싱글 룸(7500¥~)이다. 2인용 더블 룸(10500¥~)이 한정적이라 예약을 서둘러야 한다.
홈페이지 www.n-inn.jp/hotels/kokura/index.php

33 후쿠오카 게스트하우스 리틀 아시아 고쿠라

福岡ゲストハウス リトルアジア小倉

다른 여행자와 교류하기보다는 혼자만의 공간을 누리기를 원한다면 이곳이 제격이다. 여럿이 함께 쓰는 룸이지만 캡슐식 도미토리로 이뤄져 있어 개인 공간만큼은 엄격하게 분리해둔 인상이 강하다. 침대 위와 양옆이 나무판자로 막힌 구조이다 보니 사람에 따라 답답하게 느낄 수 있다는 게 단점. 샤워 시설이나 물품보관함, 휴게 시설 등은 비용 대비 훌륭하다. 시내 한가운데라는 점은 좋지만 번화가라서 주말 밤에는 살짝 시끄럽다는 건 감안해야 한다. 평일은 숙박비가 좀 더 저렴하다.

지도 P.233L
찾아가기 헤이와도리 역 9번 출구 바로 옆 골목으로 직진. 사거리 두 개를 지나 두 번째 왼쪽 건물 4층
주소 福岡県北九州市小倉北区 堺町1-5-15
전화 093-982-4422
시간 체크인 14:00~22:00, 체크아웃 10:00
휴무 연중무휴 **가격** 도미토리 2000¥~, 싱글 3000¥~
홈페이지 http://fukuokaguesthouse.com

34 호스텔 앤 다이닝 단가 테이블

Hostel & Dining Tanga Table

최신 호스텔. 모든 공간과 시설이 깔끔하고 세련되다. 객실이 넓고, 침대가 일반 2층 침대에 비해 높아서 도미토리 특유의 답답한 느낌이 덜하다. 침대마다 커튼이 달려 있어 사생활을 어느 정도 보호받을 수 있다는 점은 이곳이 사랑받을 수밖에 없는 이유. 여성 전용 도미토리 룸, 샤워 시설과 화장실도 잘 갖춰 젊은 여행자들의 마음을 흔든다. 침대 높이 차가 워낙 커서 위쪽 침대가 상대적으로 불편하므로 아래쪽 침대를 요청하기를 추천.

지도 P.233K
찾아가기 JR 고쿠라 역 고쿠라 성 출구로 나와 우오마치 상점가를 따라 걷는다. 상점가 입구 횡단보도를 건너 우회전 후 곧바로 좌회전. 북오프 바로 옆에 엘리베이터가 있다.
주소 福岡県北九州市小倉北区馬借1-5-25
전화 093-967-6284 **시간** 체크인 16:00~02:00, 체크아웃 11:00 **휴무** 연중무휴
가격 도미토리 3000¥~, 스몰 도미토리(4인용 객실) 1만2000¥~
홈페이지 www.tangatable.jp

AREA

2 MOJIKO & SHIM

[門司港 & 下関 모지코 & 시모노세키]

일본 최초로 바나나가 수입돼 들어온 모지코항

새 세상이 이곳에서 시작됐다

그 옛날, 일본 최초로 바나나를 들여오던 작은 무역항이 정녕 이곳이었을까. 카메라를 멘 여행자에게나 데이트 나온 젊은 연인에게나 이곳은 이미 관광지다. 그도 그럴 것이 세월의 흔적이 고스란히 남은 건물들과 푸른 바다, 입맛이 자꾸만 당기는 야키카레를 함께 즐길 수 있는 곳이 많지는 않을 터. 맥주까지 한 잔 마시면 남 부러울 것이 없다.

고쿠라를 여행하는 사람 중 열에 아홉은 이곳에 들른다.

기념품 외에 살 만한 것이 없다.

모지코에선 야키카레와 바나나, 시모노세키에선 복어회와 스시를 먹어보자.

야경 명소도 바와 펍도 거의 없다.

좁은 구역에 볼거리가 몰려 있어 여행하기 편하다.

혼잡함과는 거리가 멀다.

고쿠라 → 모지코

JR 고쿠라 역(小倉駅)에서 모지코 방향 JR 열차에 탑승해 모지코 역(門司港駅)에서 하차. 15분 간격으로 운행.

시간 약 13분 **요금** 280¥

모지코 → 시모노세키(가라토 시장)

모지코 역에서 3분 거리의 간몬 연락선 승선장(関門汽船 門司港乗り場)에서 가라토 시장행 연락선을 타고 5분

시간 06:59~21:29 20분 간격으로 운항

요금 성인 편도 400¥, 어린이 200¥, 산큐패스(SUNQ) 이용 시 무료

고쿠라		모지코		시모노세키
JR 고쿠라 역(小倉駅) (MAP P.223C)	JR 열차 ↔ 13분, 280¥	간몬 연락선 승선장(関門汽船 門司港乗り場) (MAP P.236)	페리 ↔ 5분, 400¥	가라토 시장(唐戸市場) (MAP P.236)

클로즈업 모지코 & 시모노세키의 이색 교통편

모지코와 시모노세키 모두 관광지가 좁은 구역에 몰려 있어 걸어서 충분히 돌아볼 만하다. 하지만 여행 온 기분을 내고 싶다면 색다른 교통수단도 경험해보자.

기타큐슈 레트로 라인 '시오카제호' 北九州銀行レトロライン 潮風号

큐슈 철도 기념관 역에서 간몬 카이쿄 메카리 역까지 총 4개의 역을 연결하는 관광 열차로 간몬 해협의 시원한 풍경을 감상할 수 있어 여행자들에게 인기다.

시간 3~11월 중 주말과 공휴일에만 한시적으로 운행

요금 성인 300¥, 어린이 150¥

인력거

모지코 항 주변을 인력거를 타고 돌아볼 수 있다. 단 비싼 요금을 감당할 배짱이 있다면 말이다.

요금 1명 2000¥~, 2명 3000¥~

연락선

모지코와 시모노세키를 잇는 가장 편한 교통수단은 아무래도 연락선이다. 모지코 항과 시모노세키의 가라토 시장을 단 5분 만에 주파하는 데다 선상에서 바라보는 간몬 해협의 풍경이 여행의 서정을 더한다.

간몬 인도 터널

일본에서 가장 큰 섬인 혼슈(本州)까지 걸어갈 수도 있다는 사실! 두 섬이 해저터널로 연결되어 있기 때문이다. 다만 편도 15~20분은 걸어야 하니 시간적인 여유가 있다면 시도해보자. **시간** 06:00~22:00 **요금** 보행자 무료

MUST SEE 이것만은 꼭 보자!

No. 1
가라토 시장

No. 2
모지코 레트로 전망대

No. 3
큐슈 철도 기념관

MUST EAT 이것만은 꼭 먹자!

No. 1
가라토 시장의 싱싱한 초밥과 복어회

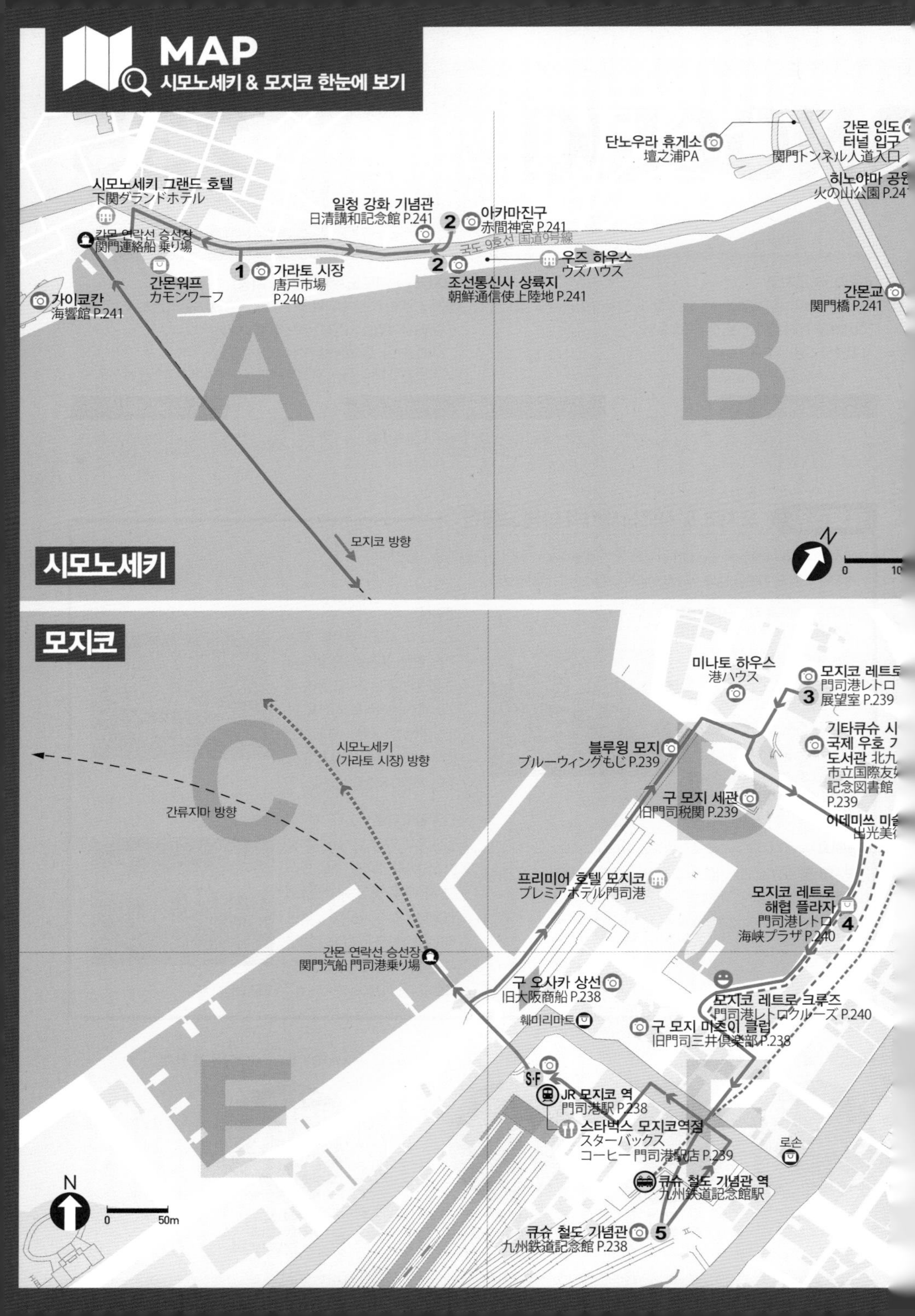

MAP
시모노세키 & 모지코 한눈에 보기
시모노세키
시모노세키 그랜드 호텔
下関グランドホテル
간몬 연락선 승선장
関門連絡船 乗り場
간몬워프
カモンワーフ
가이쿄칸
海響館 P.241
1 가라토 시장
唐戸市場
P.240
일청 강화 기념관
日清講和記念館 P.241
2 아카마진구
赤間神宮 P.241
국도 9호선 国道9号線
2
우즈 하우스
ウズハウス
조선통신사 상륙지
朝鮮通信使上陸地 P.241
단노우라 휴게소
壇之浦PA
간몬 인도
터널 입구
関門トンネル人道入口
히노야마 공원
火の山公園 P.241
간몬교
関門橋 P.241
모지코 방향
모지코
미나토 하우스
港ハウス
모지코 레트로
門司港レトロ
3 展望室 P.239
기타큐슈 시
국제 우호
도서관 北九
市立国際友好
記念図書館
P.239
블루윙 모지
ブルーウィングもじ P.239
구 모지 세관
旧門司税関 P.239
이데미쓰 미술
出光美術
시모노세키
(가라토 시장) 방향
간류지마 방향
프리미어 호텔 모지코
プレミアホテル門司港
모지코 레트로
해협 플라자
門司港レトロ
海峡プラザ P.240
4
간몬 연락선 승선장
関門汽船 門司港乗り場
구 오사카 상선
旧大阪商船 P.238
모지코 레트로 크루즈
門司港レトロクルーズ P.240
훼미리마트
구 모지 미츠이 클럽
旧門司三井倶楽部 P.238
S·F
JR 모지코 역
門司港駅 P.238
스타벅스 모지코역점
スターバックス
コーヒー 門司港駅店 P.239
로손
큐슈 철도 기념관 역
九州鉄道記念館駅
큐슈 철도 기념관
九州鉄道記念館 P.238
5
N
0 50m
A
B
C
D
E
F

COURSE 1

모지코 & 시모노세키 반나절 코스

갈 곳 많고 볼 것 많은 큐슈. 이곳에서 시간을 다 보낼 수는 없다면 핵심 스폿만 빠르게 훑어보자. 생각보다 오래 걸을 수 있으므로 편한 신발은 필수. 모지코에서는 모든 건물에 들어가보기보다는 관심 가는 두세 군데만 골라서 가보는 것이 효율적이다.

START

코 역

년에 지은 유럽풍 기차역. 역 곳곳 토 스폿이 설치돼 있어 인증샷을 게 좋다. 현재 역사 레노베이션 공 이라 외관은 볼 수 없고 공사 과 견학할 수는 있다.

에서 나와 좌회전해 승선장에서 토(唐戸) 방향 페리에 승선한다. 5분 + 페리 5분)

1 가라토 시장

唐戸市場

관서(関西) 지역 최대 규모의 어시장이다. 이곳의 자랑거리는 매주 금요일에서 일요일까지 열리는 스시 배틀. 개장 2시간 내에 가야 싱싱하고 다양한 스시를 많이 고를 수 있다.

시간 금 · 토요일 10:00~15:00, 일요일 · 공휴일 08:00~15:00
휴무 1월 1~4일, 부정기적
가격 스시 108¥~

→ 해안 산책로를 따라 간몬 교 방향으로 걷는다. (5분)

2 아카마진구 & 조선통신사 상륙지

赤間神宮 & 朝鮮通信使上陸地

소화도 시킬 겸 신사에 들러보자. 사진이 참 잘 나오는 곳이다. 볼거리는 없지만 시원한 간몬 해협 풍경만으로도 찾아갈 이유는 충분하다.

시간 24시간

→ 가라토 시장 앞에서 모지코 방향 페리에 승선한다. (페리 5분 + 도보 2분)

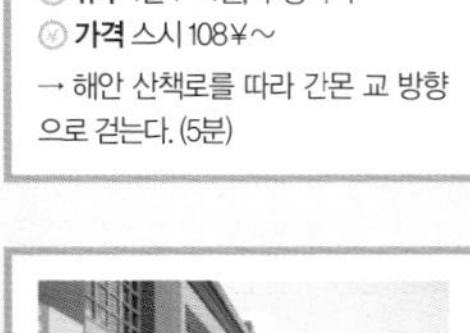

모지코 레트로

門司港レトロ

항 주변의 근대 건축물들을 산 둘러보자. 모지코와 시모노세 원한 전망을 볼 수 있는 모지코 전망대도 놓치지 말 것.

간(모지코 레트로 전망대) ~21:30 **가격**(모지코 레트로) 300¥

방향으로 걷는다. (3분)

4 모지코 레트로 해협 플라자

司港レトロ海峡プラザ

모지코 풍경을 바라보며 식사를 할 수 있는 곳이다. 관광지라서 가격대는 조금 있지만 평균정도의 맛은 된다.

시간 업체별로 다름 **휴무** 업체별로 다름 **가격** 업체별로 다름

→ 구 모지 세관 방향으로 걷는다. (3분)

5 큐슈 철도 기념관

九州鉄道記念館

실제로 운행하던 열차를 비롯해 기차역에서 맛볼 수 있는 도시락인 에키벤, 시대별 티켓 등 다양한 전시물과 체험존이 있다.

시간 09:00~17:00(마지막 입장 16:30) **휴무** 둘째 주 수요일(8월 제외), 7월 둘째 주 수 · 목요일 **가격** 성인 300¥, 중학생 이하 150¥, 4세 미만 무료

→ 안내표지판을 따라 걷는다. (5분)

FINISH

모지코 역

START

- S. 모지코 역
- 2.1km, 도보 5분 + 페리 5분
- 1. 가라토 시장
- 350m, 도보 5분
- 2. 아카마진구 & 조선통신사 상륙지
- 1.8km, 페리 5분+도보 2분
- 3. 모지코 레트로
- 120m, 도보 3분
- 4. 모지코 레트로 해협 플라자
- 700m, 도보 8분
- 5. 큐슈 철도 기념관
- 350m, 도보 5분
- F. 모지코 역

ZOOM IN

모지코 레트로

오래된 건축물들을 둘러보는 것이 이곳 탐방의 핵심. 하지만 입장할 수 있는 건물이 몇 되지 않아 시간이 그리 오래 걸리지는 않는다. 야키카레를 제외하면 먹거리도 별로 없으므로 저녁 전에 모든 관광을 마치고 고쿠라로 돌아가는 것이 좋다.

1 모지코 역
門司港駅 모지꼬-에끼

★★★★ 도보 1분

1891년 독일인 헤르만 룸쇠텔(Hermann Rumschöttel)의 지휘 아래 지어진 철도 역사. 네오르네상스 양식의 목조건물로 당시로선 매우 드물게 수세식 화장실을 갖췄는데 대리석과 타일로 마감했으며, 역사 외부는 중후하면서도 모던함을 잘 살렸다. 이런 미적, 역사적 가치를 인정받아 기차 역사로는 최초로 일본 중요문화재로 지정되었다. 대규모 보수공사를 통해 최근 새단장했다.

지도 P.236F
찾아가기 JR 고쿠라 역에서 일반 열차를 타고 모지코 역에서 하차 **주소** 福岡県北九州市門司区西海岸1-5-31 **전화** 093-321-6110 **시간** 24시간 **휴무** 연중무휴
가격 무료 입장 **홈페이지** www.mojiko.info

2 구 오사카 상선
旧大阪商船 규-오-사카쇼-셍

★★★ 도보 1분

1917년에 지은 오사카 상선 모지 지점 건물을 복원한 것으로 주황색 벽돌과 흰색 돌을 타일처럼 이용해 건축했다. 건축 당시에는 선박의 대합실과 사무실로 이용됐으나 지금은 지역 작가의 작품을 전시하고 판매하는 갤러리와 디자인 하우스로 변모했다. 시간이 된다면 들어가서 구경해보자.

지도 P.236F
찾아가기 모지코 역에서 나오면 정면에 보인다.
주소 福岡県北九州市門司区港町7-18
전화 093-321-4151
시간 09:00~17:00
휴무 연중무휴
가격 무료 입장, 갤러리 성인 150￥, 어린이 70￥
홈페이지 www.mojiko.info

3 구 모지 미츠이 클럽
旧門司三井倶楽部
규-모지미쯔이구라부

★★★ 도보 2분

미츠이 물산의 사교 클럽으로 이용되던 건물로 유럽의 소도시에서 볼 법한 하프팀버 양식(반목조)으로 지어 모지코에서 가장 아름다운 건축물로 손꼽힌다. 모든 객실에 벽난로를 설치하고 문틀, 창틀, 계단 등에 거대한 장식을 새기는 등 당시 모던 건축물의 깊이가 잘 드러나고, 모지가 얼마나 번성한 항구였는지를 알 수 있다. 특히 아인슈타인이 강연을 위해 일본을 방문했을 당시 이곳에 머물러 2층을 아인슈타인 메모리얼 홀 등 전시실로 꾸며놓았다.

지도 P.236F
찾아가기 모지코 역에서 나오면 바로 보인다.
주소 福岡県北九州市門司区港町7-1
전화 093-321-4151 **시간** 09:00~17:00
휴무 연중무휴 **가격** 2층 성인 150￥ 초등·중학생 70￥ **홈페이지** www.mojiko.info

4 큐슈 철도 기념관
九州鉄道記念館 규-슈- 데쯔도- 기넹깡

★★★★ 도보 3분

철도와 관련이 있는 모든 것을 모아놓은 박물관. 일단 규모부터 압도적이다. 59643호, 니치린호, 침대 열차 등 큐슈를 대표하는 실제 열차들을 전시해놓았는데, 일부 열차는 탑승할 수 있으며 운전석도 구경할 수 있다. 본관 건물로 들어서면 메이지 시대의 전차와 다양한 볼거리가 시선을 사로잡는다. 실제 큐슈 지역에서 판매한 에키벤(열차 도시락), 시대별 티켓, 기관차 모형 등을 자세히 소개하며 881계 전동차 운전 체험 등 체험거리도 다양해 모두 둘러보는 데 최소 한 시간은 걸린다.

지도 P.236F
찾아가기 모지코 역에서 나와 오른편, 도보 3분
주소 福岡県北九州市門司区清滝2-3-29
전화 093-322 1006
시간 09:00~17:00(마지막 입장 16:30)
휴무 둘째 주 수요일(8월 제외), 7월 둘째 주 수·목요일 **가격** 성인 300￥, 중학생 이하 150￥, 4세 미만 무료 **홈페이지** www.k-rhm.jp

5 구 모지 세관

旧門司税関 규-모지제이깡

★★★ 도보 7분

1912년 붉은 벽돌로 지은 2층 규모의 세관 청사. 대대적인 리노베이션을 거쳐 1994년부터는 갤러리로 일반에 공개하고 있다. 1층의 세관 홍보실에서는 밀수 수법이나 적발 사례를 다양한 전시물로 소개하고 있으며, 소규모 갤러리와 전망대 등도 함께 있어 쉬었다 갈 겸 둘러보기 좋다. 건물 자체도 아름답다.

지도 P.236D

찾아가기 모지코 역에서 나와 직진. 블루윙 모지를 건너면 오른편에 보인다.

주소 福岡県北九州市門司区東港町1-24

전화 093-321-4151

시간 09:00~17:00

휴무 연중무휴

가격 무료 입장 **홈페이지** www.mojiko.info

6 블루윙 모지

ブルーウィングもじ

★★ 도보 7분

일본 최대의 보행자 전용 도개교. 연인들의 성지로 알려지며 여행자들이 많이 찾아오는 명소가 됐다. 오전 10시부터 오후 4시 20분까지 매시 정각과 20분(1일 6회)에 각각 도개교가 올라가고 내려오는 장면을 볼 수 있다.

지도 P.236D

찾아가기 모지코 역에서 나와 직진

주소 福岡県北九州市門司区浜町4-1

전화 없음

시간 24시간

휴무 연중무휴

가격 무료 입장

홈페이지 www.mojiko.info

7 기타큐슈 시립 국제 우호 기념 도서관

北九州市立国際友好記念図書館
기타큐-슈- 시리쯔 고꾸사이유-꼬- 기넹 도쇼깡

★★★ 도보 8분

모지 항이 국제 무역 창구로 이름을 날리던 때에 중국의 다롄과 교류가 활발했다. 1994년, 양 도시의 우호 체결 15주년을 기념해 다롄에 있는 철도 사무소 건물을 똑같이 지은 도서관이다. 1층에 중국 음식점이, 2층과 3층에는 동아시아 역사 자료를 소장한 도서관과 전시실이 들어서 있으나 큰 볼거리는 없다.

지도 P.236D

찾아가기 블루윙 모지를 건너 오른편으로 걷는다. 역에서 도보 8분

주소 福岡県北九州市門司区東港町1-12

전화 093-331-5446

시간 09:30~18:00

휴무 도서관 월요일(공휴일인 경우 화요일)

가격 무료 입장 **홈페이지** www.mojiko.info

8 모지코 레트로 전망대

門司港レトロ展望室
모지꼬- 레또로 뎅보시쯔

★★★★ 도보 8분

모지코와 간몬 해협, 시모노세키가 한눈에 보이는 전망대. 일본의 공공시설과 박물관 건축의 거장으로 잘 알려진 구로카와 기쇼의 손을 거쳐 완성된 레트로 하이마트 31층에 자리 잡고 있다. 입장료가 아깝지 않을 만큼 멋진 풍경을 볼 수 있는데, 이른 오전이나 해 질 무렵의 풍경이 특히 환상적이다.

지도 P.236D

찾아가기 모지코 역에서 나와 모지코 레트로 방향으로 걷다 보면 보인다. 도보 8분 **주소** 福岡県北九州市門司区東港町1-32 **전화** 093-321-4151 **시간** 10:00~21:30 **휴무** 연 4회 부정기

가격 성인 300¥, 어린이 150¥

홈페이지 www.mojiko.info

9 스타벅스 모지코역점

スターバックスコーヒー門司港駅店

★★★★ 도보 1분

모지코 역(門司港駅)의 대대적인 보존 공사와 함께 입점된 스타벅스 커피숍. 1914년에 건설된 기차역이라는 콘셉트를 제대로 살려 1910·1920년대의 다이쇼 시대(大正,1912~1926년) 분위기를 낸다. 천장 철골 등은 큐슈지역의 폐선로를 사용하고 후쿠오카현 지역의 나무로 만든 가구를 사용했다. 스타벅스 로고는 열차의 헤드마크 본따만드는 등 볼거리도 충실히 갖췄다.

지도 P.236F

찾아가기 JR 고쿠라 역 1층 **주소** 福岡県北九州市門司区西海岸1-5-31 **전화** 093-342-8607 **시간** 08:00~21:00 **휴무** 부정기

가격 커피 300¥~

10 모지코 레트로 해협 플라자

門司港レトロ海峡プラザ 모지꼬- 레또로 가이꼬- 뿌라자

바닷가 산책로를 따라 자리한 복합 쇼핑 상가. 일본 최초로 바나나가 들어온 곳답게 바나나와 관련한 먹거리와 상품이 주를 이루는데, 말린 바나나와 바나나 소프트아이스크림이 특히 인기 있다. 이곳의 상징물인 바나나맨(バナナマン)도 인증 사진 명소로 유명하다.

지도 P.236D
찾아가기 모지코 역에서 나와 직진하면 오른편에 보인다. 역에서 도보 3분 **주소** 福岡県北九州市門司区港町5-1 **전화** 093-332-3121
시간 기념품점 10:00~20:00, 식당 11:00~22:00
휴무 연중무휴 **가격** 말린 바나나 600¥, 바나나 소프트아이스크림 400¥
홈페이지 www.kaikyo-plaza.com

11 모지코 레트로 크루즈

門司港レトロクルーズ

작은 모터보트를 타고 모지 항 주변을 둘러보는 프로그램. 웅대한 경관을 기대하기는 힘들지만 일몰 시간에 맞춰 진행하는 선셋 크루즈나 야간의 나이트 크루즈에 승선하면 꽤 멋진 풍경을 볼 수 있다. 해가 떠 있는 시간에는 간몬 연락선을 타는 것이 낫다.

지도 P.236F
찾아가기 모지코 레트로 해협 플라자 입구
주소 福岡県北九州市門司区港町5-5
전화 093-331-0222
시간 데이 크루즈 11:00~, 나이트 크루즈 일몰 이후
휴무 부정기, 날씨에 따라 다름
가격 성인 1000¥, 어린이 500¥
홈페이지 www.kanmon-kisen.co.jp

ZOOM IN

시모노세키

걷는 구간이 길지만 생각보다 힘들지는 않다. '혼슈 끝의 츠키지 시장'이라 불리는 가라토 시장부터 간몬 교까지 이어진 바다 산책로를 걷는 재미도 색다르고, 조선통신사의 발자국을 따라가는 것도 의미 있다. 자동차가 있다면 히노야마 정상에 올라보자. 시모노세키와 모지코의 시원한 풍광이 발아래 펼쳐질 테니.

1 가라토 시장

唐戸市場 가라또 이치바

간몬 해협에 자리한 어시장. 금요일부터 일요일 아침에 열리는 일명 '스시 배틀(寿司バトル)'은 이곳 최대의 자랑거리로 집집마다 싱싱하고 저렴한 스시를 내놓고 판다. 특히 복어회나 복어 정소, 다양한 스시는 반드시 맛봐야 할 음식으로 통하고 배가 덜 찼다면 가이센동(해물덮밥)도 시도할 만하다. 2층에 테이블이 마련돼 있지만 조금만 늦어도 자리가 없어서 선 채로 먹거나 공원 벤치에 앉아서 식사를 해야 하며 질 좋은 스시를 맛보려면 개장 2시간 이내에 가야 한다. 스시 배틀 시간과 휴일을 홈페이지에서 체크한 다음 일정을 정하자.

지도 P.236A
찾아가기 간몬 연락선 승선장에서 가라토행 페리를 타고 5분 **주소** 山口県下関市唐戸町5-50 **전화** 083-231-0001 **시간** 금·토요일 10:00~15:00, 일요일·공휴일 08:00~15:00
휴무 1월 1일~1월 4일, 부정기 **가격** 스시 110¥~ **홈페이지** www.karatoichiba.com

2 조선통신사 상륙지

朝鮮通信使上陸地
죠-센쯔-신시 죠-리꾸찌

조선시대, 당시 쇄국정책을 펼치던 일본과 유일하게 국교를 맺고 있던 조선의 사절이 초청을 받아 총 12회에 걸쳐 일본을 방문했는데, 마지막을 제외하고 열한 차례 파견된 통신사들이 일본 본토의 이곳에 상륙했다. 조선통신사들은 시모노세키에서 육로로 오사카와 교토까지, 조선 후기에는 도쿄(에도)까지 행차하며 일본 곳곳에 조선의 선진 문물을 전파했다.

지도 P.236A
찾아가기 아카마진구 바로 앞
주소 山口県下関市阿弥陀寺町4-1
전화 없음 **시간** 24시간
휴무 연중무휴
가격 무료 입장
홈페이지 없음

3 일청 강화 기념관

日清講和記念館
닛신고-와기넹깡

★★
도보 9분

청일전쟁 이후 이토히로부미를 대표로 한 일본과 청나라 양국 간 시모노세키조약이 체결된 역사적 장소. 이 조약을 근거로 청나라는 조선에 대한 모든 권리를 박탈당하게 된다. 일본이 조선에 대한 지배력을 확대하고 식민지 지배의 초석을 마련했다는 점에서 한국인에게 곱게 보일 리 없는 곳이기는 하지만 그대로 복원한 전시실이나 회의에 사용된 물건들은 볼만하다.

지도 P.236A
찾아가기 페리 승선장에서 간몬 교 방향으로 도보 9분 **주소** 山口県下関市阿弥陀寺町4-3
전화 083-254-4697 **시간** 09:00~17:00
휴무 연중무휴 **가격** 무료 입장
홈페이지 www.kanmon.gr.jp/areamap/seen/karato/k_10.php

4 가이쿄칸

海響館

간몬 해협을 마주하고 있는 수족관. 시모노세키의 명물인 복어로 꾸민 수조와 돌고래 쇼가 유명하며 다양한 이벤트가 상시 열리니 스케줄표를 참고해서 둘러보자. 가라토 시장과 함께 관광하기에 좋은데, 가라토 시장 주차비가 꽤 비싼 편이므로 이곳에 주차하고 두 곳 모두 돌아보는 것이 경제적이다.

지도 P.236A
찾아가기 페리 승선장에서 도보 2분
주소 山口県下関市あるかぽーと6-1
전화 083-228-1100
시간 09:30~17:30(마지막 입장 17:00)
휴무 연중무휴
가격 성인 2090¥, 초등·중학생 940¥, 유아 410¥, 3세 미만 무료
홈페이지 www.kaikyokan.com

5 아카마진구

赤間神宮

시선을 사로잡는 붉은 색채에 이끌려 들어가보면 호젓한 분위기에 또 한번 취한다. 1185년 건립되어 조선통신사의 객관으로 쓰인 유서 깊은 신사인 까닭이다. 신사가 하루 중 가장 아름다운 때는 해가 떠오를 즈음. 아침 햇살을 받아 청명하고 신비롭게 빛나는 신사 풍경을 마음껏 탐한 다음 가라토 시장에서 싱싱한 스시를 먹으면 어느 때보다 하루를 알차게 보낸 듯해 만족스럽다.

지도 P.236A
찾아가기 페리 승선장에서 간몬 교 방향으로 도보 9분 **주소** 山口県下関市阿弥陀寺町4-1
전화 083-231-4183 **시간** 24시간
휴무 연중무휴 **가격** 무료 입장
홈페이지 www.tiki.ne.jp/~akama-jingu

6 히노야마 공원

火の山公園 히노야마 고-엥

시모노세키와 간몬 해협, 모지코를 한눈에 볼 수 있는 공원. 현재 전망대 리노베이션 공사가 진행 중이라 일부만 볼 수 있지만 산 정상 주차장은 무료로 이용할 수 있으므로 렌터카로 여행할 생각이라면 찾아가볼 만하다.

지도 P.236B
찾아가기 가라토 시장에서 자동차로 10분. 간몬 교 아래에 공원으로 들어가는 교통표지판이 있다.
주소 山口県下関市みもすそ川町
전화 083-223-8339
시간 08:00~21:00(3~10월 ~22:00)
휴무 연중무휴 **가격** 무료 입장
홈페이지 www.city.shimonoseki.yamaguchi.jp

7 간몬 교

関門橋

일본에서 가장 큰 섬인 혼슈(本州)와 큐슈(九州)를 연결하는 다리. 길이 1068미터, 해수면에서 61미터의 높이를 자랑하며 다리 북쪽과 남쪽에 각각 전망 좋은 휴게소가 있어 경치를 감상하기에 좋다. 시간이 있다면 간몬 인도 터널(関門トンネル人道)도 걸어서 건너보자. 약 780미터 길이의 해저터널로 왕복 30분이면 두 섬을 왕래할 수 있다.

지도 P.236B
찾아가기 차를 렌트하지 않으면 찾아갈 수 없으니 눈으로 보거나 간몬 인도 터널을 걷자.
주소 山口県下関市みもすそ川町
전화 093-322-1188 **시간** 인도 터널 06:00~22:00 **휴무** 연중무휴 **가격** 인도 터널 보행자 무료, 자전거 오토바이 20¥, 고속도로 경차 310¥ **홈페이지** www.kanmon.gr.jp

INDEX

후쿠오카 오픈톱 버스
cowardlion / Shutterstock.com
유후 열차
Piti Sirisriro / Shutterstock.com
유후인 노 모리
Piti Sirisriro / Shutterstock.com
나가사키 평화공원
giemgiem / Shutterstock.com